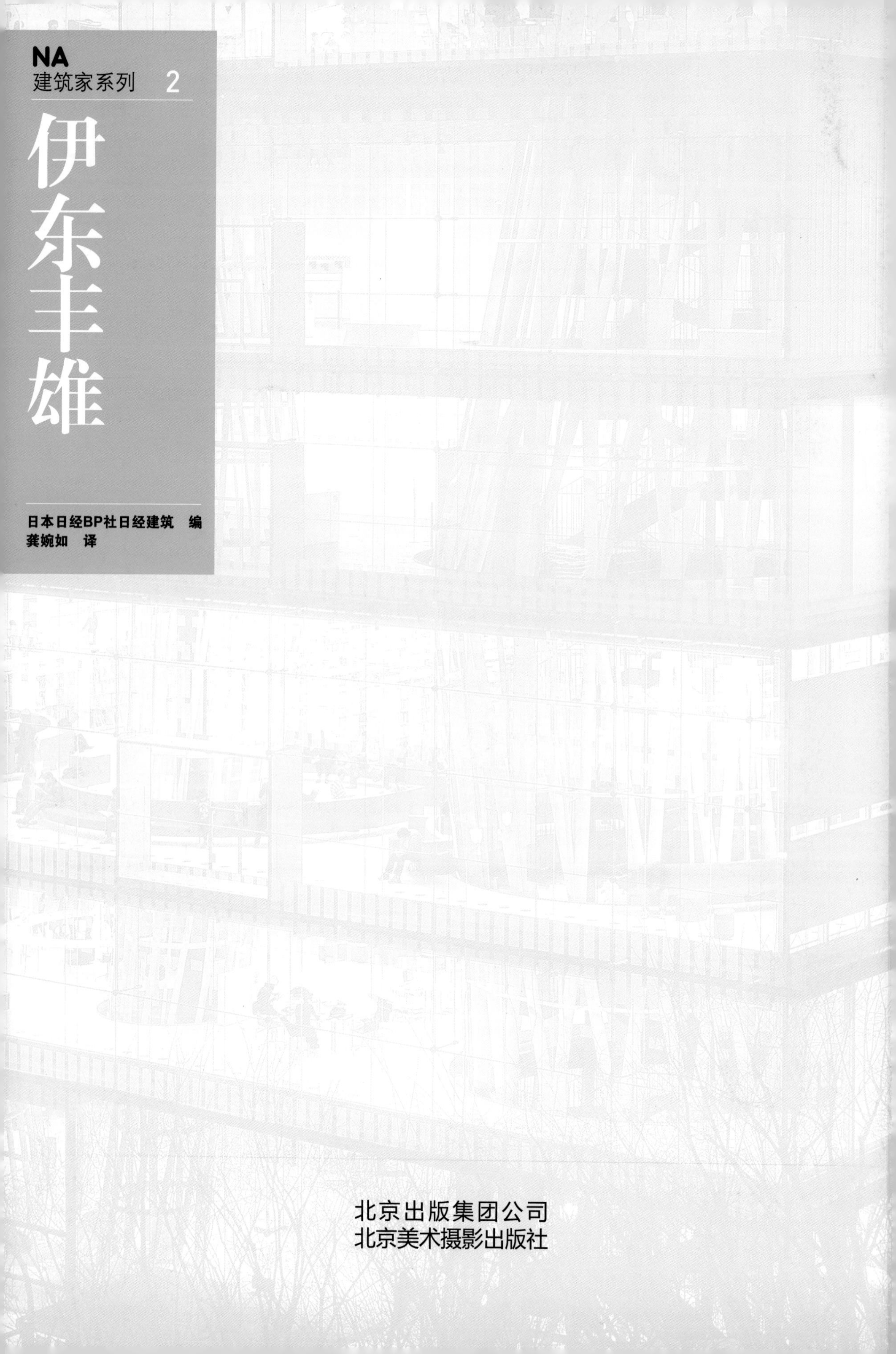

NA
建筑家系列　2

伊东丰雄

日本日经BP社日经建筑　编
龚婉如　译

北京出版集团公司
北京美术摄影出版社

前言

本书是『NA建筑家系列』的第二册，收录了建筑类专业杂志《日经建筑》（以下简称NA）里的伊东丰雄访谈、主要建筑作品的报告等，还有数篇全新内容，并依年代及主题重新进行编辑。

我们之所以选定《伊东丰雄》作为全新系列的第二册，有三个原因。

第一，伊东丰雄本人与一般民众都公认他是一名『持续变化』的建筑家。本书收录了一九八五年至二〇一〇年各个时代的访谈及对话共九篇，全部读完一遍后就可以发现伊东丰雄对建筑的想法可以称得上是瞬息万变。从相反的角度来看，唯一不变的地方是他对于『变化』的强烈意愿。想要解读这种极具震撼力的思想变迁，是一般所谓的『作品集』无法做到的，而这也正是本书的魅力所在。

选择伊东丰雄的第二个原因是，他不将自己封闭于建筑界的评价之中，而是乐于面对『社会』。伊东丰雄在接受NA访谈时曾经说过：『从反映时代与都市这一层意义来看，我认为建筑是很社会化的。而这也是建筑最有趣的地方。』而在之后的访谈中他经常提到『社会』这个词，让我们了解到他确实并非以优等生自居的态度。在最近的访谈中，伊东丰雄提到：『希望伊东丰雄建筑设计事务所能够受到一般民众的信赖。』这样的态度非常符合NA这一新系列的编辑方针——『与社会的连接性』。

第三个原因在于伊东丰雄具有广阔的人脉网络。著名的建筑家有很多种类型，伊东丰雄自认为是『凹型的建筑家』，也就是『接受对方的想法并做出回应』『如果没有一个人不断进行攻击，就无法顺利进行下去』。正因为这样，所有和伊东丰雄有过接触的人也因为受到

刺激而有大幅度的进步。本书中将邀请五十位有实力的年轻后辈、各自开拓出自己风格的建筑家友人们，透过他们的视角来解析伊东丰雄的『核心』。

受到电视节目及生活类杂志的影响，这十多年来一般大众对『建筑家』这个职业有了更多的认识。但这是由于一般大众对建筑及建筑家产生兴趣，而非建筑界对大众社会的开放。希望本书能超越『伊东丰雄作品集』的界限，为大家在解读『建筑界还欠缺什么？』时提供更多的灵感来源。

日经建筑编辑部

《日经建筑》（NA）所刊载的受访者职衔，原则上为接受采访时的职衔。
转载报道的期刊号，登载于题目栏下方。无期刊号的报道，为专为本书而作的新撰。
另外，报道中的图片，原则上也仅限于反映刊载之时的状态。因建筑物改建等原因，图片与现状有可能已有所不同。

目　录

伊东丰雄：

1941年6月1日出生于京城（现称首尔），2岁至中学3年级在长野县诹访度过。

1960年毕业于都立日比谷高校。1961年进入东京大学，1965年毕业于东京大学工学部建筑系。

1965－1969年任职于菊竹清训建筑设计事务所。1971年成立Urban Robot，1979年更名为伊东丰雄建筑设计事务所。

1986年凭借“银色小屋”获得日本建筑学会奖作品奖。2003年凭借“仙台媒体中心”再次获奖。

获奖资历丰富，包括艺术选奖文部大臣奖（1998年）、日本艺术学院奖（1999年）、威尼斯建筑双年奖“金狮奖”（2002年）、英国建筑家协会（RIBA）金奖（2006年）、朝日奖（2010年）等。

第一章

迈向“会呼吸的建筑”

（2007年以后）

首先介绍的是4座2007年之后完工的日本国内外建筑。
历经了21世纪初期的几何学风格时代，
伊东丰雄的设计越来越趋向复杂化。
融合了环境共生观点所完成的建筑，
似乎更接近生物的形态。

2007年

建筑作品 01

多摩美术大学八王子校区图书馆

东京都八王子市

刊载于NA（2007年8月13日）

燃起创作欲望
犹如身处洞窟一般的沉稳

二楼阅览室。低矮书架如河川般穿过拱廊之下，营造出贯穿的视觉效果。
透过同为拱形的大玻璃窗，多摩丘陵一览无余。2007年采访时的藏书量约有12万册。
（摄影：柳生贵）

左边为北侧入口。清水模墙面和拱形玻璃窗构成的弯曲外墙，展现出精密的切合度。窗户使用的是15毫米厚的透明玻璃，弯曲成和外墙相同的弧度。

既新潮又复古，既简单又复杂。这些词意完全相反的形容词同时存在于这栋建筑里，却不显突兀，它让每一位造访者都可以在这里找到自己认为最舒适的地方。

多摩美术大学八王子校区图书馆于二〇〇七年七月正式启用，是该校三期建筑计划中的最后一期，由客座教授伊东丰雄设计，在完工之前就受到相当大的瞩目。

衔接平整的大面玻璃与外壁

新建的图书馆位于大学正门附近、东京都道旁，可以远眺多摩丘陵。拱状的玻璃窗与清水模混凝土的平滑外墙接合得非常平整，描绘出和缓的曲线。

建筑外墙交会的四个角，尖锐得似乎一摸就会被割伤手，拱形结构的底端如高跟鞋的鞋跟那么细。处处可见对细节的讲究，以及将这些巧思化为现实的精密程度。

走进一楼北侧入口，映入眼帘的是大得令人惊讶、有如广场般宽阔的空间。这里被称为『拱形艺廊』，是举办各项企划展的场地，乍看之下很浪费空间，但事实上却是整个图书馆的核心所在。

进入图书馆后，左手边是杂志柜，另一侧则是视听数据柜『Media Bar』和可以轻松观赏视听数据的『Media Seat』。这里的地板和拱形艺廊一样，配合地形呈现九度的倾斜，感觉和外部是保持连续的。服务柜台后方的研究室和办公室则是平坦的地面。

二楼是美术书籍的书库及阅览室，随机分布的拱形结构的跨距下方，穿插着低矮的书架。天花板最高达七米，可以眺望广阔的风景。让人身处明亮、开放的空间之中，却不可思议地感受到犹如身处洞窟一般的沉稳。

1.“U”字形平面阶梯。**2.**防震结构实现了拱形结构的细小柱脚。**3.**一楼拱廊艺廊。**4.**连接一楼北侧的曲木矮平台“Megu Table”，放置有杂志和报纸。因为地板稍微倾斜，因此可以一眼就清楚地看见杂志封面，也可以直接将玻璃桌面当作阅读台使用。

防震结构实现了细小拱形柱的设计

多摩美术大学希望打造出一座『能激发创作激情的图书馆』，除了能在这里找资料、看书之外，还能在这里获得各种创作的灵感。因此理事长、大学职员及伊东丰雄、伊东丰雄事务所的成员成立了『新图书馆研究会』，希望借助举办各种概念设计会和读书会，从硬件和软件两个方面上找出图书馆的全新样貌。

另外，施工团队也在工地施工的前半年就召开讨论会，讨论如何将计划转为具体的形态。

经过多次实际测试后，伊东丰雄和负责结构设计的佐佐木睦朗决定使用防震结构来制作细小的拱形柱，并用混凝土包覆钢板，做成厚度两百毫米的墙面。但是实际制作的时候，还是面临着堆积如山的问题，因此还制作了原尺寸大小的零件模型，以因应实际制作。

所有参与设计的人都抱着『想要创作出更棒的空间』这个单纯的心愿，而这栋建筑也将这些想法完美地整合在一起。

位于一楼东北角的lounge sofa使用无纺布包裹钢板制成。

使用混凝土模制成拱形结构，对所有工程人员来说都是第一次尝试

从技术层面来看，这座图书馆是由各种过去不曾有的尝试所构成的。

负责施工、协助结构等多项设计的鹿岛建设，在计划阶段就开始针对施工时的技术进行检讨。“营造一个可以共同作业的环境，可以有效地避免浪费时间，也可以在正式动工时发挥其效力。”（鹿岛建设设计统筹组组长木曾康晴）

这个建筑的特殊之处在于不管是梁柱、外墙或是两者交会的地方都几乎没有水平与垂直线条，而且没有任何两个接合处是完全相同的。再加上柱子上粗下细的设计违反重力原则，因此形成了墙面交会处非常薄的结构，而且外墙和基线也都有弧度。

墙面和柱体都是由钢骨构成的，为了确保其刚性，并在外面包覆混凝土。壁厚达200毫米。由于使用的是防震材质，所以可以做出极细弧线的柱体。这些都是结构专家佐佐木睦朗在工程初期所提出的明确指示。

“如何以力学角度来解释这个形状，并且反映到设计上，是我们遇到的第一个难题。”（鹿岛建设结构设计统筹组工程师山口圭介）结构解析模型是以一种被称为有限元素法（FEM）的数值分析法来进行制作，以决定材料的断面。

工地主任青木干雄在看到伊东丰雄粗略的设计之后，曾经想过“这样的东西真的做得出来吗？”之后便针对钢筋要打在哪里、要怎么把玻璃装进墙面里等问题，一项一项地进行检证。

就连拱形结构的线条也是如在平面上描绘曲线般复杂的结构。尤其是外墙，必须将玻璃与混凝土安装在同一个平面上，就算只是一个铸模，也面临制作加工图、炭板加工、拱形结构铸模的组装、柱底的高精密度施工、锐角的对角斜铸模安装、混凝土侧压的处理方式等高难度的问题。

这些对所有的工程人员而言，都是第一次尝试。在工地现场，也必须花上比平常多好几倍的心力才能让所有人都了解这些信息。

一些参与工程的木工说：“真没想到可以做出这么漂亮的混凝土躯体。”跟同行聊到这些话题，很多人都说：“我也好想去工地看看。”青木则表示：“现场感觉到大家都很愿意提供协助，真的是一次很愉快的工地经验。”

左图：没有水平或垂直线条的墙面，因为钢骨左右两侧的墙面面积不同，因此每一个铸模都必须描绘不同的图纸。**右图**：制作柱脚的铸模看起来就像家具的形状。因为钢骨的弯曲必须靠铸模调整，所以像是墨线的线条粗细也必须注意到，对铸模工程的精密程度也要求很高。（摄影：伊东丰雄建筑设计事务所）

1.二楼阅览室除了靠窗的长桌之外，还有可供多人使用的大桌子。桌子使用白桦材质，只涂布渗透保护剂，展现出自然的风貌。椅子同样使用实木制成，都是Cathrineholm的产品。**2.**阅览室的家具设计和配置由藤江和子担任，让伊东丰雄不禁赞叹："这真是令人甘拜下风。"书架使用的是坚固而轻盈的铝蜂窝板，因此可以做出长度较长的书架。**3.**穿过书架可以看到后方的景象。所有的家具、书籍、可以穿透的要素及行为都包含在设计里，呈现出非常舒适的空间配置。**4.**西侧外观。左边为校园正门。

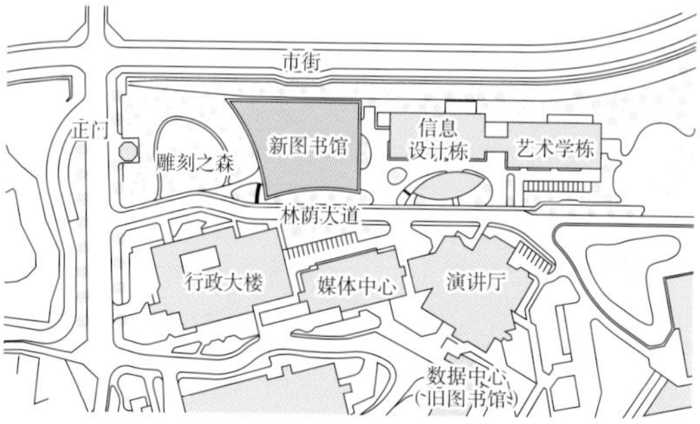

配置图 1/5000

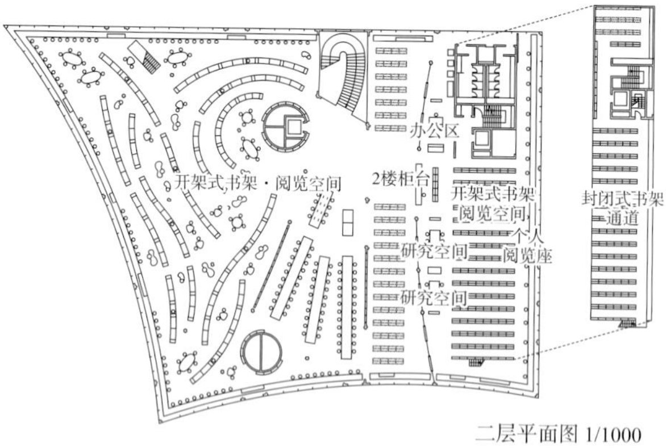

二层平面图 1/1000

一层平面图 1/1000

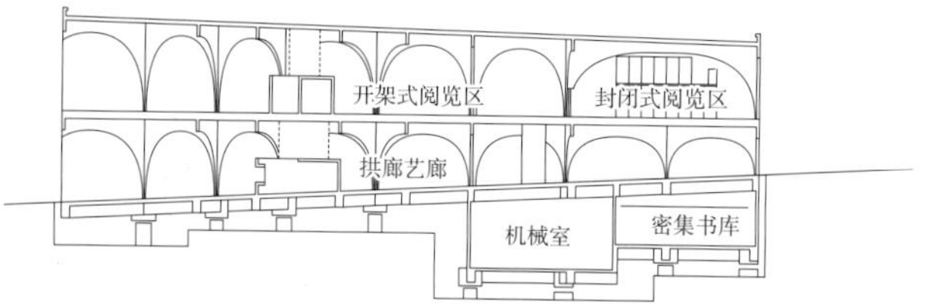

断面图 1/800

建筑项目数据

所在地——东京都八王子市鑓水2–1723

所在区域——第二种住居地域・准防火地域、第二种高度地区

建蔽率（校内整体）22.87%（允许范围33.47%）

容积率（校内整体）58.56%（允许范围111.56%）

占地面积——159184.87平方米

建筑面积——2224.59平方米

总楼地板面积——5639.46平方米

结构、层数——钢骨+混凝土结构・一部分钢筋混凝土（地下）、地下一层・地上二层

桩基础——PHC管桩

高度——最高13.11米、屋檐高度10.9米

天花板高：一楼3.4－6.6米、二楼5.1－6.7米

委托方——多摩美术大学

设计监理——校园计划监工：多摩美术大学八王子校区设计室；建筑・设备监工：伊东丰雄建筑设计事务所；监工：多摩美术大学旧整备室

设计协助——结构：佐佐木睦朗构造计划研究所；互动设计：建筑都市Work shop；家具设计：藤江和子工作室；布幔设计制作：NUNO・鹿岛

施工方——鹿岛建设

施工协助——施工图：EVERGREEN；空调・卫生：TECHNO菱和、东洋热工业、三建设备工业；电力：旭日电气工业、关电工、东光电气

家具制作——统筹：丸善；制作：YKK AP、INOUE Industry、Atelier海

设计期——2004年4月—2005年10月

施工期——2005年11月—2007年2月

2008年

建筑作品 02

座·高円寺

东京都杉并区

刊载于NA（2009年5月11日号）

这个犹如经过切削的块状建筑，屋顶及外墙使用的是钢板混凝土结构，在两片钢板之间注入混凝土而成。形状复杂的屋顶是运用几何学设计而成的，将每个面打开可构成一个完整的平面，以简单的规则构成。屋顶完成后的厚度为160毫米，钢板厚度外侧为12毫米，内侧为2.3毫米。外墙厚度为225毫米，外墙上有许多圆形窗户。（摄影：细谷阳二郎）

在“马戏团的帐篷”中共同存在着两个表演厅

1

2

位于东京高円寺的杉并区立杉并艺术会馆『座・高円寺』于二〇〇九年五月一日落成。这个剧场内部有三个表演厅，分别是两个最多可以容纳三百人的表演厅，以及一个两百人规模的表演厅。

距离JR高円寺车站徒步数分钟的安静角落里，坐落着这个深褐色的建筑。钢板外墙上有着不规则的圆形窗户，外表看起来犹如马戏团的帐篷一般，在施工期间就成为当地民众的话题。事实上我们看到的只是整体的一小部分，地下还有两个表演厅。设计者是从竞标中获胜的伊东丰雄。走进一楼入口，眼前就是主要大厅，右边为一号表演厅，后方为可通往其他楼层的楼梯。大厅和表演厅之间设有拉门，打开后可成为更大的空间。再打开仓库，就会形成从外侧广场延伸到大厅、表演厅的空间，因此广场和大厅之间也没有高低落差。

—成熟的地方自治体才能建成这样的剧场—

表演厅内部和观众席、舞台都刻意制作成可移动式，以根据各种不同活动进行组合及调配，甚至还可以全部移开，变成一个日式剧场的大型池座。这里可以举行独家企划的活动和日式表演，是一个专业的表演厅。同时为了和荻洼的杉并公会堂有所区别，规定不会在这里举办音乐会。

另外，地下的二号表演厅的观众席和舞台则是固定式的，可供一般民众使用，也可作为演讲、发表会和小型音乐会的场地。同一个楼层里的『阿波舞蹈表演厅』是专门为当地有名的阿波舞蹈所设计的练习室及表演场所，也可

3

作为各种舞蹈的练习室及表演场所。

地下三层是练习室和制作服装及大型道具的场地。这几间练习室也是培育剧场人才的『剧场创造学院』的教室。

这里最大的特色，就是同时拥有两个几乎相同规模、却是完全不同性质的表演厅。『当中有许多都是剧场的相关人士，只有这种对文化、艺术高度关心的成熟自治体，才能完成这样的剧场。』伊东丰雄说。今后这个剧场可以为当地带来怎样的活力，建成后的一两年将是关键所在。

1.南侧的正面。左后方为入口，右方为仓库。**2.**一楼的表演厅的观众席和舞台都是可移动式的，可以配合不同活动及演出内容自由进行调配。两侧的吸音板也是可以移动的。由于表演厅是一个正方体空间，因此没有前后之分。天花板高达11米，视野不会受到遮挡，可以延伸至主要大厅和外部的广场。若将观众席座位排成圆弧形，可设有238个座位。**3.**与外面的广场没有高低落差的主要大厅。上方照射出大小不一的圆形光束，它出自东海林弘靖的设计。

1.从地下二楼仰望楼梯的天花板。圆形投射照明一直延伸到最高楼层。**2.**从楼梯的天花板向下俯视。最下方的是地下二楼的大椅子。**3.**红色大椅子位于地下二楼大厅一角。照片后方是阿波舞蹈练习室的入口。**4.**练习室的布幔由NUNO的安东阳子所设计。为了呼应圆形窗户，设计了许多点状的装饰，有如樱桃一般点缀于布幔之上。**5.**大厅的柜台及家具为藤江和子设计。柜台为可移动式。**6.**只要进入专属网站登记，一般民众也有机会使用地下二楼的表演厅。这里的舞台和观众席都是固定式的，可容纳约300人，座椅无人时的回音时间为0.7秒。

在飘浮结构的表演厅里，进行纵向多重遮音

“座・高円寺”的占地面积不算大，却容纳了地下三层的练习室及三个不同大小的表演厅。负责音响的永田音响设计师福地智子（社长兼制作总监）及箱崎文子异口同声地说：“这是隔音上最费工夫的地方。”

在当初的设想里，各表演厅及练习室必须是可以同时使用的。同时使用的时候，要怎样才能避免各个表演厅漏音或传出振动呢？答案是将每个表演厅设计为飘浮的构造来达到防震效果。隔音部分则使用双层结构来打造表演厅，并用防震橡胶支撑。

阿波舞蹈表演厅会使用日式太鼓，太鼓的低音具有不易隔音的特质，所以不让太鼓的声音传到其他表演厅是主要的目标之一。另外由于二号表演厅开放供一般居民使用，用于音乐会的可能性高，所以和阿波舞蹈表演厅一样使用三层8毫米的FG板（纤维石膏板），作成双层隔音层。

而一号表演厅墙面则是使用钢板，并一直延续到表演厅内部的双层隔音层。背面还加上GRC（玻璃纤维强化水泥）板，使振动不会随着钢板传递出去。主要大厅之间的巨大拉门同样也是飘浮结构。

至于一楼的表演厅，考虑到配置问题，墙面下半部使用可动式板材作为吸音板，上半部的墙面则使用固定式的吸音板。观众席座位排成圆弧形、座椅无人时的回音时间为0.9秒。

由于音响和结构息息相关，所以在不能确定各厅用途的情况下，就无法决定音响的作法。关于这个部分，由于在早期阶段就选出了指定管理人，因此可以简单汇整出“可以做到的事”和“无法做到的事”。福地智子表示：“隔音效果不好的话，整个表演厅就无法使用了，也会影响到营业收入，这是很严重的问题。”因为这个剧场的使用方式非常自由，因此在隔音上必须做到最大极限的考虑。

阿波舞蹈表演厅除了采用飘浮结构之外，也没有垂直的墙面，因此可以达到较大的隔音效果，即使发出巨响或舞步较为激烈，也不太会影响到其他表演厅。

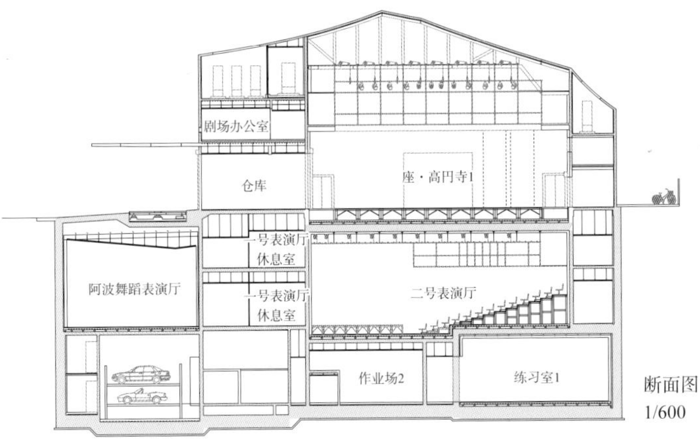

断面图
1/600

艺术总监佐藤信有一个构想，希望能培养出优秀的表演者及舞台导演。因此成立了“剧场创作学院”，并使用地下三层的练习室作为训练场地。

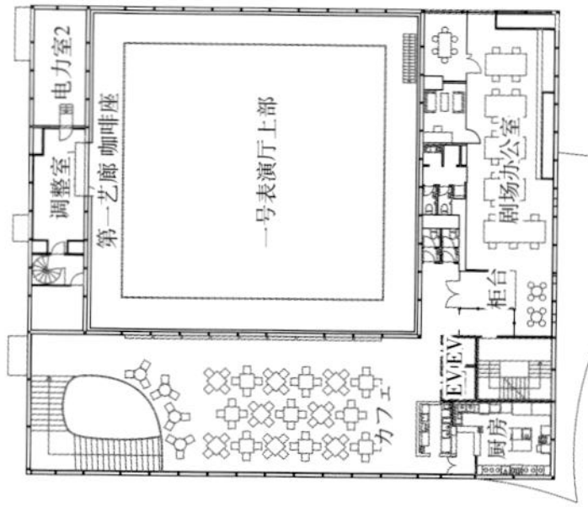

二层平面图 1/800

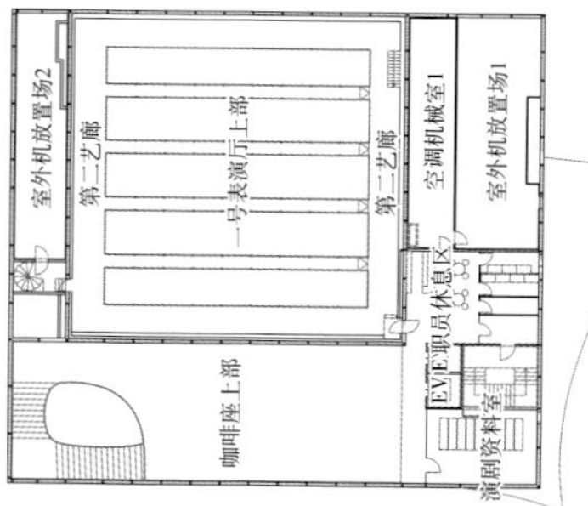

三层平面图 1/800

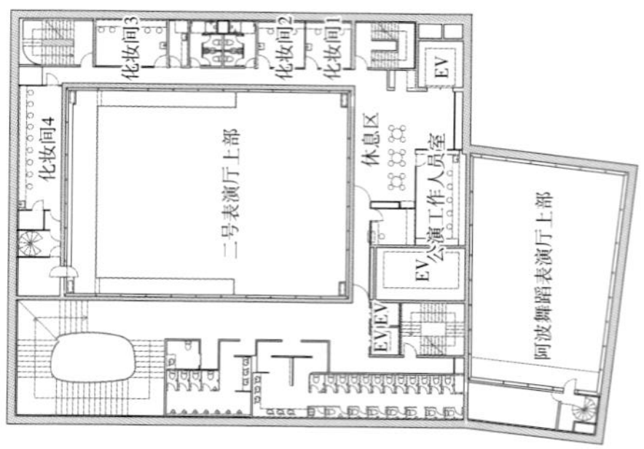

地下一层平面图 1/800

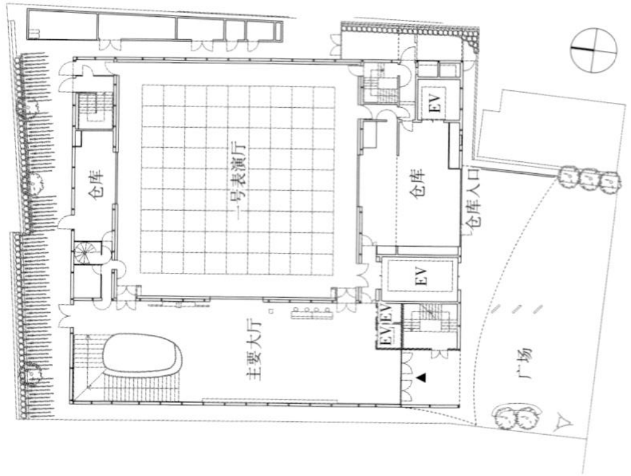

一层平面图 1/800

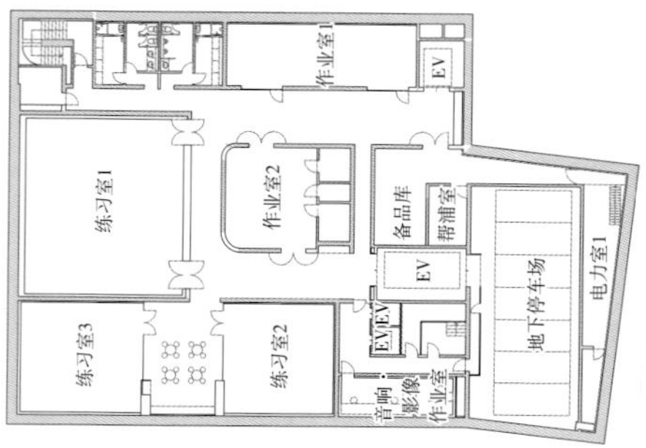

地下三层平面图 1/800

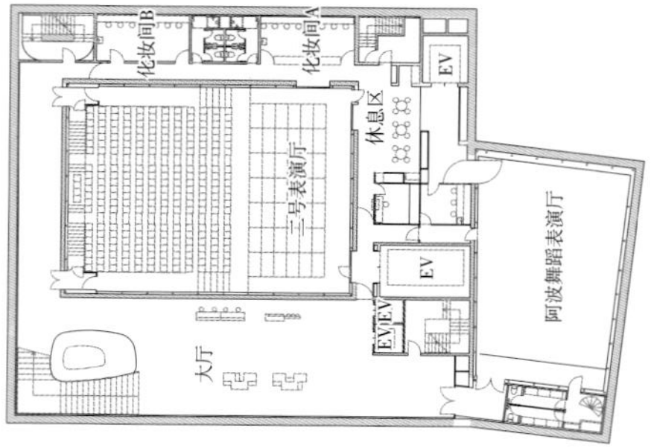

地下二层平面图 1/800

建筑项目数据

所在地——东京都杉并区高円寺北2—1—2
所在区域——第二种高度地区·第三种高度地区、防火地域、准防火地域·邻近商业地域·第一种中高层居住专用地域·第二种中高层居住专用地域
建蔽率67.18%（允许范围86.06%）、容积率290.91%（允许范围295.96%）
占地面积——1649.26平方米
建筑面积——1107.86平方米
总楼地板面积——4977.74平方米
结构、层数——钢骨结构（地上）·钢筋混凝土结构（地下）、地上三层·地下三层
业主——杉并区
设计监理——伊东丰雄建筑设计事务所
设计协助——建筑：创建；结构：佐佐木睦朗构造计划研究所；设备：环境Engineering；音响：永田音响设计；舞台技术：真野纯；照明：Light Design；家具：藤江和子工作室；布幔：NUNO；题字：女子美术大学；防灾计划：安宅防灾计划；估算：东和Prosperi
施工方——建筑：大成建设；电力：京王设备Service、神马电机工事共同承揽；空调：小泉住产、YAKO设备共同承揽；卫生：克明工业；电梯：中央电梯工业；舞台结构：三精输送机；舞台照明：丸茂电机；舞台音响：Yamaha Sound Tech
营运者——NPO法人剧场创造Net Work
设计期——2005年6月—2006年3月
施工期——2006年12月—2008年11月
设计监理费——1亿3609万2180日元（含税）
总工程费——26亿8907万3210日元（含税）

2009年

建筑作品
03

高雄世界运动会主场馆

台湾高雄市

•与竹中工务店、刘培林建筑师事务所共同设计

刊载于NA（2009年6月22日）

由东侧眺望全景。体育场四周种植了大量的榕树、大王椰子树等热带特有植物，将整体设计成为一个公园。

充分展现跃动感的螺旋状大屋顶

台湾高雄市于二〇〇九年七月十六日起举办了为期十一天的『二〇〇九年世界运动会』。主场馆的设计由在国际竞标中中标的『伊东丰雄・竹中・RLA设计团队』负责。我们请负责主要建筑设计的伊东丰雄建筑设计事务所的伊东丰雄、组员古林丰彦及大贺淳史来谈谈设计上的一些重点。

——首先请谈谈这次参加国际竞标的经过。

古林：『世界运动会』是一个国际性的体育竞赛盛事，竞赛项目以非奥运会项目为主。为了迎接其开幕，高雄市于二〇〇五年就展开了国际设计施工提案竞赛。最后决定由台湾的互助营造负责统筹规划，设计则由伊东丰雄事务所和竹中工务店、台湾的刘培森建筑师事务所共同参与。

伊东：我们是接受竹中工务店的委托，加入这个团队的。

——设施的主要设计条件是什么？

古林：竞标时所提出的设计条件有必须能够容纳四万名观众，加上临时座位后可容纳五点五万名观众，必须符合国际标准田径场及足球场规定，必须装有发电量达一定水平的太阳能光电板等。地基位置在高雄市中心以北的近郊。

——设计时提案的重点是什么？

伊东：从竞标的初期阶段起，我们就整理出几个方案，例如：开放式体育馆、与周围融合成一体的公园、屋顶使用具有动感的连续螺旋体等。虽然封闭的巨蛋造型在结构上来说较为稳定，但我之所以刻意做成开放式，是因为脑子里一直存在着东京国立代代木竞技场（设计：丹下健三）的动线印象。

那个竞技场的动线真是好到没话说。而主场馆的地铁站将会有越来越多人使用，可以想到大家走过池边、穿过广场的整体样貌，我们很重视这样的跃动感。我经常去东京巨蛋体育场，常有走进巨蛋之后整个世界就改变了的感觉。但是我们要的不是这些，而是希望每个人走进体育馆之前都充满着期待的心情。

古林：这里原本种植了很多树木，因此我们想进行移植，让这些树木继续生长。根据台湾的法规，停车场必须设置在地下，因此将场馆外公园融入体育场的计划得以实现。

伊东：说到体育场，一般人大多只会想到各种赛事，但事实上大多数的体育场闲置的状况比

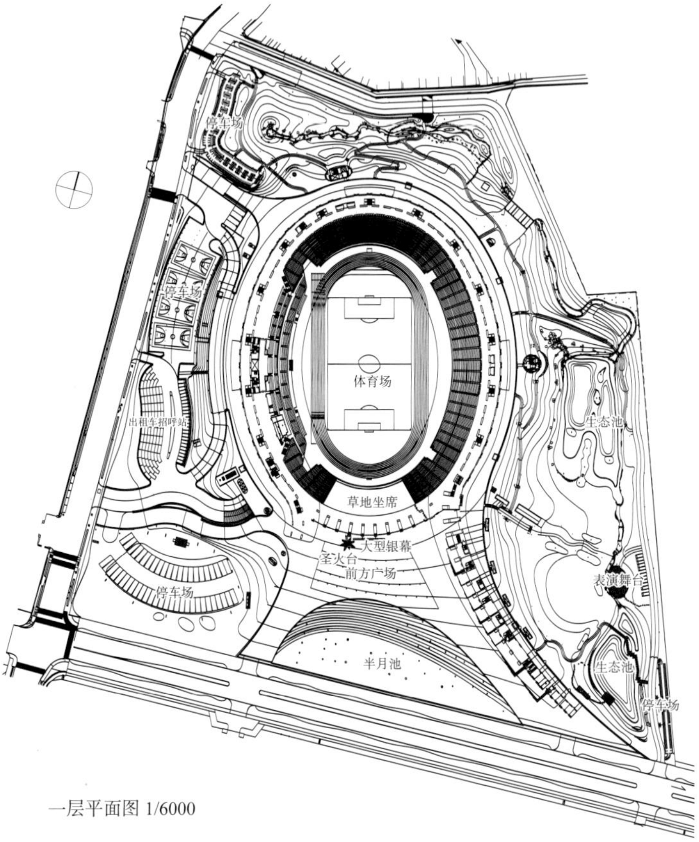

一层平面图 1/6000

1.由南侧望向体育场内部。螺旋状的钢管打造出跃动感十足的屋顶。**2.**屋顶上装有约6500组、共约8800片太阳能光电板。从2008年10月到2009年5月为止，共发电约80万千瓦，符合当初设定的目标。**3.**由上空俯视。为了避免风向对赛事产生影响，体育场部分的地势经过挖削，呈现内凹状，并将挖出来的土堆放在外围以保持平衡。主要入口前方的喷水池有降温效果。**4.**主场馆夜景。由被称为马鞍的混凝土基座支撑着悬臂梁构成的屋顶。观众席也位于这个马鞍的上方。所有马鞍的形状都一样，全部在现场使用滑轨架设钢铁模具再一一灌模制成。打造出钢铁模具所特有的光滑表面。

较多。这个时候的体育馆应该呈现出什么样的表情？关于这一点我们想了很多。

大贺：高雄属于热带气候，夏天吹西南风，冬天吹东北风。体育馆的轴线是考虑到不让风向影响到比赛所设定的。

伊东：同时还要考虑到阳光和阴影的影响。竹中进行风向和光影模拟之后，再考虑到地铁过来的方向，我们决定往东南方向呈十五度倾斜。

古林：光影不但和比赛有关，也会影响到草皮的生长状况。在日本，即使在最角落、最照不到阳光的地方，一天至少也必须维持两个半小时的日照。我们正在确认高雄是否也能达到这样的程度。

——可以简单地说明一下屋顶的结构吗？

伊东：螺旋状屋顶是由三十二根钢管连接两侧，连续覆盖整个屋顶而成。借以营造出跃动的流动性。

大贺：延续的悬臂梁桁架内侧及外侧都各有螺旋钢管，每个部分之间的间隔有三点五米、三米等不同的距离，所以每个接点与接点之间的距离都不一样。必须分别折弯，加工再连接，不管是制作或组装都是大工程。

古林：一般来说开放式的结构就算是屋顶的最前端有一点点落差也没有关系，但是竹中还是协助我们进行了非常谨慎的模拟，可以预先知道施工时最前端的千斤顶放开之后钢管会下降多少。最后终于完成了非常优美的屋顶线条。

伊东：台湾的施工技术之高，出乎我们的意料。

古林：这个屋顶一共使用了九十八座被称为马鞍的混凝土基座，都是用同一组钢铁铸模制成的，制作好一座之后，再沿着滑轨移动到下一个定点继续制作。

——太阳能光电板是如何组装的呢？

大贺：竞标条件中规定必须使用台湾制的太阳能光电板，单位时间需发电一千千瓦、一年需发电一百一十万千瓦。因此就可以计算出所需的面积。

古林：只有我们提出在观众席的屋顶使用太阳能光电板兼具遮光的构想。

大贺：我们一共使用了六千五百组、共约八千八百片的光电板。每一组由二片光电板和一片夹层玻璃组成，因为固定于螺旋钢管上面，所以每组的宽度都不同，都是靠夹层玻璃的尺寸来进行调整。

古林：组装的角度也需要一直进行微调。我们向台湾厂商提出这样的需求，结果共找到五家厂商可以达到我们的要求。

——完成后的评价如何呢？

古林：这次据说是台湾举办国际竞标后第一次完成实际的建筑作品，我们也听到许多当地的建筑家表示这次经验给了他们很大的鼓舞，真的非常开心。

伊东：五月二十三日我在高雄的演讲聚集了一万人前来参加，好像也有很多建筑界以外的民众共襄盛举。

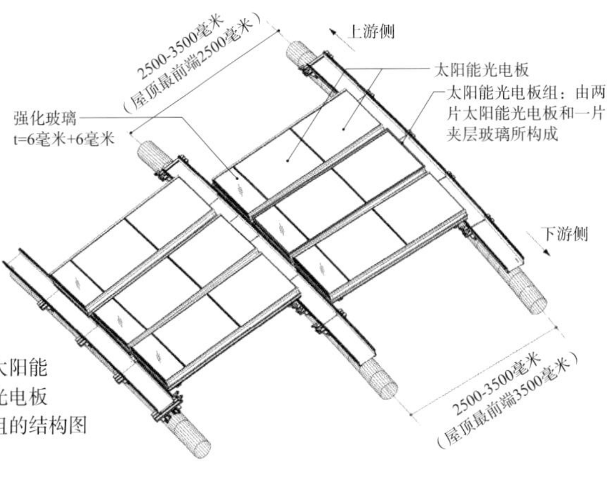

太阳能光电板组的结构图

建筑项目数据

所在地——台湾高雄市左营区左北段1648号等31笔地号

主要用途——体育场（通过IAAF class-1认证）、公园

所在区域——建蔽率13.52%（允许范围60%）
容积率36.97%（允许范围70%）

占地面积——18万9012.00平方米

建筑面积——2万5553.46平方米

总楼地板面积——9万8759.31平方米

结构、层数——钢骨结构·钢筋混凝土结构、地下二层·地上三层

委托方——台湾『中央政府行政院体育委员会』、高雄市政府工务局

设计者——伊东丰雄·竹中·RLA设计团队（伊东丰雄建筑设计事务所、竹中工务店、刘培森建筑师事务所）

设计协助——结构（含指示结构计划）：信业工程顾问有限公司；指示结构计划：多田修二构造设计事务所；设备：泰迪工程顾问有限公司、玉堡冷冻空调工业技师事务所；照明计划：兰克斯股份有限公司；外构：中冶环境造型顾问有限公司；防灾：台湾建筑与都市防灾顾问有限公司；3D模型检证：利道科技工程有限公司；风洞实验：竹中工务店技术研究所

施工方——互助营造股份有限公司

施工协助——空调：高信工程股份有限公司；电力·卫生：福林工程股份有限公司；外构：山水景观工程股份有限公司；内装（VIP区）：台湾船场室内装修股份有限公司

施工顾问——竹中工务店、JSD

设计期——2006年1月—2007年3月

施工期——2006年9月—2009年1月

总工程费——47亿9500万新台币

1.在观众席上可以感受到自然的风，享受着音乐或运动赛事，这是开放型体育馆独有的特色。（摄影：伊东丰雄建筑设计事务所）**2.**二楼通道，相当于马鞍的内侧空间。距离地面约5.5米。

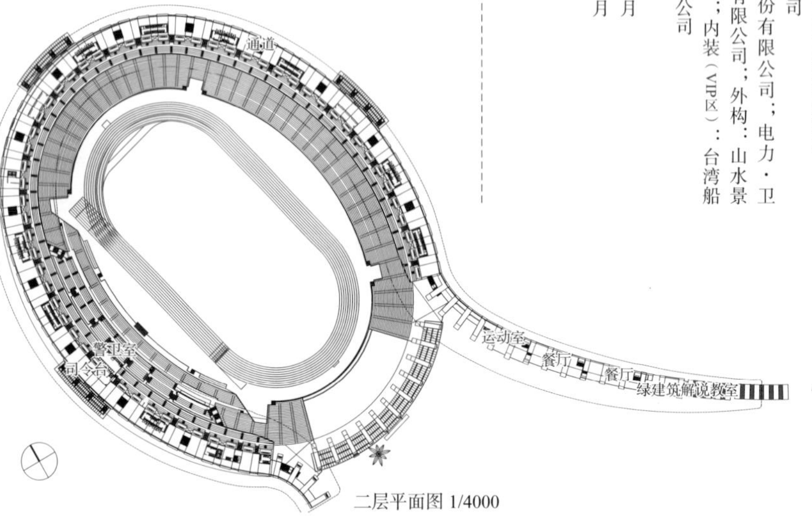

二层平面图 1/4000

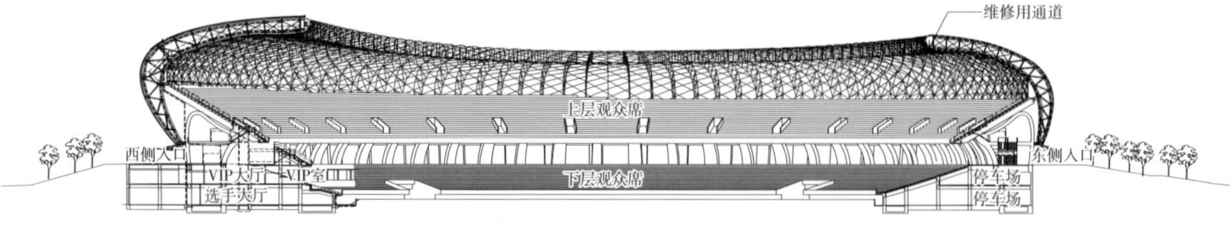

东西断面图 1/2000

2010年

建筑作品 04

TORRES PORTA FIRA

西班牙巴塞罗那

刊载于NA（2010年4月12日）

由伊东丰雄设计的丘陵状草皮广场眺望双塔，广场下为地下停车场。左页的红色建筑为酒店（HOTEL PORTA FIRA），右边为办公大楼，右页的白色低矮建筑为伊东丰雄所设计的临时建筑。（摄影：佐藤圣一）

传承高迪基因的有机双塔

开发中的国际展览会场『Gran Via』位于巴塞罗那机场与市区的中间位置，在其扩建计划之中，TORRES PORTA FIRA双塔是由日本建筑师伊东丰雄所设计完成的。

南侧为二十七层高的酒店，高度为一百一十二点七米，整座建筑的外墙覆盖着直径一百一十毫米的铝质长管，打造出流畅的弯曲表面，楼层越高，长管扭转的角度就越宽，呈现上宽下窄的线条。

外墙的红和贯穿内部的红

进入酒店内部后，可以看到一楼入口的地板上有不规则陈列的茎叶图案，北侧的玄武岩材质墙面上则以白色线条勾勒出双塔的图案，这个图案是以伊东丰雄所绘制的草图放大而成。伊东丰雄将他对巴塞罗那的梦想具体化，演绎出一个令人印象深刻的空间。

一楼餐厅的隔间使用的是和外观相同的红色铝质长管，将外墙的震撼感延伸到建筑内部。

酒店供前来参观国际展览的旅客住宿，共有三百四十五间商务型客房。各楼层的客房呈现圆形排列，一走进房门，眼前就是对外的窗户，空间非常宽敞。

酒店已于二〇一〇年二月开幕，最高层目前尚未完工，预计将打造成总统套房。

另外，办公大楼的进度比酒店快，已于二〇〇九年五月正式启用。高度为一百一十一点五米，一楼设定为卖场空间，其余的二十二个楼层为租赁办公室。两栋建筑之间由一楼以下和二楼的空中花园连接。

东侧的外墙上看似人体器官的红色管状造型，是垂直动线的核心所在。整栋大楼的电梯都设在东侧，并将弯曲墙面涂成红色，与外墙连接的断面部分则采用帷幕设计。

『这是两栋造型完全不同的大楼，但我们想让人隐约地感觉到两栋大楼之间是有关联的。』伊东丰雄陈述着双塔的设计概念。

1

二十世纪九十年代起的经营终于有了起色

二〇〇二年举办的国际指名竞标中，伊东丰雄击败了诺曼·福斯特和多米尼克·佩洛特这两位世界级的建筑家。

伊东丰雄回顾说：『我们和巴塞罗那的渊源蛮长的。一九九二年巴塞罗那奥运会前后，我曾有幸担任竞标的评审并发表演讲，所以多少有一些知名度。另外我提案的内容和高迪最具特色的有机的、动感的造型之间具有共通点，或许是这样才获得了评审委员的认可吧。』

竞标至今已经七年，除了双

1. 由展览会场入口前的广场看向双塔，这里同时也是有如展览会场和巴塞罗那的迎宾大门般的存在。**2.** 仰望外墙以红色铝质长管覆盖的酒店。楼层越高，长管扭转的角度就越宽，呈现上宽下窄的线条。铝质长管的直径为110毫米。**3.** 由接待厅望向入口的大厅，这里同时也是宴会厅的玄关。**4.** 伊东丰雄所描绘的草图点缀在8米 × 7米的墙面之上。

塔之外，伊东丰雄还负责二〇〇七年已经完工的两座临时建筑和Central Axis、Entrance Hall的设计。『在文化迥异的都市里进行巨大的建设工程，刚开始经常和当地的建筑师和施工单位发生沟通不良的状况，后来找到对当地很熟悉的日本职员后，作业才变得比较顺畅。』伊东丰雄说。双塔的完工对伊东丰雄来说就像是跨过了一座山头，不过另外还有全新的临时建筑和音乐厅等工程正在进行着。

站在办公室楼层的窗前，可以远眺蒙特惠奇山丘和地中海，脚下则是以展览会场为中心的流动且宽阔的景观。新都市计划将来还会有地铁经过，四周也有各种中高层建筑即将动工。伊东丰雄所设计的建筑将会成为这个转变中的新都市的一个重要象征，散发出强烈的存在感。

1

3

2

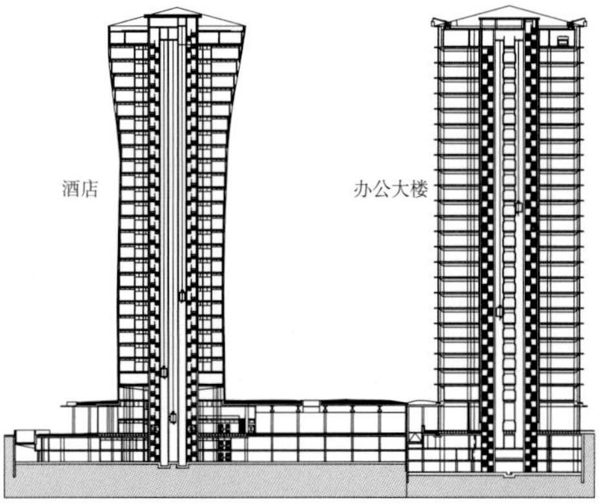

断面图 1/2500

4

5

1. 从连接两栋建筑的地上二楼空中庭院向上仰望。TORRES PORTA FIRA在加泰罗尼亚当地的语言里，是“展览会场入口”的意思。**2.** 酒店的最高楼层为总统套房。**3.** 一楼餐厅的座位分为靠窗和不靠窗两种，使用和外部相同的红色铝质长管作为隔间。**4.** 令人联想到人体器官的办公大楼电梯外围。**5.** 办公大楼内部。红色部分为电梯室，透过玻璃窗可以看见辽阔的市区乃至远山的景观。

1. 由办公大楼的电梯里往下看。可以眺望展览会场、蒙特惠奇山丘和地中海。**2.** 展览会场内由伊东丰雄所设计的设施。**3.** 全长约1千米的"Central Axis"。临时建筑和新的临时建筑在空中7米的高度相连接。（摄影：伊东丰雄建筑设计事务所）**4.** 展会入口。**5.** 展会入口的外观。**6.** 临时建筑的外观。**7.** 临时建筑的二楼展示室。

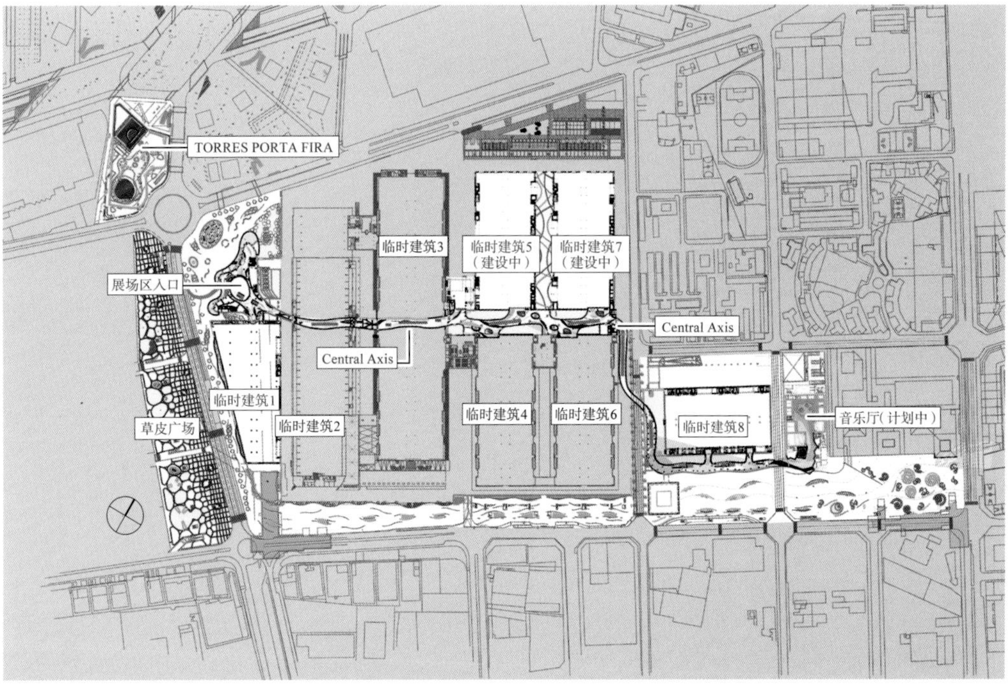

整体配置图 1/12000

竞标 | COMPETITION

全长1千米的"Central Axis"

刊载于NA（2003年3月3日）

西班牙巴塞罗那国际展览会场（FIRA 2000）的竞标，由伊东丰雄建筑设计事务所获得。

这次的竞标将国际展览会场及周边地区的24万平方米分为5个区域，邀请建筑家针对整体计划进行提案。2002年秋季，世界各国共有6个团队获得提名。竞标的结果可能是不同团队分别获得各个区域的设计权，不过协会最终决定由伊东丰雄建筑设计事务所进行所有区域的设计。

在这个计划中，由全长1千米的通道"Central Axis"串联各个展厅、大厅、办公室等设施。办公室及商业设施聚集的地区里，兴建了TORRES PORTA FIRA双塔。横贯双塔周边及会场北侧的道路上更融合了水及绿地等自然因素，预计于2008—2011年完工。（当时的预估日程）

国际展览会场整体模型（竞标时）。水蓝色弯曲的部分为"Central Axis"，右后方的双塔里有办公室及旅馆。（摄影：伊东丰雄建筑设计事务所）

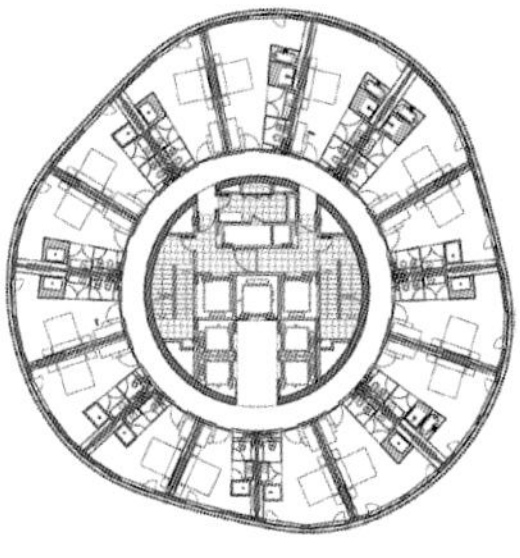

酒店19层平面图 1/900

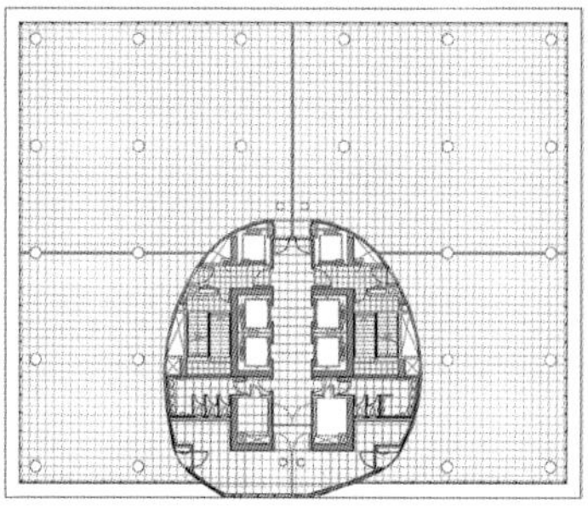

办公大楼15—23层平面图 1/900

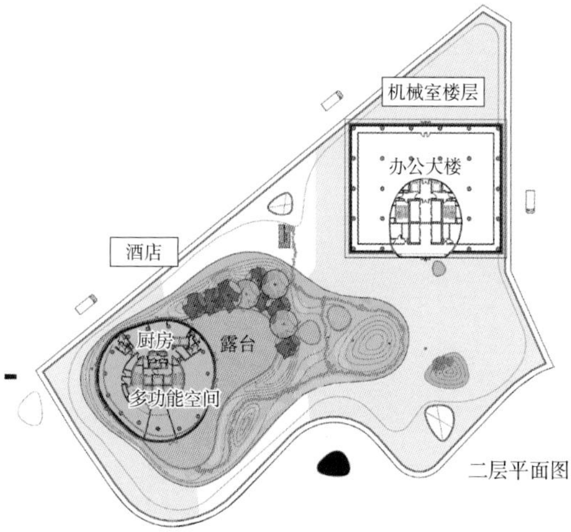

二层平面图 1/2000

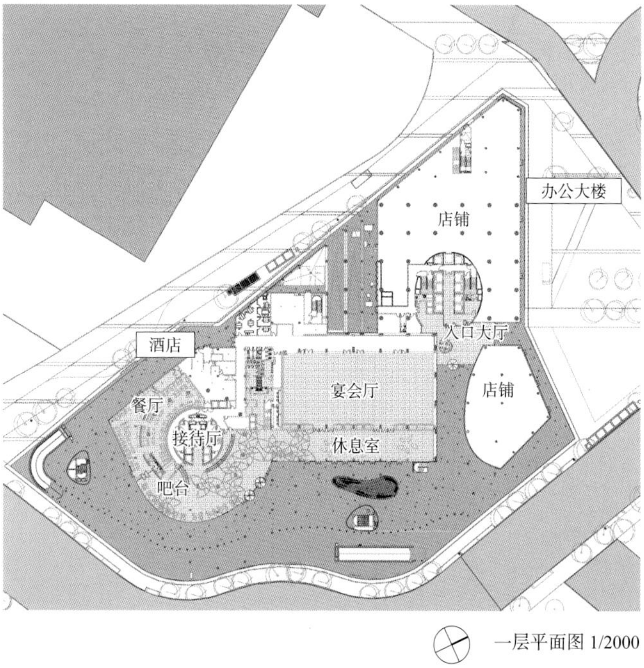

一层平面图 1/2000

建筑项目数据

所在地——酒店：PLACA EUROPA 45-47，08908，L'Hospitalet de Llobregar, Barcelona, Spain；办公大楼：同41-43

主要用途——酒店：旅馆、宴会场；办公大楼：租赁办公室、租赁店铺

占地面积——酒店：5755.55平方米
办公大楼：4801.55平方米

建筑面积——酒店：4810.08平方米
办公大楼：4049.73平方米

总楼地板面积—酒店：3万4688.10平方米
办公大楼：4万4519.59平方米

结构——钢筋混凝土

层数——酒店：地下二层・地上二十七层
办公大楼：地下三层・地上二十五层

委托方——TORRES PORTA FIRA、FCC Construccion、LAYETANA Inmobiliaria、METROPOLIS共同出资

设计者——建筑：伊东丰雄建筑设计事务所；当地建筑师：Fermin Vazquez-B720 arquitectos；结构：IDOM Ingenieriay Sistema S.A.；设备：GRUPO JG

设计协助——照明设计：Artec；植栽设计：BETFIGUERAS；题字・视觉（酒店）：Identity design S.L.

监理——建筑：Fermin Vazquez-B720 arquitectos
建筑创意监工：伊东丰雄建筑设计事务所
设备：GRUPO JG；技术监工：Bardaji Capdevila Management Barcelona S.L.

施工方——FCC Construccion, S.A.

设计期——2004年6月—2006年7月

施工期——酒店：2006年4月—2010年1月
办公大楼：2006年4月—2009年5月

总工程费——酒店：4646万273欧元
办公大楼：4716万9262欧元

第二章

伊东丰雄的成长历程
(1941—1986年)

伊东丰雄在建筑家之中应该算是晚熟的那一型。
获得日本建筑学会奖的“银色小屋”完成于1984年。
当年伊东丰雄43岁。
接下来就让我们一起回顾伊东丰雄于长野县·诹访湖畔度过的青少年时期、
进入菊竹清训设计事务所的修行时代，
以及作品数量极少的40岁前半段。

从诹访时代到独立
——热衷棒球的少年，在遇见菊竹清训后拓宽了视野

热爱棒球的同时在学业上也遥遥领先其他同学。总是静静地观察身边的人，似乎是个『尽可能不要站到大家面前』的孩子。柔和中带着前卫——建筑家伊东丰雄是如何成长的呢？

1 诹访的少年时代

—

出生于京城，也就是现在的首尔，当时正巧是一九四一年美日战争开战的那一年。因父亲就职于三井物产的制线工厂，所以当时一家人居住在韩国。一岁半时与母亲、两个姐姐一起返回日本，对京城几乎没有留下印象。

—

听母亲说，搭船回日本的途中我是睡在行李架上的，但我完全不记得了。最早的记忆是在父亲的老家长野县的诹访。我们被暂时安置在亲戚家，那是一栋蛮大的旧房子，还有两个仓库，里面有先前时候的餐具、船的模型等很多有趣的东西，一走进去就有种神秘而又雀跃的感觉。

过了一两年，战争即将结束之前，父亲回到了日本，在附近买了块地，盖了一栋简陋的小屋。后来搬家到东京中野时，还把它解体带到了新家重组，后来就一直矗立在家中的角落。自从『银色小屋』完成之后，它就被称

出生后和父亲伊东槙雄第一次到京城的寺庙参拜。

为『木材小屋（Timber Hut）』了。

我是在进入小学之前，大概是五岁左右搬进这间小屋的。房子还蛮大的，院子里还种了蔬菜和西瓜。当时战争刚结束，生活很贫苦，我记得家里常常吃芋头粥。

和父母、大姐夫妻带着外甥一起到寺庙参拜。

之后我们在诹访还搬过一次家，大概是小学四年级的时候。父亲在诹访湖畔开了一间味噌工厂，我们就住进了工厂兼住家的新家。那是一幢很普通的木造两层楼建筑，铺有瓦片屋顶，墙壁是灰泥土墙。那栋房子一直到前几年都还在。就在我们全家人搬离之后，诹访精工舍买下了那栋房子，当作宿舍使用，后来偶尔回到诹访的时候还可以从电车的车窗看到。

我在这个家里有很多回忆，譬如在家里接温泉水这件事。父亲拥有诹访湖温泉的使用权，用这个温泉来酿造味噌。我的家中有一条大水管，每天一早就开始引进温泉水，附近邻居都很羡慕我们。因为那里的冬天很冷，甚至会降到零下十五度左右。这么冷的季节里，我家是从早上就让小孩泡热水澡的。一直到现在，一天不泡个一两次热水澡，我都会觉得一天没办法开始，没办法结束。

回想那时的生活，印象最深的除了天气很冷之外，还有因为家里的院子可以通到诹访湖，所以可以在那里抓蜻蜓、钓鱼，冬天还可以穿着溜冰鞋去上学。诹访湖几乎可以说就是我们当时生活的全部了。我家后面是一大片的山，盆地的正中央里就是诹访湖。而且因为从我们住的地方看过去，太阳都是从诹访湖的那一边升起，所以几乎不会回头看后面的山，生活中眼前所及的一切就是诹访湖。一般来说，住在盆地的人，生活中看到的就是对面的山吧。那种空间感就好像坐

在研钵底部向外看，这种安全感或许一直到现在还留在我心中吧。

诹访湖风浪很少，总是像镜子一样平静。所以对我来说，水就是很平稳的东西。不同于结冰的湖面或是海边，是清澈且透明的空气。这或许也影响了我在建筑上的喜好。

—

生活于诹访湖优美的环境之中，在山林里自在奔跑的日子。每天埋头于棒球之中的少年时代，和疼爱子女的父亲度过了许多时光。兴趣广泛的父亲身边总是围绕着各种各样的人。

—

父亲很喜欢盖房子，他喜欢画隔间图。

我想是因为生为木材行小孩的关系。祖父在乡下开了家木材行，当上町长之后就不再经营，年轻的父亲才去了首尔。父亲很热衷于自己的兴趣，不但热爱运动，也下围棋和象棋。他对古董也很有研究，尤其是韩国李朝的陶器，当年回日本时也带了一些回来，现在都由我保管。我想将来应该会捐给什么单位吧。

父亲住在首尔的时候，很受一家现在已经搬到日本桥的古董店『壶中居』的老板照顾，和柳宗悦、滨田庄司、贝纳德·利奇、小山富士夫等人也建立了深厚的友谊。对父亲来说，战后最大的乐趣就是看看古董，等着这些朋友一年一次造访诹访。虽然当时我年纪还小，但还留有他们在家里的二楼观赏古董、相谈甚欢的记忆。

关于李朝古董，父亲的兴趣在于研究，更甚于收藏，而且非常入迷。只要是他有兴趣研究的东西，就算是一小块碎片都好，当时他收集了很多这样的东西。

我想他在首尔应该吃了不少苦，身边都是大学毕业的精英分子，但他只念到小学。为了融入那样的环境，他学了麻将、围棋、象棋，还有棒球、高尔夫球等，非常努力。我想接触古董的原因在于这个话题最能迎合身边的朋友吧。

后来父亲在首尔发展得很好，每天早上都有凯迪拉克到家里接他。听说当时我会在父亲出门前上车玩得很开心，但我自己不记得了。

父亲是个懂得随机应变的人，战争一开始他就觉得苗头不对，认为早一点回日本比较好，所以就在战争结束的前一年把家人先

1. 七五三庆典。和比我大三岁的姐姐的合照。**2.** 造访诹访的父亲（后排左一）的友人，贝纳德·利奇（前排左）、柳宗悦（前排右）、滨田庄司（后排左二）。

送回日本。

不久后他好不容易才逃回日本。因为做事有要领，所以才能顺利活着回来。回到诹访之后他才四十多岁，但是努力了那么多年所建立起来的成果却突然成了一张白纸，我想那时他应该很茫然吧。

不过他还算是个充满活力的人，后来当上了我就读的小学家长会会长，班上有什么人要办生日会，他会帮全班同学准备好抽奖所需的礼物。女儿节时还会用瓦楞纸帮大家做很大的公主人偶。不是让小孩做，是他自己做喔（笑）。他很喜欢这些。教育小孩对他来说似乎是一件很快乐的事。他也常陪我们打棒球，运动会时还带头要大家早点出门，比母亲更热心参加家长参观日的活动。

小学毕业，姐姐中学毕业。

母亲和大姐都不太能适应信州的生活，因为信州地区的人有点排斥外来者（笑）。信州由于地处山区，大多为农家，大家都过着封闭的生活。因为父亲是出生于信州的，所以回来后马上就能重新适应，但母亲和大姐则是嘴边常常挂着『好想早一点离开这个地方』的话。

我是老幺，也是家中唯一的男孩。父母亲很年轻时就生下了大姐，隔了十五年后二姐才出生，三年后又生下了我。我出生时父亲已经四十四岁，母亲已经三十九岁。或许是由于生下我和姐姐时年纪都大了的关系，父母亲很容易担心我们，尤其是父亲长年有高血压的毛病，很担心哪一天会突然离开，所以开了家味噌店。因为味噌店的生意稳定，不容易受外界影响。他常常告诉我们，如果哪一天他的『日子到了』，我们也可以继续过安稳的生活。

父亲在我小学六年级时过世。过世前一天和平常一样有精神，隔天早上家人叫他起床时，才发现他已经走了。

父亲在外人面前是个笑脸迎人的好好先生，但在家里却是个典型的传统大男人，常常大声斥责母亲，算是经常生气的人。我常想，千万不能继承他这种易怒的个性。最近我血压偏高，这一点倒是蛮像他的（笑）。

1. 约八岁时摄于诹访家门口。2. 约八岁时与同学摄于诹访湖畔。中排中间为伊东丰雄。在学校被称为『伊东丰雄同学』，在家中则被称为『阿丰』。

2 上京、进入日比谷高校

少年时代的伊东丰雄为了上高中而离家来到东京。在诹访时成绩总是名列前茅的他，到了东京的第一次考试时，成绩突然一落千丈，受到很大的打击。一九五六年，东京的中学生多到不可思议的程度。

中学三年级读到一半时，我离家到了东京。住在东京大田区的亲戚告诉我既然迟早都会到东京升学，不如早一点过去。于是我和导师商量，当时的老师也是棒球队的教练，他告诉我说：『你一定没问题的，早一点去吧。』现在回想起来，当初能碰上这样的老师真是太幸运了。他是个很有热情的老师，从不吝惜鼓励我们这些学生。现在我们还有往来，知道我得奖，他都会替我感到非常高兴，还会写信说：『我在电视上看到你了喔』。

想到要去东京，当然会感到不安。但那时喜爱音乐的二姐已经在东京了。母亲名义上是味噌店的店长，但实际上是由大姐夫妇负责经营，所以母亲就跟着我一起到东京来照顾我和二姐。

最初我们住在一位在东京工业大学当老师的亲戚家，我转学进入大森第六中学校就读。当时那个年代每户人家都有很多小孩，诹访的中学每班约有五十人，一共有八个班。但大森六中每班居然高达八十人，共十一个班。第一天上学时，进入教室后根本没有地方走路，塞得满满的。真不敢相信自己到了一个什么样的地方了（笑）。

大森六中只有不到十个人可以升入当时都立最好的日比谷高校。其次就是户山高校，我就是抱着至少可以进入其中一家就读的心情到东京的。自己这样讲虽然很奇怪，但我在诹访的时候成绩实在非常好。到了东京之后，第一次考试却掉到差不多六十名，受到很大的打击（笑）。我第一次感觉到东京真的聚集了很多很会读书的小孩。不过努力了一阵子之后，两三个月后就挤进了前十名。但最终还是没拿过第一名。

当时我的数学成绩很好。被大家称作『老奶奶』的导师是我们班的英文老师，她也非常疼爱我。但国文方面的课就不行了。

虽然后来如愿进入了日比谷高校，但实在很讨厌文言文……我几乎不读小说，只是一直打棒球。大学建筑系的同学也大多是文艺青年气质的，但我完全不是那种类型。

从小我就很会读书，但老是被说不够积极。从念小学起，我就很喜欢观察身边的人（笑），就是一直盯着看。很多事情我虽然了解，但却不太喜欢回答『是』。虽然不算别扭，但也算是个坦率的小孩，却常常在心里想着『可以的话，我不想站在前面』。

只有打棒球的时候会让我仿佛变了个人似的。因为我跑得很快，所以运动会时很出风头，跑大队接力时都跑第一棒，总是负责第一个跑回来，把棒交给下一位队员。到东京之前，还赤脚跑出一百米十一秒多的成绩。如果当初往体育方面发展，说不定能留下不错的成绩（笑）。

—

母亲在东京盖的房子由芦原义信所设计。伊东丰雄的第一件作品『银色小屋』就是通过改建这栋芦原所设计的住宅而成的。他完全没有想到会在日本建筑学会的审查当天，看到芦原本人到现场参与视察。

—

高中一年级时，母亲在东京都四处找地，想要盖一栋自己的房子，后来在中野盖了一栋小小的平房，也就是之后『银色小屋』的所在地。大约一百平方米，设计师是芦原义信。因为找设计师比较不容易被骗，所以就四处托人介绍，最后终于找到了芦原。当时入赘到家里的大姐夫是幸田露伴、幸田文家族的人，所以就透过幸田文找到了刚设计完『中央公论社大楼』（一九五七年完工）的芦原义信。

上梁那天我第一次见到芦原，觉得他实在非常帅气。当时的芦原应该是三十多岁吧，刚从哈佛大学回来，只有两三个员工。听说办公室在中央公论社大楼里。他说他是我的学长，和我聊了一些话。芦原也毕业于府立一中，就是后来的日比谷高校。他告诉我：『这会是一栋非常好的住宅』。后来我们也的确觉得房子很漂亮，整体感也非常好。虽然母亲有时会牢骚地说不怎么好用，但我对这些事情是不介意的。只要能吃得好、睡得好就可以了。

母亲算是比较啰唆的客户，好像让芦原费了很多心思，要求蛮仔细的。等我自己开始从事建筑方面的工作后，曾经去找过芦原，他就对我说『你的母亲还蛮能干的』

日比谷高校时期的伊东丰雄。

1. 从小就热爱棒球，在日比谷高校时当然也加入了棒球队。摄于芦原义信所设计的自家门前。**2.** 与日比谷高校棒球队合影。中排右一为伊东丰雄，其左侧为好友法眼健作。**3.** 高中毕业旅行，摄于京都。前排右一为伊东丰雄。独立初期接不到工作时，介绍绘制透视图的工作给伊东丰雄的同学也在其中。

（笑）。

芦原设计的房子在一九五七年完成了，大约是一九六〇年左右我们就把乡下的旧家（木材小屋）搬到新家里，不过我已经不记得是怎么搬过来的了。本来母亲是打算等大姐结婚后，让他们住在那里的。但结果大姐没有住在那里，结婚后搬了出去。反而是我结婚后在那里住了一阵子，而母亲则是居住在芦原设计的房子里。后来母亲住进养老院，我们全家人住进那栋房子，就这样在这两栋房子里不断地进进出出。

我盖『银色小屋』的时候，拆掉了芦原设计的房子，建筑学会奖委员会来进行审查时，担任审查委员的芦原到家里来，还对我说『居然把我盖的房子拆了』（笑），其实我保留了一扇旧房子的门，使用在『银色小屋』里。芦原看了之后说『原来是这一扇门啊』（笑）。

虽然芦原是我认识的第一个建筑家，但我之所以会成为建筑家，并不是因为芦原或是他为我们设计的房子。一直到我后来进入建筑系之前，我对建筑师这个职业完全没有任何了解。

3 东京大学建筑系时期

重考一年后，伊东丰雄进入了东京大学。虽然只是不经意地选择了建筑系，但却在这里认识了许多热爱建筑的朋友，也遇到了让他深刻体会到建筑乐趣的菊竹清训。见识到有如战场的设计现场，进而受到吸引，翻开了人生的新篇章。

说到我当初选择建筑系的原因，实在是很随便。因为在高校时只想着希望进大学后可以继续打棒球，所以第一次入学考试时就选了东大的文学组。如果考上文学组的话应该最好混，可以继续打球。但结果没考上。当时我的视力也开始变差，我想这样应该没办法打棒球了吧，所以重考那年的夏天赶紧改念理工组。

因为高中时没有读过物理，所以夏天就开始自学苦读物理，九月参加模拟考试，成绩却意外的好，才觉得应该可行，于是下定了决心。所以第一次入学考试时只报考了东大，重考那年则考了东大的理工组和早稻田大学的电机系。当时想，将来应该是当工程师之类的吧。

进入东大理工组，念完第一学年之后就要选专攻科目了。东大的电机系分数蛮高的，我怕跟不上进度，加上我从那时开始喜欢上几何学和制图，所以才想『不然的话，读建筑专业好了』。不是因为对建筑怀有憧憬，真的是很不经意的选择。不过当时丹下健三刚盖了代代木奥林匹克体育馆，正好是代谢主义者刚出现的时期，我觉得蛮有趣，那时正好是建筑非常受瞩目的时代。

虽然如此，但我完全没有建筑的相关常识。高中时母亲为了盖自己的房子，买了一两本『新建筑』杂志，我对这几本杂志唯一的印象就是生田勉设计的住宅『有栗子树的房子』。甚至我都不记得为什么会有特别深的印象。过了很多年之后，才重新体会到他真的是一个很棒的建筑家。大学同学松永安光说他高中时就看『新建筑』了。和这些人比起来，我对建筑真的是一无所知。

后来我之所以会对建筑产生兴趣，是因为在大学里结交了喜爱设计的朋友，才渐渐对建筑有所了解。我算是蛮喜欢理论的，如

1. 东京奥运会开始前的夏天（1964年）。造访代代木奥林匹克体育馆工地。**2.** 1965年春天，东京大学毕业典礼当天。左二为伊东丰雄，右侧为月尾嘉男（现任东京大学名誉教授）、大宇根弘司（现任大宇根建筑设计事务所代表）等人。

4 菊竹清训设计事务所时代

在菊竹清训设计事务所的四年，可以说是人生中最卖力工作的时期了。伊东丰雄深刻体会到光靠理论是不能成就建筑的。另外，二十世纪七十年代的安保活动震撼了日本政坛，大阪万博会的光环急速褪去。

代谢主义的理论、丹下所提出的建筑理论等，甚至比建筑本身更让我感兴趣。大学四年级的暑假，我到菊竹清训建筑设计事务所里打工一个月，那时开始觉得建筑实在太有趣了。所以菊竹清训可以说是让我真正体会到建筑乐趣的人。

之所以会想到菊竹清训那里打工，是因为升上大四之后，觉得菊竹清训的设计很厉害。当时菊竹清训刚提出『三段理论法』一类的说法，我本来以为他是个很重视理论的人，去了之后才知道根本不是那样（笑）。相反地，我反而很感谢这些事，让我知道可以从这样的角度来思考建筑。

另外，以旁观者的角度观察建筑实务的流程，实在很有魄力。让我深刻地体会到原来制作一样东西需要这么多的能量。而且有些案子就算菊竹清训今天跟你说了『这个不错喔』，结果隔天一早他会板着一张脸出现，说『这个完全不行！』，把昨天的案子完全否决掉。每次都是这样一直反反复复。当然我并没有参加这些案子的执行，但是光在旁边看就会觉得很恐怖。那时候正好是菊竹清训最活跃的时候。

因为菊竹清训不是大学里教的那种正统的建筑家，所以做东西的方法完全不一样。而且他花了很多心思改建旧建筑，并且靠这样的工作来支撑着事务所的营运，耗费的心力和其他从无到有的案子不一样。因为我没有这样的经验，所以对于这股震撼力受到很大的感动。

所以我下定决心，毕业后就要进入菊竹清训的事务所。打工的最后一天，我告诉菊竹清训：『明年起请让我到这里来上班。』菊竹清训当场就说：『好啊。』

我没有考虑过其他的选择。母亲知道我要去艺术家型的事务所上班后非常担心，认为不是每个人都当得成建筑家，到营建公司设计部上班的话生活会比较稳定。但是大学里几个和我比较要好的、常常一起吃饭喝酒的朋友也都到艺术家型的设计事务所上班。至于能不能靠建筑家这个职业养活自己，大家都没考虑过这个问题，只想着我能做些什么。有人说经营设计事务所就像开餐厅一样。因为永远不知道能撑多久，而且看不见未来。我想现在也是一样吧，但当时我想，这样也没有什么不好。

刚进入菊竹清训设计事务所时，由于工作繁忙，体重一下子从六十五千克掉到约五十二千克。

进入菊竹清训设计事务所之后，身边每一个人都很会画图，但是自己的手却动不太起来，每天都想着『这下子真的惨了』。那时真的被磨得很惨。这一点应该是菊竹清训设计事务所和其他有着大学教授一般的老板的事务所不一样的地方。

不管是尺寸的测量法、文字的大小、形状，还是写在二点五毫米栏宽里的方法，都必须自己去学。菊竹清训不看那些他不喜欢的图纸，不管内容好不好。没想到他居然看得下去我的图纸，我想他一定看得很不高兴吧。因为当时一般认为东大学生的专业训练时间比较短，所以图画得比早稻田和日大毕业生差很多，当然我也不例外。但这也是没办法的事，不管我怎么努力，动不起来就是动不起来。仙田满是大我一岁的学长，他也不太会画图（笑）。长谷川逸子就画得很好，图纸画得非常漂亮。

其实现在我也一样，面对某些员工很容易生气，面对某些员工就不太会生气。对菊竹清训来说，仙田满好像就是会让他生气的类型，而我就是不太会让他生气的类型。仙田满曾经对我抱怨过：『为什么每次你都可以不用挨骂？』大概是我比较会察言观色，找借口脱逃吧（笑）。仙田满是个勇于面对的人，真的很了不起喔。

我在菊竹清训设计事务所待了四年，是这辈子最卖力工作的时候。尤其是第一二年，真的是累惨了……虽然那时很年轻，还很有精神，但常常一个月休息不到一天，早上起床时真的很痛苦。大约每三天就有一次是睡在制图桌底下，其他人也都是这样。

在菊竹清训设计事务所满一年之后，就会被要求一个人到工地去了，还有人因为这样而得胃溃疡。第一年为了展览会非常忙碌，都在做现在已经停止营业的日本桥东急

菊竹清训（前排左三）的生日会（1996年4月）。众多菊竹清训设计事务所的前辈们都有出席。

百货里的白木屋举办的展览会的准备工作。展览会开始的前几天，我们是睡在白木屋里面的。

待了四年之后，之所以会独立创业，完全是顺其自然。一个原因是在我上班的两三年之间，菊竹清训设计事务所里比我资深的人都走光了。另一个原因是大学运动和大阪万博。一九七〇年前后的日本笼罩在躁动的气氛之中，尤其是大学运动更是激烈。当时只要和在其他设计事务所工作的朋友见面，他们就会对我说：『喂，做万国博览会的工作不太好吧。』因为菊竹清训设计了『Expo Tower』，所以大家都认为『你难道是为了国家而工作的吗？』。很多学生对于都市工学或建筑这方面都非常敏感，之后也有建筑系的同学走上了全共斗的道路。

一九六〇年安保的时候我还是高中生，一九七〇年安保时我在菊竹清训设计事务所，所以我的学生时代刚好卡在这两个时代之间的政治冷感时代。不过一九六九年的大学运动时期，还是和那些朋友聊了很多。我应该也和菊竹清训聊过，但我记得他好像几乎不和我讨论这些。受到大学运动的影响，万博很快就失去了光环。因此我只有在大阪万博开始之前，去现场请他们让我看了一下矶崎新设计的机器人，开幕后就再也没去过了。就连菊竹清训设计的Expo Tower也是制作完毕后就没有再见过了。

我觉得不管是对我，还是对其他和我同时代的建筑家来说，一九六九年、一九七〇年都是一段艰难的时光。在我创立事务所之后，已经接不到工作了。比我们年长一些的黑川纪章等人除了本身很有才能之外，二十世纪六十年代也有很多公共事业的案子。从这个角度来看，我们等于是从什么都没有的起点跨出第一步。矶崎新就这样拉拢我们这些人加入左翼（笑），我们就是在这种『建筑没有未来』的时代开始的。

5 创立设计事务所

—

历经了和同年代的好友们彼此琢磨的年代，经济逐渐复苏的年代终于来临了。但设计事务所的经营终于步上轨道却是在进入二十世纪九十年代之后。大约是我即将五十岁的时候。

—

一九六九年伊东丰雄离开菊竹清训设计事务所后，于一九七一年成立了自己的公司。过了两年四处闲晃的日子，设计的第一件作品『铝之家』是姐夫的住处。因为姐夫打算结束味噌店的生意到东京发展，所以这栋房子是盖在藤泽的辻堂。当时姐夫在青山也盖了另一栋房子，我在那里向他租了一个办公室，之后待了将近二十年。设计『铝之家』时我跟姐夫交换条件，没有向他收设计费，请他让我完全依照自己的想法去做。但青山的房子就花了设计费，设计则完全依据他的需求。

取得一级建筑师资格也是在那个时候。其实我在菊竹清训设计事务所上班时就考过一次，但没有考上。一共考了三次，因为设计制图没有通过（笑）。考试时要使用丁字尺在方格纸上画图纸，不过桌子是普通的课桌，丁字尺和方格尺的格子一直对不起来，当然也有可能是我本来就很不会画图。而且用的是像以前图画纸那样的纸，用橡皮擦擦过之后，会把纸的纤维一起黏起来，然后纸就破了。这样真的很讨厌。为什么旁边的人都画得那么顺利，不用擦掉重画，我实在觉得很不可思议。

坊间有一种制图的讲习会可以参加，菊竹

清训设计事务所的同事都很不屑于参加这种课程，总觉得『谁要去参加啊』。但我连续落榜两次，而且离开菊竹清训设计事务所之后要自己开公司了，非得考上不可，所以只好去参加了。去了之后才发现，很多和考试科目类似的东西，那里几乎都会教，所以那一次很轻松地就考过了。不过其实菊竹清训好像也考了三次才考过，所以菊竹清训设计事务所里都说考过三次的人才可以成为杰出的建筑家（笑）。

二十世纪七十年代真的没什么工作，状况很不好。有个高中时期的朋友当时在道路公团上班，知道这件事之后，就叫我帮他画透视图，所以接了一阵子这个工作。这些图是他们内部研究路桥下方时会用到的，当时画一张他就给我三十万日元左右。三十万日元大概可以付两三个员工一个月的薪水，一个月的支出就够了。那时我已经结婚了，还曾经把自己的薪水先拿回家当家用，再瞒着太太把钱转出来支付员工的薪水。

大约往后三个月还可以应付，但第四个月之后不知道状况会如何。这样的状况持续了五六年之后，我就开始想既然这样都过得去了，那么应该一辈子都可以维持下去。进入二十世纪八十年代之后，就一点一点地接些住宅的案子，觉得应该可以这样做下去了吧。接着就是泡沫经济时代，经济很景气，接了很多商业设施的案子。但那不是因为自己的设计得到认同，只是因为日本的经济变好了。

承接熊本的『八代市立博物馆』之后，公共设施的案子慢慢变多了。从各种层面来看，设计事务所逐渐步上轨道应该是进入二十世纪九十年代之后，从五十岁左右开始。设计『银色小屋』的时候，妹岛和世也在我们公司，光靠一些小住宅的案子，居然请了那么多人，现在想想真是不可思议。

不过，我想我在同龄人当中算是比较幸运的。二十世纪七十年代时我都和石山修武、石井和纮、毛纲毅旷这几个啰唆的家伙混在一起，虽然不曾想过什么时候自己才会受到肯定，不过却常常看着自己做出来的东西，忍不住当场称赞『这东西还不赖嘛』（笑）。不只是我这样，其他人也都是这种很容易满足的人。我们常常互相吐槽『白痴呀，不过就是那么点东西。』但其实很羡慕对方。因为我们都是些劣根性很强的人，一羡慕别人就忍不住想吐槽（笑）。另外，也因为有筱原一男研究室出身的坂本一成这样

1. 1971年的结婚典礼。介绍人是建筑计划学大师吉武泰水。**2.** 和长女真木到诹访为父亲扫墓。

的人，会毫不留情地挖苦、批评我们，才使我们获得成长。有一种不可思议的连带感。

—

关于自己、关于书写文章、关于目前思考的事情——伊东丰雄以叙述回忆般的口吻，语调平静地述说着。平稳中带着坚毅，直达人心。

—

1986年日本建筑学会奖的颁奖典礼。由当时的会长芦原义信颁奖的情形。得奖作品是拆毁芦原义信所设计的自家住宅重新改建的“银色小屋”。

到了现在，我仍然不是一个很积极的人。石山曾经形容我是一个包容型的人，也就是凹型人。不会攻击对方，会完全接受对方所说的话，并对此做出回应。我觉得他说得一点都没错。如果讨论事情的时候少了一个对员工发动攻击的人，就会进行得很不顺利，大家很沉默。当场的气氛就会变成『你们说说话啊』那样（笑）。

像是结构设计的佐佐木睦朗，因为他是凸型人，我们就很合得来。藤森照信也是有什么就说什么的人，像这样的人我就能很放松地和他们讲话。尤其是藤森照信，我们不但是同乡，还是同时代的人，很多事情不用语言就能互相了解。

借着写文章，可以更清楚地了解设计之后的下一步要做些什么，我认为这是非常重要的，但我真的很讨厌写文章。只要星期日一整天都在写稿子，就会觉得很痛苦，总是想着『要是能不接这个工作，可以一整天都在设计的话，该有多好』，觉得浪费了很多的时间。

我总觉得写文章时自己都在说谎，例如刻意展现自己最好的一面，或是明明没想到这么多，却写得好像想过这么多。我就是讨厌这样。每次看矶崎新的文章，都觉得他写得很好、很有趣，但大概有一半都是骗人的（笑）。虽然也有人称赞我的文章，但我自己知道写得有多差，觉得我还是比较擅长设计（笑）。

我常有个想法，希望把自己放在随时可以自由行动的位置。虽然也不是没人找我去大学教书，也不能说是不自由，但心里就是会觉得麻烦。像事务所，我也不想扩编到叫不出员工名字的程度。

工作也是，虽然这么说有点太嚣张，但我不想进军中国。虽然中国有很多案子都大到让人想马上飞过去，但我想就算接了那些案子，应该也做不出自己理想中的建筑。只要想到这一点，就不想做了。现在手边有很多案子正在进行，也有很多自己的坚持，我想，以后也会这样。

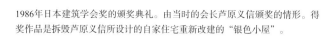

『住宅的时代』编年史

——出道作品的『狂傲』成为支持他勇往直前的动力

伊东丰雄于二十世纪七八十年代发表的作品几乎都是个人住宅的设计。建筑杂志『新建筑』的编辑石堂威对于当时的伊东丰雄有近距离的了解，这里集结了相关的考察成果，让我们了解早期的作品对他以后的职业生涯带来了怎样的影响。

1 从『铝之家』到『中野本町之家』

渗透于都市的『长筒』造型

一九七一年发表在杂志上的是独立后的第一件作品『铝之家』。这是一栋不可思议的住家，由两支朝天的长筒及外墙上方支撑筒状的斜面所构成，以全身包覆铝材的姿态耸立着。

不过其内部却没有丝毫金属感，以钉有横向木栈板的合板统一风格。作为采光口的两个长筒正下方立有柱子，用来代替与一楼的天花板垂直的大梁的结构功能。从九十厘米见方、长约两米的直筒落下的光线可照进一楼和二楼，不过一楼的采光效果并不怎么好。不知道为什么两个长筒与铝结合而成的外观和内部空间的充实感形成了鲜明的对比。

在这件作品之后，伊东丰雄将『铝之家』进一步发展，提出了名为『无用胶囊之家』的案子。

其中之一的『URBOT-002A』是个十米见方、楼高为七米的密闭混凝土箱，没有窗户，打开入口大门处，可看见大型顶窗洒下的光束。其正下方是系统厨具，另外还有四个胶囊床、一米见方的厕所和浴室等不同的胶囊沿着墙壁成一列。筒状的厕所和浴室胶囊穿过屋顶，形成了窗户。胶囊床只有枕头位置的上半部是筒状，同样穿过屋顶。

另一个案子『URBOT-003』里，胶囊床的尺寸变大成为家庭用的三点六米见方。在外观部分，『铝之家』的长筒各成一个单位，光线从十一米的筒高洒进内部。在这个案子中，描绘了胶囊巧妙融入东京银座四丁目路口附近的风景。在这里，长筒的存在是具象征性且明快的。

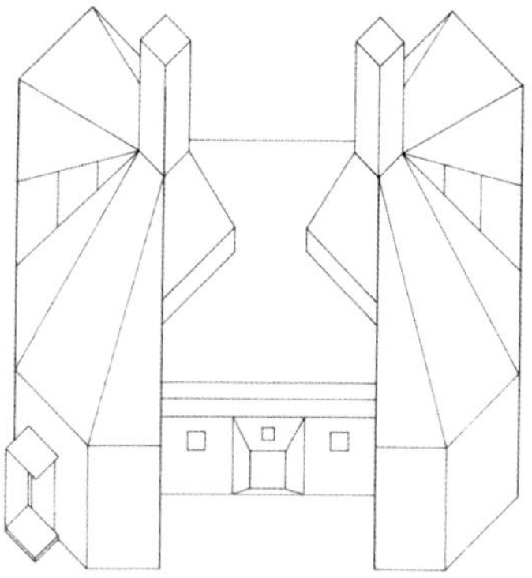

3

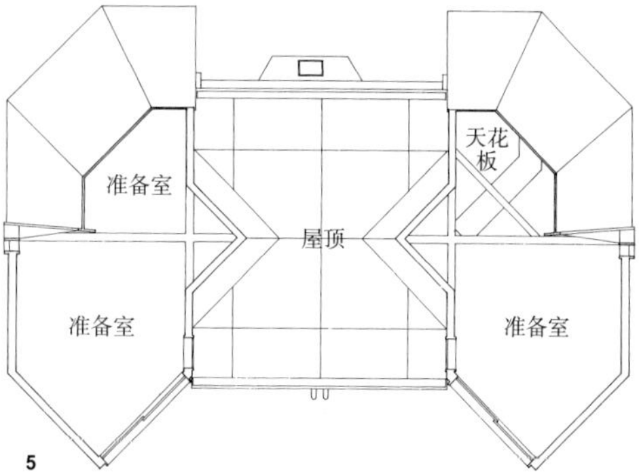

5

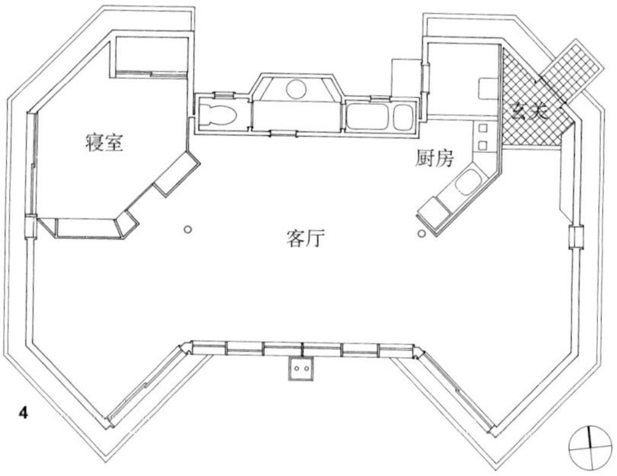

4

铝之家（1971年）

1. 由朝天的两个长筒和支撑长筒的倾斜外墙所构成，整体外观由铝板所覆盖。（摄影：铃木悠）**2.** 内部空间由没有丝毫金属感、钉有横向木栈板的合板所组成。两个长筒的正下方立有柱子，长筒上洒下的光线照亮了一楼与二楼。**3.** 轴测图。**4.** 一层平面图。**5.** 二层平面图。

1

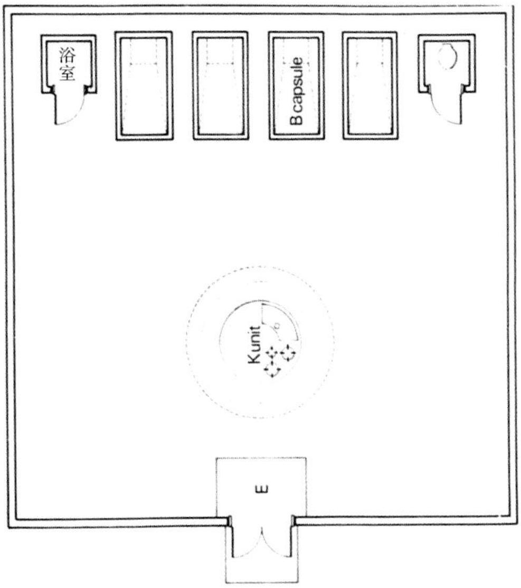

2

对高科技的高度关心

写到这里，不禁停下笔来。对『铝之家』内外印象的不一致和对此案的疑问让我不禁抬头沉思。

于是我拿出伊东丰雄于一九八九年出版的著作《风之变样体》（青土社），在第一页就找到了答案。

在科技高度发展的时代背景下，『铝之家』反映了对高科技的梦想与光热空间的憧憬。原本设计了四个光源长筒，家庭的每个成员各自拥有一个长筒，并在其下方配置信息终端装置及能源终端装置。表达的是为了在都市中努力地生存下去所需的个人胶囊，即太空服的形象。

但是实际上长筒只有两个，没有明示出象征内部的终端装置，覆盖外侧的铝板也仅止于皮膜，如同空壳一般。

当初发表作品之际，伊东丰雄使用的并非以个人名字命名，而是取自事务所（Urban Robot）的名称『URBOT』。事务所名称显示出伊东丰雄对高科技的关切，直到成立的前一刻，都还和共同成立者月尾嘉男非常亲近。

月尾嘉男是伊东丰雄的大学同学，两人在大阪万博（一九七〇年）时在矶崎新旗下参与了祭典广场机器人的制作。月尾嘉男负责计算机软件，伊东丰雄负责建筑设计，但后来伊东丰雄独自成立了事务所，仅在事务所名字上留下了月尾嘉男的影子。

URBOT-002A（1971年）

1. 1URBOT-002A的模型。十米见方、高七米的混凝土箱。没有窗户，光线从大型顶窗洒下。其正下方是系统厨具，四个胶囊床、一米见方的厕所和浴室等不同胶囊沿着墙壁排成一列。（摄影：伊东丰雄建筑设计事务所）**2.**平面图。

URBOT-003（1971年）

URBOT-003的照片拼贴。“铝之家”的长筒各成一个单位，光线从筒高11米处洒进内部。在这个案子中，描绘了这个胶囊巧妙融入东京银座4丁目路口附近的风景。（照片拼贴制作：铃木悠）

事务所成立后，伊东丰雄在里面设置了两平方米的密闭空间作为冥想室。这个『BOX IN BOX』也可以说是上述案子原型的具体实现。

从闭塞感中起航

大学毕业后，伊东丰雄进入菊竹清训建筑设计事务所接受磨炼。

菊竹清训在建筑界中崭露头角的作品为『SKY HOUSE』（一九五八年），四支混凝土壁柱将整座建筑悬浮在空中，四周阳台上配置了各种设备，小孩房也整套悬吊于半空中，明快地展现出代谢主义的作风。他采用『Vision、Techonlogy、Form』作为方法论，是一位注重感觉、具备敏锐才能的设计师，也是代谢主义的有力支持者。

伊东丰雄在大学及菊竹清训建筑设计事务所上班时非常爱读勒·柯布西耶的作品集，几乎将书翻烂，完全沉浸于现代主义，另外也受到二十世纪六十年代后期广受喜爱的建筑电讯所描绘的『实时城市』及『插座城市』、诞生于加利福尼亚州乡土的查理·摩尔的『海上牧场』等所表达的土著性所影响，从而进入对于现代主义有时轻微、有时辛辣批判的过渡时期。

当时社会高度经济成长所带来的公害问题越来越严重，住宅和高楼都必须采取自卫行为。于是出现了固定窗和中央空调，住宅也变得密闭，内部设备成为竞相追逐的目标。点缀华丽未来论的二十世纪六十年代，转为在切身感受对高科技的怀疑及闭塞感中起航。

对筱原一男的认同感产生了『中野本町』

一九七二年伊东丰雄以『URBOT-002A』的概念参加了『新建筑住宅设计竞赛』。审查委员是主张『住宅是一门艺术』，并创造了独特室内空间的『纸伞之家』（一九六一年）、『白之家』（一九六六年）、『四方体之森』（一九七一年）的筱原一男。

这个时期伊东丰雄发表了『千泷的山庄』（一九七四年）和『黑的回归』（一九七五年）。两件作品的正面都是左右对称、着重内部设计的建筑，并有意识地导入光线。

接着在一九七五年伊东丰雄在『建筑文化』杂志上发表了一篇名为『请菊竹清训传授如何持续狂妄的方法』的文章。请筱原一男作为见证人，向师父菊竹清训唤起过去的狂妄，同时也表明了伊东丰雄本身的觉悟。伊东丰雄透过菊竹清训与筱原一男，得以窥探建筑狂妄的真正意味。

接着在一九七六年，因着对筱原一男的认同感，伊东丰雄完成了『中野本町之家』。业主是伊东丰雄的姐姐，是为了因丈夫病逝之后与两个女儿共同疗伤的姐姐而兴建的家。马蹄造型平面的内部空间呈现弯曲的长管状，寝室和储藏室以外是一整个开放的空间。弯管的宽度为三点六米，天花板高为二点二—三点九米，构成以白色统一的流畅空间。

追求流动的空间，进入形态操作

『中野本町之家』的外观是封闭的，外部仅有可从圆形餐桌旁窥见的中庭的黑色土壤。屋顶有一个小切口，由此射入的光线为室内空间带来了变化。地灯将移动的人影映照在由地板、墙壁、天花板所构成的画布之上。流动的空气被封存于弯管之中，凸显出的光线所构成的空间，强烈展现出以内部空间为重的意图。这项作品舍弃了左右对称的平面设计，入口并未设置于正中央，描绘出优美

黑的回归（1975年）
外观为左右对称、着重内部空间的建筑，特点为采光的方式。（摄影：羽田久嗣）

的弯曲弧面及空间。

之后伊东丰雄持续追求流动的空间，并采用形态的操作方式，陆续发表了在长方形的中央放置圆桌的『上和田之家』（一九七六年）、长野菅平的『HOTEL D』（一九七七年）等作品。

『中野本町之家』完成二十年之后，由于三名居住者陆续迁出，于是在一九九七年进行拆除。刚搬入这个家时，每个成员都能远离外界的纷扰，寄托于内部的整体空间，充分反映出家庭成员当时的心情。但这个空间却逐渐变成对他们的束缚。

入住时还年幼的女儿们长大成人后决定自食其力。『中野本町之家』这个空间原本就有其存在目的，无法转让给其他人使用，因此才决定拆除。可以说它是为了建筑家与住户所创作的，甚至是两者共同分享理念的

1

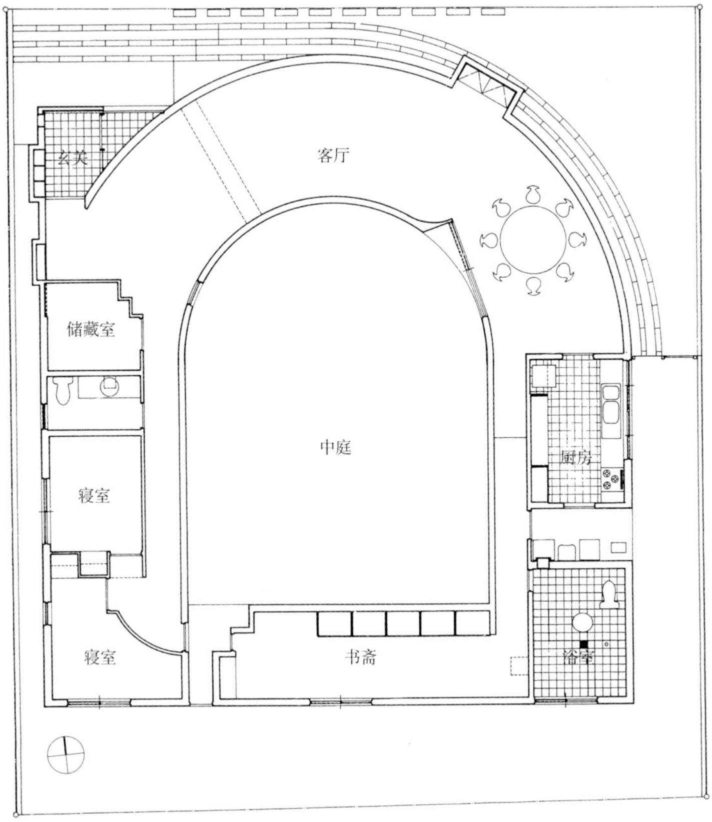

2

中野本町之家（1976年）

1. 外观是封闭的，外部仅有可从圆形餐桌旁窥见的中庭的黑色土壤。屋顶有一个小切口，由此射入的光线为室内空间带来了变化。**2.** 平面图。**3.** 马蹄造型平面的内部空间呈现弯曲的长管状，寝室和储藏室以外是一整个开放的空间。弯管的宽度为三点六米，天花板高为二点二至三点九米，构成以白色统一的流畅空间。业主是伊东丰雄的姐姐，丈夫因病过世后，为了与两个女儿共同疗伤而兴建的家。（摄影：大桥富夫）**4.** 断面图。

3

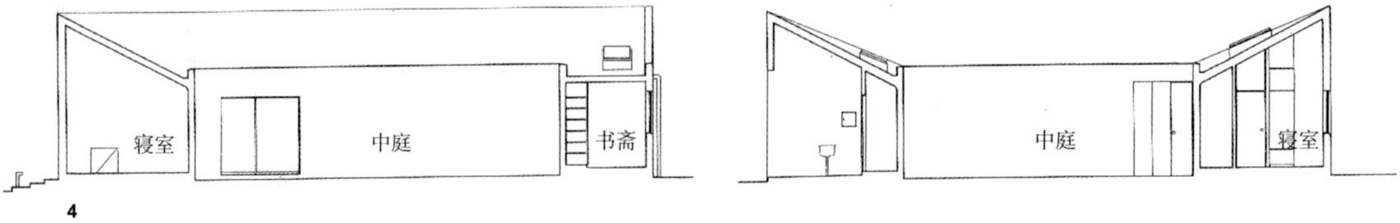

4

HOTEL D（1977年）
『中野本町之家』之后，陆续发表了若干为追求流动空间而进行形态操作的作品。（摄影：山田修二）

条件下所兴建而成的慰藉之家。

以上内容均记录于《中野本町之家》（图书馆出版局）一书里。

2 从『中野本町之家』到『银色小屋』

—摆脱筱原一男，开始对外观投注关心—

兴建『中野本町之家』之际，伊东丰雄或许没有想到有见证其消失的一天。但经过自身的观察，并接受众人的批评后，他开始意识到有必要让其建筑作品走出过去的封闭，面向开放的观念。这也意味着从此摆脱筱原一男，并摆脱原本的一切。而这样的企图也显现在其对建筑外观的关心，将装饰的手法导入设计的因素之中。

在这个过程中诞生的，就是**『名古屋PMT大楼』**（一九七八年）。他开始意识到如何让外墙看起来更轻更薄、建筑外观该怎么表现、外壁该如何设计。这时他也将事务所名称变更为『伊东丰雄建筑设计事务所』。

随着『中野本町之家』在海外建筑家之间逐渐以『WHITE U』之名广为流传，他也开始了与海外的交流。日本方面则与同时代的建筑家坂本一成、长谷川逸子、石山修武、石井和纮、山本理显、加上原广司、矶崎新、评论家多木浩二等人有更深的交流，活动范围日渐扩大，也真正将对都市发展的关心落实到建筑活动上。

在这样的背景之下，伊东丰雄发表了**『小金井之家』**（一九七九年）、『中央林间

名古屋PMT大楼（1978年）
开始意识到如何让外墙看起来更轻更薄、建筑外观该如何表现、外壁该如何设计。（摄影：山田修二）

之家』（一九七九年）、『笠间之家』（一九八一年）等住宅设计。

其中『小金井之家』可以说是继『中野本町之家』之后一项有趣的设计。是以勒·柯布西耶的『多米诺系统』为根基，使用均等的钢骨结构框架，并呼应了住户需求的新尝试。此时伊东丰雄的设计已经开始有了某些变化。

小金井之家（1979年）
以勒·柯布西耶的『多米诺系统』为根基，使用均等的钢骨结构框架，并尝试响应住户需求。（摄影：大桥富夫）

虽然『花小金井之家』（一九八三年）并非多米诺系统下的作品，但在将半外部空间设于二楼，考虑居住者的日常生活等方面，也可以说是摆脱了形式主义的作法。

— 追求外观的轻盈 —

伊东丰雄的重要转折点『银色小屋』于一九八三年开始进行企划，一九八四年夏天完成。企划时有一个很大的问题，由于建地紧邻『中野本町之家』，因此构思时必须与其切割，才能确保这个案子的自由度。

这时的伊东丰雄探访了许多城市，放下过去的成见，虚心地研究和自己的设计不同

笠间之家（1981年）
这个住宅获得日本建筑协会新人奖。（摄影：大桥富夫）

银色小屋（1984年）

1. 以混凝土柱做出三点六米宽的格状结构作为骨架基础，之后再依实际大小来架设屋顶。最终架设了七座较浅的钢铁骨拱形屋顶，并于上设计了许多装饰顶窗的孔洞。从隔开中庭空间的冲孔铝板前，到室内地板，几乎都铺设淡路所生产的瓦片。（摄影：大桥富夫）2. 一层平面图。3. 和室。4. 建筑系统的概念图。5. 断面图。6. 断面图1/150。

3

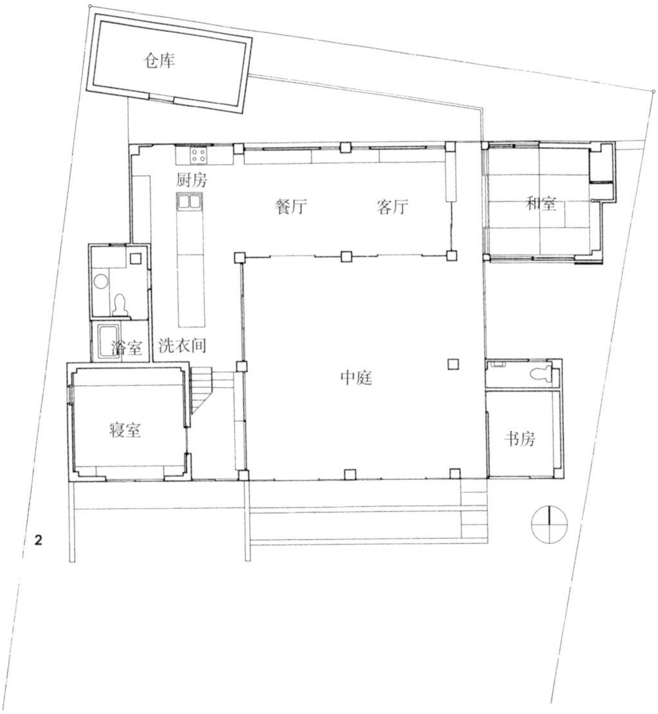

2

的地方。为了反映出这个理念，他决定以混凝土柱做出三点六米宽的格状结构作为骨架基础，之后再依实际大小来架设屋顶。最终架设了七座较浅的钢铁骨拱形屋顶，并于上方设计了许多装饰顶灯的孔洞。

这项作品的概念为『原始』。从隔开中庭空间的冲孔铝板前，到室内地板，几乎都铺设淡路所生产的瓦片，随处可见可移动式的家具。人在的地方就是家的中心，是一个充满人情味的住宅。

『银色小屋』之后，伊东丰雄陆续扩大、扩散这样的设计理念，发表了『东京游牧少女之包』（一九八五年）、『RESTAURANT BAR NOMADO』（一九八六年）和『横滨风之塔』（一九八六年）。当时的社会开始排斥沉重的建筑，转而追求外观的轻盈，并经常使用铝、

1

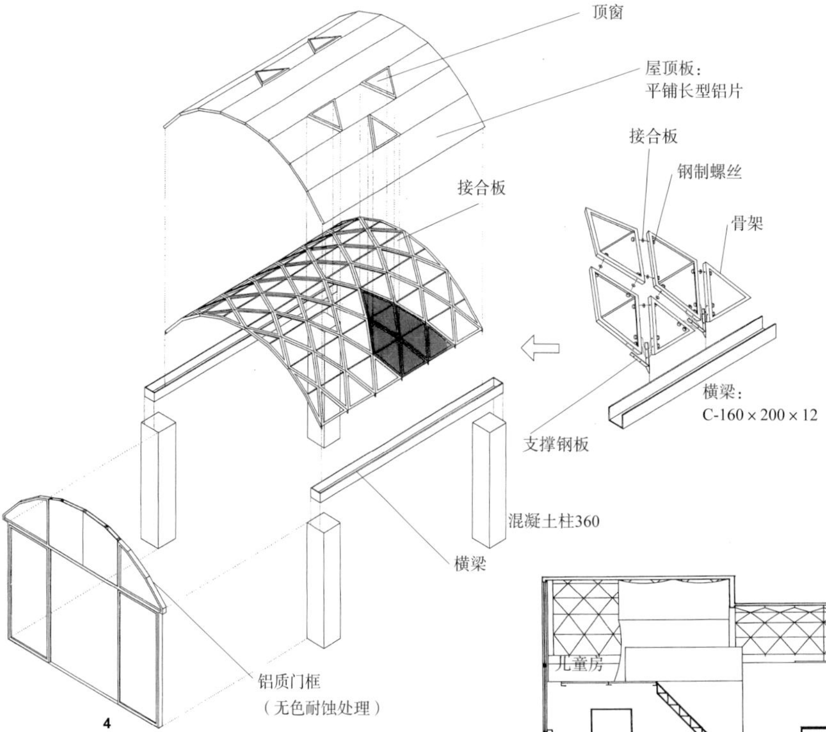

4

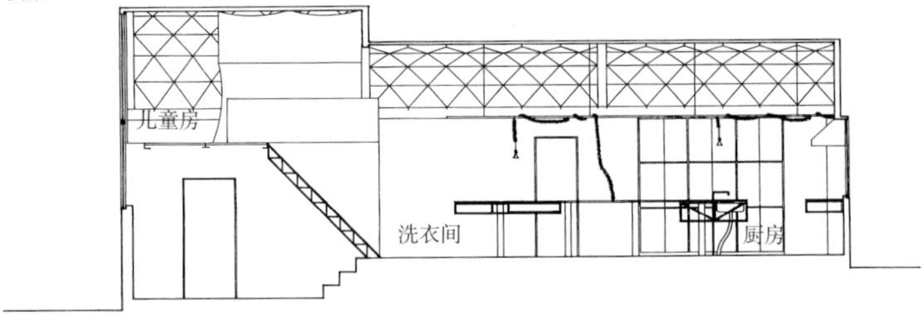

5

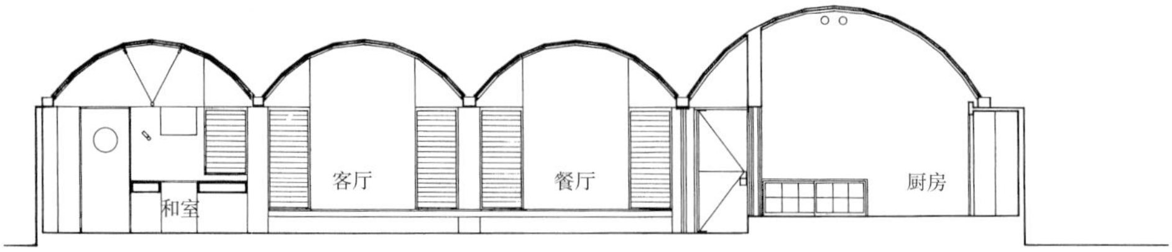

6

RESTAURANT BAR NOMADO（1986年）

追求表面轻盈，并大量使用铝、布、冲孔金属、铁网等作为素材。（摄影：大桥富夫）

布、冲孔金属、铁网等作为表现素材，伊东丰雄的设计成为了一种流行，受到大众的喜爱。

3 处女作所代表的意义

二十年后才出现的个人计算机

在制作银色小屋的过程之中，更早之前的作品『铝之家』仿佛又来到了伊东丰雄眼前。那或许是因为『银色小屋』并不是一项经过淬炼、精心打造的建筑，而是一切从零开始的意识。

伊东丰雄的处女作『铝之家』本来是希望家庭的每个成员在长筒的光源之下，各自使用信息及能源终端装置与社会接触，但完成之后却不是这样。

或许那是因为伊东丰雄非常排斥高科技的进步使自己受到拘束，所以并未积极进行各项设备的装设。不管怎么样，日本的个人计算机是在那之后的二十年才出现的，伊东丰雄所描绘的生活或许真的太领先潮流了。

那我们又该如何解读伊东丰雄不愿意变

更计划，执意进行设计的态度呢？

—

支持其勇往直前的『狂傲』

—

环顾四周，你会发现我们现在正身处于伊东丰雄四十年前所描绘的环境里。被称为现代人的我们，身上带着更轻、更薄、更小的信息设备，走到哪里都少不了这些东西。说不定我们的头顶都有着一只看不见的长筒，正接受着宇宙所射来的光呢。

伊东丰雄曾经构思银座路口附近有许多『胶囊』出现，现在这些胶囊已经化为无形，自由地在街道上来回行走。伊东丰雄所想象的画面已经有很多都已实现。

这些构思皆萌芽自『铝之家』。若伊东丰雄没有年轻时代的直觉、形态虽不完整却执意要以建筑的方式呈现的强烈欲望，那么这些潜藏在心中的想法就没有化为有形的一天，伊东丰雄的未来也许会大有不同。

这或许就是伊东丰雄的狂傲吧。这股对建筑的狂傲，正是支持他从『银色小屋』到现在勇往直前的力量。

石堂威（TAKESHI ISHIDO）：一九四二年生。一九六四年毕业于早稻田大学建筑系，进入新建筑社。一九八〇－一九九一年担任《新建筑》总编辑，一九八五－一九八七年担任《住宅特集》创刊总编辑，一九九二－一九九五于A.D.A.EDITA Tokyo担任《GA JAPAN》创刊总编辑。一九九六年成立都市建筑编辑研究所，担任公司代表。目前从事建筑相关书籍与机关杂志的企划编辑制作。

1985年

访谈 **01**

『纯文学』般的建筑如今已不成立

——如风一般的方法论，期望使建筑更加『轻盈』

刊载于NA（1985年1月28日）

伊东丰雄以『非作品，而更加自然』的理念所创造的『笠间之家』（一九八一年）获得日本建筑家协会新人奖。一九八四年于东京中野打造的铝片屋顶则希望打造出一栋『风的建筑』。像布幔一样、像薄膜一般，『我想打造出轻盈的建筑。』伊东丰雄热情地陈述着。『也要排除建筑家的设计作品这些字眼……』这么说并非不认真，而是源自于『只是想要更加自由』这个大前提。

——身为建筑家在日常生活之中，您是否经常留意身边的事物，将之作为创作的来源呢？

所谓的建筑，我认为最后仍须回归到时代和生活，也就是这些事物的反射。就好像不管我想要如何表现，东京最终还是展现出东京原本应该有的样貌。

我觉得建筑师所谓的想象不过就像是透过滤光镜映照在屏幕上的影像罢了。

——所谓的滤光镜，是指您自己本身吗？

是的。精神主义对建筑的认知为『这些都是我创作出来的』，我似乎不太能认同这种想法。我觉得建筑应该是更轻松的。

——您似乎经常使用『作品』这样的表现方式。

就连作品这样的说法，都慢慢地让我觉得沉重了，我甚至希望拿掉作品这样的说法。

——这个想法真是令人讶异。基本上大多数的建筑家虽然嘴上不说，但都可以感觉到他们有种『看我的建筑，就能了解我的一切』的想法。您的意思是说，不应该有这样的想法吗？

从反映时代和都市这一层意义来看，我认为建筑是很社会化的。而这也是建筑最有趣的地方。

——您是如何维护自己的滤光镜，随时保持新鲜的呢？

其实这并不是自己会意识到的，就像喝

酒也是一样，就是尽可能地在街上走动吧。在这么做的同时，就会有一些诸如素材、形状、时代等感性的东西涌出来。因为想喝而喝，这样的东西就会进入我身体里的某一个部分。

——您的意思是说，应该更直率地反映出来吗？

尤其这几年我有很多出国的机会，这么做的话，会发现东京这个城市现在变得非常有趣。

——您指的是哪些地方？

在某种意义上，东京正朝着『纽约里就该有纽约的东西』这样的目标进行各项现代化的动作，但我认为越是进步，越会变成完全不是这种方向的感觉。

其中一个原因在于，我觉得因为都市的概念无法以形态来捕捉，东京这座城市最能表现出这个意象。它呈现出原本的姿态，这里充满能量却混乱，又清楚地拥有肉眼看不见的秩序。如果到纽约、巴黎、伦敦等地，更可以感觉到一股清爽感，不会有黏腻的感觉。

而东京则是黏腻之中却又整理得非常好。总而言之，就是有种像是吸引力般的东西。香港则有种全部反射出来、发出尖锐声响的感觉。而东京这个地方，如果发出一个声音的话，只会反射出其中一半，另一半是被吸进去的。我认为这种吸收的能力实在非常有趣。

建筑是属于社会的，这一点正是最有趣的地方

——也有一些人持反对意见，认为『东京这座城市没有秩序、像一个巨大的乡间』。

不管从城镇规划方法或结构上来看，东京本来就不是一座依据完善的都市规划所建立的城市。正因为拥有乡间的部分，才更能发挥目前的力量。

不过若想到未来该如何发展，现在应该已经到达顶峰了吧。而这个顶峰有趣的地方，也表现在建筑上。

——如果真的吸收了，那么通过滤光镜之后要怎么样释放出来呢？

一个方法是『让建筑更轻盈』。变得更轻盈之后，形式就几乎变得没有意义了，建筑就只有状态是成立的。如果可以这样的话，一定很有趣。

请大家看这张照片（第七十三页），这是去年（一九八四年）夏天完成的自宅『银色小屋』，我希望

做出一个『风的建筑』，所以想过在城市里架一张金属制成的蚊帐。

另外，这样的作法在物理上真的非常通风，轻飘飘的随着风摆动。进一步来说，这个建筑没有形式，只有存在的状态。即使在当下具有一瞬间的形式，但却没有恒久的形式。

——也就是说，并不是具有空间，而是具有状态吗？

帐篷或许很接近这个想法，我对这样的东西很有兴趣。但也不是说一定要制作帐篷，而是想带给大家像帐篷般轻快的印象。

——为什么像『风』那样轻盈呢？是反映时代吗？

最早在一九七八年，大约六年前于名古屋创作了PMT BULIDING。这栋建筑的表面是以波浪状的铝板所制成。只有表面看起来如同做好折痕再弯曲的纸，当时我还说过『想制作一个像是浮在半空中的外观』这样的话。

也曾有过对沉重建筑的反抗

不过当时大家都说：『所谓的建筑就是要又重又沉稳，要具有相当的存在感……』

但我其实认为建筑家这种沉重的想法压得人喘不过气，难以忍受。大概是对这样的想法持反对意见吧。

另一个原因是，仔细看着东京的街道，会发现全部都跟着流行走。像商业大楼，走在新宿的街上，不管是霓虹灯或是放置在橱窗里的东西，整个街道都是由这些东西所构成。不过在这些背后的建筑物就几乎完全没有问题。

这些不是很浅薄吗？隔天再去看一次，很可能已经又盖上不同的布幔，建筑就应该这么轻松。我想做出跟这种薄布幔一样轻盈的表面。都市里的建筑不应该沉重，而应该思考如何做出如薄膜一般美丽的东西。曾经我这么想过。

——换句话说，也就是以前是厚重高大，以后是轻薄短小。您有意识到这两者之间的关联性吗？

或许间接地有意识到吧。例如，文学和纯文学，芥川奖日渐式微，而只剩直木奖逐渐茁壮。同样地，相当于纯文学的建筑也将慢慢地消失了吧。

——也就是说，身为一个作家，自我主张、名留青史、设计对城市造成影响的建筑，这些对您来说并不具有太大的意义，是吗？

一点也没错。对我来说这些反而是理所当然、非常自然的，但如果将这些放到建筑评论或其他地方，又会被解读成『不正常的想法、过于偏激』。

——我在建筑家协会新人奖的评审中，看到一些您获奖的关键词，像是洗练、明快、纯粹性等字眼。对于这些表达方式，您有没有什么看法？

大部分评论我作品的人，通常会使用较感性的语言，却没办法得知他们真正的

自宅“银色小屋”。后方是中野本町之家（1976年）。（摄影：大桥富夫）

想法。

——获奖的『笠间之家』有什么样的投射呢？

我希望自己从事『作品』制作的时候，可以尽量做到轻盈，如何看起来不像作品，反而可以比较接近普通的住宅。『笠间之家』是一个过渡的阶段，之后的作品会从基本的方法开始慢慢地做一些改变。感觉自己也产生了一些变化，之后的作品就是我自己的住家。

关于笠间之家，比如光线，想着如何让光线产生优美的演出，然后让它逐渐延伸，置换成自然的形态。

这里使用的形状的要素，像是圆弧就在那里出现。但是我在早期盖的住宅里，使用的圆都非常锐利，使用的形状都非常强调圆弧的特征。

而这样的圆弧在笠间之家里变得很和缓，甚至到了不仔细看的话，根本分辨不出是直线还是圆弧的程度。虽然如此，使用圆弧还是比使用直线让空间变得柔和许多。这方面的事我

留意得蛮多的，希望能更接近自然。

——和业主夫妇的对话当中，是如何说明这些想法的呢？

— 业主本身是建筑系毕业的陶艺家，他的太太也毕业于日本女子大学的居住学系。

他们以前就经常在杂志里看我设计的建筑，对于我要做怎么样的东西大概都知道，这一点真的非常幸运。

——有业主才有建筑，与此同时，有设计也才有建筑。您认为建筑家在其中是怎么样的定位呢？

— 不光只是住宅，任何建筑，只要讲到包含使用在内的『居住』这一点，住起来最舒服的建筑应该就是没有任何勉强、自然的建筑了吧。要做到这一点，就要看建筑家可以把自己身为建筑家的意识放在一旁到什么程度了。如此一来，最终就能制作出建筑最原始的状态。

那么，用圆木做成小屋算不算原始呢？这么做在现在的东京反而是不自然的。我经常使用铝材，因为我觉得在现在的东京，使用铝材反而比木头自然多了。

如何使用现今东京最容易找到的材料，怎么样才能为业主提供不要有太多建筑家成见的设计，我认为这才应该是今后的方向。

——您的意思是要抛弃过去所受的建筑教育吗？

— 现在我也在几所大学里教课。因为我是外聘教师，可以很轻松地从外围的角度到学校教书。我发现大学教育实在非常偏，把以建筑家立场来看的『住』，变成了客观角度的『住』。学生刚进入建筑领域就被要求设计些什么东西，他们便以想象中的建筑家的思考方式去思考所谓的生活，这一点非常不可思议。我觉得这样的训练把建筑变得非常无趣。

对现在的东京来说，铝材反而比木材更“自然”

——大学毕业后，您在菊竹清训的事务所里待了四年吗？

— 是的。接着我游手好闲了两年，于一九七一年在这里成立了这家事务所。

——刚独立的时候您应该有设定所谓的愿景吧，达标率怎么样呢（笑）？

— 其实一开始就没有所谓的愿景，因为我不是个有野心的人。现在的员工人数也和最初阶段差不多，应该是说我希望可以一直四

处溜达溜达，大前提是希望可以很自由……

——村野藤吾已经于去年过世了，作为相同时代的建筑家，您是怎么看待他的呢？

说实在的，我对这方面不太感兴趣。他的作品非常漂亮，具有一股透明的感性，我并不讨厌他的建筑。但是，就像我刚才说过的，建筑的精神论诉求的是『从事建筑一定要对建筑抱有爱』，所以……

——这是所谓的成见吗？

从这个部分来看，就会让建筑变得非常无趣了。我认为我们必须用更客观的角度来看待建筑。很多人对建筑都有误解，以为只要拼命去做，就可以做出好的建筑。

我觉得那是因为建筑评论惯坏了大众。因为这些评论只会从人和建筑合而为一的角度进行批评。

50岁之后应该会很辛苦

——对您来说，虽然建筑本身是自己所创造的，但却可以从较客观的角度来看待『这栋建筑已经是时代的产物了，是这个世界所拥有的』，是吗？

是的，我希望可以做到这样。因为设计的时候我可是非常卖命，没有偷懒喔（笑）。

——展望五六十岁之后，您希望成为怎么样的建筑家呢？

老实说，大家都很累啊。大部分的建筑设计事务所的人数都差不多，很少有机会做公共建设的案子。几乎都在做住宅，除非有什么特别的机会，才有办法做大一点的案子，大多数的建筑师重复着这样的生活。

现在五十多岁的建筑师在我这个年纪时都可以成立很有制度的事务所了，整个社会也还有空间可以接受这样的东西。现在我们很难切入。我想五十岁之后应该会很辛苦吧。

专栏

Voices of 50 peoples

五十人谈伊东丰雄的核心（前篇）

认识他的人都说『伊东丰雄从以前到现在都没变过』。但是他的设计主题却变幻莫测。在采访过他的朋友后，我们发现了他『不变的本质』和『求变的意志』。首先采访的是他学生时代的友人和交情最深厚的十个人。

01 藤森照信

建筑史学家·建筑家

Terunobu Huzimori：一九四六年出生于长野县，和伊东丰雄一样成长于诹访。以建筑家身份和伊东丰雄合作过『SUMIKA Project』。二〇一〇年三月辞去东京大学教授职务，同年四月起担任工学院大学教授。

诹访湖培养出的水平感

第一次有机会和伊东丰雄好好聊一聊，是去看『银色小屋』的时候。同行的还有石山修武、布野修二、毛纲文太、六角鬼丈。我想不起来为什么我也在那里了，当时应该才完工不久。

看了『银色小屋』之后，我们也去看了隔壁的『中野本町之家』，接着再回到『银色小屋』，大家坐在大桥晃朗设计的椅子上开始喝酒。不过我们聊天的主题还是集中在『中野本町之家』。结果伊东丰雄突然脸色大变，生气地说：『我找你们来的用意是什么？为什么一直聊旧房子。』当时气氛有点尴尬，让我印象非常深刻。

当天，每一个人都看不太懂『银色小屋』，看起来像是个奇怪的东西。因为不懂伊东丰雄想要表达的是什么，所以什么都没说。我想那天大家到最后还是没说到这个案子。

我之所以对『银色小屋』有了了解，是在『RESTARANT BAR NOMADO』盖好了之后。之后伊东丰雄在『新建筑』里发表了一篇名为『不沉浸在消费的汪洋里，就无法造就全新的建筑』的论文。透过这两件事，我终于能理解伊东丰雄想表达的是什么了。也就是说，我输了。如果一直不懂的话也就算了，但我却是在过了大约两年后才终于看懂，让我甘愿认输。之后我就很信服伊东丰雄的眼光，他具有透视未来的眼光。

将感性化为『语言』的力量

当伊东丰雄的著作《风之变样体》（青土社、一九八九年）出版时，我十分震惊。因为这本书让我知道他是少数可以写出兼具理论与感性文章的建筑家。我觉得同时代的建筑家写出的文章都有些问题，所以很高兴看到他出书。

我一直很想知道为什么伊东丰雄要进入菊竹清训的事务所，有机会问他这个问题时，他说：『因为对代谢主义有兴趣。』他还说：『但是他们所说的时间是客观的、社会化的。但时间对建筑家来说，必须是精神层面上的。在我认为代谢主义很厉害的同时，也觉得这个理论是错误的，我是抱着这样的心情进入菊竹清训的事务所的。』伊东丰雄说：『我也有证据，我的毕业论文主题就是「不加装饰的时间」。』

当时他就已经论述过对建筑来说不加装饰的时间比外表更加重要这件事了。他很早之前就有这种能力，可以使用语言将自己思考的东西转换为概念。

以往代谢主义者总是站在社会的角度来说明建筑。这应该是和我们这个年代的代谢论最大的不同。他们不是从建筑的精神面来说明建筑。现在想想，其实伊东丰雄一直以来都在思考我们这个时代所面对的问题。

不管是『消费的汪洋』，或是『请菊竹清训传授如何持续狂妄的方法』，都是伊东丰雄叙述精神方面的语言，并不是考虑到社会效应或是艺术效果而发表的言论，我觉得这正是他诚恳的地方。

仙台媒体中心的原点是诹访湖

伊东丰雄和我于同一个时期在长野县距离非常近的地方长大，所以我觉得其实养育他成长的乡村一直对他有很深的影响。

伊东丰雄的感官里有一股『绝对的水平感』，最能够深刻表现出这种感官的，就是『仙台媒体中心』。这栋建筑物最吸引人的是纵向的筒状造型，但其实这些筒是立于水平地板之中的。我认为这种绝对的水平感是诹访湖所培养出来的。他曾说过：『诹访湖真正的魅力在于和海洋的不同。盆状的群山怀抱着平静的水面边缘，这种感觉真好。』

而且伊东丰雄也见过整个湖面全部结冰的景象。冰上仅有少许的雪，有些涌出温泉的地方还被挖了圆圆的洞，洞里冒出水来。这完全就是伊东丰雄的建筑。不过他很讨厌我这么说，因为『历史学家马上就会讲出这样的话。』（笑）

另外，伊东丰雄的父亲也收集了大量李朝的陶艺品。我觉得从小在这样的环境下长大，对小孩的影响一定很大。不管是看人的眼光、看事情的角度，都是从小受到影响的。就像是人只会记得曾经听过的话一样，身边的事物都影响着我们，就像水积成水窟一样。但人也不是那么单纯，所以会在这个阶段后继续往下一个世界迈进。

一个杰出的建筑家，必须巧妙地将自己身体里不知不觉中累积的东西带到现代社会中全新的地方。这样的人才能生存得久。我认为伊东丰雄也是这样的一个人。

SUMIKA Project活动的一隅。（摄影：东京瓦斯）

02 月尾嘉男

东京大学名誉教授、工学博士

Yoshio Tsukio：一九四二年出生于爱知县。毕业于东京大学建筑系，与伊东丰雄同届。曾任名古屋大学教授、东京大学教授等。

幸好他没有和我合作

我和伊东丰雄在大学里是建筑系同一届的同学。当初我也是因为想成为建筑家，所以才念建筑系的，但大学四年级时开始觉得我好像不适合这条路。从那时候起，便开始认真地思考从事和计算机相关的行业。大学时我和伊东丰雄的感情很好，但他是日比谷高校毕业的，常常和毕业于东京高校的一群人出去玩，因为我是名古屋来的乡巴佬，所以并不是一整年都和他玩在一起。

我觉得他想成为建筑家的意念很强烈，毕业设计的作品还拿到过第一名（伊东丰雄于一九六五年获得东大建筑系毕业计划奖）。后来我继续攻读研究所，他则进入了菊竹清训的事务所，为将来成为建筑家做准备。

—『评审都不懂啊。』—

我读研究所时，曾经想过和任职于菊竹清训的事务所的伊东丰雄一起做些什么，所以参加了OKAMURA主办的家具竞标。我们在还没改建为『中野本町之家』的和风住宅里一起工作了一个月，休息、睡觉都在一起。从那时候开始，我就对信息领域产生兴趣，所以我们构思了一个使用信息技术的提案，只要制作一些搭配信息通讯的隔板，将隔板组合起来就可以变成各式各样的办公室。我们觉得这个构想非常有创意，但结果却落选了。OKAMURA想选的应该是更普通的家具吧。记得当时我们还说：『评审都不懂啊。』

之后他辞掉了事务所的工作，自己开始单干。那时我对建筑几乎没有兴趣了，所以没有太多联系。隔了很久之后，再次和他有接触是在仙台媒体中心的竞标时。我和矶崎新、藤森照信一起担任评审，这场评审是完全公开的，所以当地的电视台进入评审会场，讨论内容全程实况转播。那天一共有三百件左右的作品，但我一眼就认出伊东丰雄的作品。他的作品就是那么杰出。虽然没有提案人的姓名，但还是马上看得出是伊东丰雄的作品。因为我们是同学，如果我太过夸赞他的作品，会被人说是暗箱操作，所以我评论他的作品时的态度非常冷淡。伊东丰雄看过实况转播后还骂我说：『你也太冷漠了。』为了保持评审的公平性，我认为这种评论的态度是很重要的。

我已经不太记得伊东丰雄创业初期时曾找过我这件事了。但如果这个构想真的实现的话，对伊东丰雄来说是很不幸的。如果我成为他的合作伙伴，或许就会变成只接大案子、每天都做例行工作的事务所了。就某种意义来说，这样一点一点经营着事务所、做些自己真正想做的案子，正因为如此伊东丰雄才会成为一个适合被称为建筑家的人。

03 石山修武

早稻田大学教授

Osamu Ishiyama：一九四四年出生。二十世纪七十年代经常与同时代建筑家聚在一起进行热络的讨论。一九八八年起担任现职。

于尼泊尔旅行中看见『平稳』

我记得第一次见到伊东丰雄，是去参观『中野本町之家』的时候。之后进入二十世纪七十年代，我们两个人都很闲，所以经常见面聊很多事情。那时我和伊东丰雄曾经一起去尼泊尔旅行，我很清楚记得这件事。我们先在泰国的曼谷住了一晚，隔天进入尼泊尔的加德满都，大概去了一个星期左右。那时候的伊东丰雄非常不可思议。

伊东丰雄当时的建筑风格非常优雅，和在尼泊尔时给我的印象完全不同。那时渡边丰和也去了，伊东丰雄和渡边丰和给人的印象都和外表完全相反。我本来以为伊东丰雄是个抽象的人，而渡边则是个非常具体的人，但一个星期的旅程结束后，这两个人的印象却完全相反。令人惊讶的是，渡边丰和才是优雅、具有贵族气质的那个人。伊东丰雄比较像是亚洲当地的居民，非常脚踏实地的感觉。旅行会让人显露出本性。身处于加德满都的土地、尘埃、自然、飘移不定的时间里，伊东丰雄完全融入了那片土地之中。

—他的内心是很扎实的—

我预计在加德满都四处看看之后，再和朋友走山路去喜马拉雅山待一个月。和他们两人分开的那一天，伊东丰雄突然说：『我有点想和你们一起去。』让我印象很深刻。他在东京还有工作，再去的话应该会很麻烦才是，但他却说出想要继续旅行一个月这种话，所以我想他应该是认真的吧。如果当时我强力邀请他一起去，他应该真的会去。有时我会想，如果当初他和我们一起去喜马拉雅山的话，不知道会怎么样。

很多人以为伊东丰雄是一个随着时代改变的人，但我觉得不是这样的，他不是一个会被影响的人。『不沉浸在消费的汪洋里，就无法造就全新的建筑』（《新建筑》一九八九年十一月）里说的或许是身为建筑家该有的觉悟，但那并非伊东丰雄的本质。虽然他从当时就从事优雅且非常抽象作风的建筑，但我总觉得那次旅行中所看到的伊东丰雄心里有某种截然不同的根源，但到目前我还是不太清楚那是什么。

那是个和我们认知中的伊东丰雄完全不同的他。非常平稳，全身沉浸在空气之中，不需要在意任何事物。我认为那才是真正的伊东丰雄。有人说伊东丰雄的中心是空的，但我觉得不是。他的内在是很扎实的。他的内心里蕴含着作家进行创作时的能源般的稳固。我在当时似乎看到了一个不同于大家认识的、根扎得很深的伊东丰雄。这一点必定会在某个时候出现在他的建筑里。

04 菊竹清训

菊竹清训建筑设计事务所

Kiyonori Kikutake：一九二八年出生于福冈县。伊东丰雄于一九六五年－一九六九年的四年间任职于菊竹清训建筑设计事务所。

对网络的关注

伊东丰雄所创作的建筑作品之中，有几处是我认为『非看不可』的，我就会自己跑去看。伊东丰雄是个令人不得不瞩目的人，我认为他是个天才。第一次见面时，我就感受到他的品格。我也不知道他为什么会到我的事务所来。

伊东丰雄是最早将网络融合于建筑里的建筑家。他在我的事务所上班时，曾经负责过东京田园都市线沿线新兴居住城市的开发案『PAIRCITIES计划』。从伊势丹转到东急百货担任副社长的山本宗二对我说：『虽然把电车从涩谷拉到郊外了，但还没什么人住。我不知道以后要怎么开发比较好，你来帮我想一想吧。』我觉得蛮有趣的，于是就接下了这个案子。

以网络来思考都市计划

田园都市线的开发必须以网络来思考都市计划。网络是一个非常有趣的主题。当时那个年代，每一个做建筑的人提到网络都还搞不太清楚是什么。东急没办法收购到完整的土地，只好先盖电车铁道，之后再做都市计划。车站前的土地就算什么都不做，之后也会涨价，所以没人愿意卖。这一点只能通过电气通讯解决。所以我就找了在早稻田大学电气通讯系的哥哥的同学——平山博教授当顾问，开始研究田园都市线的都市计划。

我必须决定事务所里由谁来负责『PAIRCITIES计划』。当时没有人想做网络，我想，没有比伊东丰雄更适合的人选了，所以就把他找来。他也很伤脑筋。之后不管什么时候我问起进度，他好像都没有什么新进展，只是埋头沉思。我觉得这就是他了不起的地方，不知道的事情，不会装懂。有好几个月的时间，他就这样从容不迫地思考着网络的问题。我觉得这样很好。

后来事实证明网络是一个对将来很重要的议题。虽然最后『PAIRCITIES计划』没有实现，但我认为伊东丰雄一定从中得到了一些东西。伊东丰雄没有说过这些事，但是只要看到他的作品，很明显地可以看出网络工学。例如他在『中野本町之家』走廊架设的网络，过去从来没有人在住宅里架设网络。『仙台媒体中心』里，穿越每一个楼层的斜柱，也可以看成是一个网络。也就是说，他是以结构的网络来设计建筑的。

有人认为伊东丰雄的建筑很难理解，开什么玩笑。始终把人放在第一位、体贴、优美、丰富，必须全部包含这些要素，接着才能谈建筑。

05 远藤胜劝

远藤胜劝建筑设计室

Syoukan Endou：一九三四年出生于东京。一九五五年－一九九四年任职于菊竹清训建筑设计事务所，是伊东丰雄的前辈。

没办法实现反而更好

我在菊竹清训的事务所里负责『HOTEL东光园』的工程管理时，当时还是大学四年级学生的伊东丰雄到工地来参观。

我是长期派驻在工地里的，因为工地里总是闹哄哄的，所以只知道有人来参观，其他的都不记得了。这一点我很后悔。伊东丰雄好像对我在工地里四处走动的样子留下了深刻的印象。如果当初我能仔细地跟他介绍，或许伊东丰雄对我的印象就会有所不同了。

菊竹清训的事务所里有很多易怒、活力十足的人，但伊东丰雄却非常冷静，非常沉稳。他进事务所之后不久就担任东急田园都市线的丘陵地带开发案『PAIRCITIES』，画了大量以集合住宅群为主题的设计图，也做了很多模型，持续了两三年之久。而且总是连续熬夜，非常可怕。他在事务所待了四年，工作量大约是一般设计事务所的两倍吧。

构思全新的公共空间

菊竹清训的事务所里分为思考构想的团队、进行基本设计的团队和进行实施设计的团队，伊东丰雄当时隶属思考构想的团队。当时『PAIRCITIES』一类的案子很多，伊东丰雄好像也很喜欢这样的工作，常常看到他在讨论。当时事务所里常可以听到半公共空间这个名词，伊东丰雄就是在思考这种全新的公共空间。

其中令我印象最深的是『树状住居』。为了说明这个案子，伊东丰雄有一天带了自己做的照片拼贴，差不多A4大小的照片拼贴，看到这个我真的惊讶得跳了起来。我第一次发现『原来他是个会想到这些的人啊』。因为大家只靠讨论或模型是很难产生整体印象的，但伊东丰雄却做了这样的照片拼贴。看到这个，所有人马上就了解他想要表达的内容了。我觉得这就是他厉害的地方。

而且那些不是临时想到的，而是花费一年、一年半不停思索才想出来的。会做出那种东西的，应该是一辈子都希望从事建筑的人吧。虽然后来PAIRCITIES的案子里没有一件成真，但我认为这样对伊东丰雄是好的。如果有某些部分成真，那么伊东丰雄应该会变得和现在不一样。

伊东丰雄是个连菊竹清训都会想多看一眼的人，我经常惹菊竹清训生气，但伊东丰雄却很少惹他生气。而且伊东丰雄他们进来之后，事务所的气氛变得柔和多了。在办公室以外和同事有了可以沟通感情的地方，这真的很感谢。如果不是这样，说不定事务所中途就关门了，这一点我很感谢伊东丰雄。

06 石田敏明

石田敏明建筑设计事务所

Toshiaki Ishida：一九五〇年出生于广岛县。广岛工业大学毕业。一九七三年－一九八一年任职于伊东丰雄建筑设计事务所，前桥工科大学教授。

『凭感觉』马上会被识破

即将升入大学四年级的那个春假，因为实在很想进伊东丰雄的事务所，所以我从广岛乡下到了东京。当时东京和其他乡镇的距离，不管是地理上或是信息通讯上，都远远超乎现在的水平，但当时我满脑子只想着要到东京。我一直记得抵达东京车站后，打公共电话到事务所的情景。我算是不请自来，后来是以实习的方式进入事务所的。

当初想进伊东丰雄的事务所，是因为在杂志上看到『铝之家』的介绍，受到很大的感动，还有《都市住宅》里的伊东丰雄的特辑。虽然《都市住宅》介绍的大部分都是未完成的案子，但其思考模式和对都市与建筑的观点却十分有趣。

毕业于广岛的大学之后，我正式进入了事务所。当时的事务所里只有两三个人，非常安静。因为我是里面最年轻的，所以会提早进去打扫。有时前一天晚上做到太晚，我会睡在事务所里，事务所的空气就会变得混浊，早上伊东丰雄进事务所时脸就会很臭。当时我还不太懂，原来伊东丰雄是一个重视晨间时光的人，或许他喜欢在早晨清新的空气中开始一天的工作吧。

－做出来的建筑完全是伊东丰雄风格的－

从那时开始所有的设计都是大家一起思考的，当然现在也是这样。在这样讨论的过程当中，好的提案就会被采用，整体的轮廓慢慢越来越清晰。实际进行后发现不行的，就丢掉。就是这样一直重复。讨论的前一天几乎是没办法睡的。因为必须准确地传达自己的想法，如果空有漂亮的形式而没有想法的话，马上会被识破。我第一个通过的案子是『HOTEL D』的天花板设计。

事务所里的每一个员工都是依照自己的想法工作，但完成之后会发现其实都是伊东丰雄风格的建筑。伊东丰雄并不会要求我们照他的意思去做，只会叫我们『要不要再多想一下』。所以刚开始我不了解大家讨论的重点，只能尽快了解事务所里共通的语言，讨论结束后该如何延伸，也因此培养出了察言观色的能力。

建筑家总给人高尚的印象，但伊东丰雄的事务所里放的音乐是八代亚纪子的，喝酒的地方是传统的居酒屋。和大家想象中其实是有落差的（当然不是不好的意思）。大家都很重视一起进行的所有事情，包括一起喝酒的时间。这样的感情脉脉相传，所以伊东丰雄的事务所里很重视OB、OG的连带感。某些地方很有运动社团的感觉。

另外，他在写稿的时候真的会把毛巾绑在头上，真的花费很大的气力。我想某些地方如果不转化成文字的话，是无法继续下去的。有些是凭感觉，但他最终却可以进行整理，并以语言表达出来，这一点非常厉害。现在再重新读过，还是会觉得三十多岁的伊东丰雄还真的写了不少刺激性很强的东西。

07 妹岛和世

妹岛和世建筑设计事务所

Kazuyo Sezima：一九五六年出生于茨城县。日本女子大学研究所毕业。一九八一年－一九九七年任职于伊东丰雄建筑设计事务所。曾任庆应义塾大学教授。

没有人像我这么会惹他生气

研究所一年级时，我参观了『中野本町之家』。当时我在矶崎新的工作室打工，八束元知道我对伊东丰雄有兴趣，问我要不要跟他一起去看看。这也是我和伊东丰雄的第一次接触。

当时伊东丰雄在找绘图的工读生，于是我就进了他的事务所负责绘图。我看到伊东丰雄下面的员工做事的方法，开始想要在这样的环境里工作。

当时事务所的员工只有四五个人，研究所毕业后，我请伊东丰雄让我在那里上班。他对我说：『这里的工作量不多，我也不知道有没有办法用你。』于是我告诉他，不管什么时候、什么样的事我都愿意做，只希望能继续和他们一起工作。我实在太想进事务所了。

不久之后，他们告诉我要进行一个多米诺的研究会，问我要不要参加，于是我重新进入事务所担任记录工作。后来在研究所快要毕业的时候被录用成为正式员工。

当时的伊东丰雄比现在更恐怖

当时的伊东丰雄比现在恐怖多了，尤其是开会讨论的时候最恐怖。只要我们请他空出时间和我们开会，接下来就一直处于紧张的状态。伊东丰雄会很认真地听我们的说明。他是个很安静的人，不会直截了当地说出内心的斗志。因为不会发飙，所以非常恐怖。

如果没有采取实际行动，只是一直不停地讲话，他就骂我『光说不练』。如果我说得太少，他就会说『不把你想的说出来，我们怎么会懂？』有时候还会因为太紧张，讲出来的话互相矛盾。因为伊东丰雄实在太恐怖了，我们员工不团结一致的话就没办法继续做下去，所以大家感情都很好。不过，如果我们认真和他讨论建筑方面的想法，他就会认真地回答我们。他愿意敞开心胸对我们谈他对于建筑的想法。

我是在伊东丰雄的事务所里学会如何整理构造计划或设备计划，对二次元的图纸进行三次元空间组合的。设计『神田M BUILDING』时，伊东丰雄看到我把梁藏在天花板里面，特别指出来说：『那里有梁太奇怪了，理论上很不合理。』伊东丰雄不会只注重细节，而是从那个案子的设计构思里，引导出柱与梁之间的关系，并架构成为建筑。

在事务所最后的一段时光，我就比较少惹伊东丰雄生气了。于是我开始考虑辞职。因为我是快要成为正式员工之前离职的，所以伊东丰雄说我是『肄业生』。

以前经常有机会看到各种挑战伊东丰雄的设计逐渐架构成形，真的非常有趣。这种感觉一直到现在都没有改变。

08 萩原朔美

映像作家演出家

Sakumi Hagiwara：一九四六年出生于东京。一九八二年完工的『梅丘之家』的业主。多摩美术大学映像表演系教授。

当场答辩的表演者类型

我是在一九八一年的杂志《Croissant》里看到伊东丰雄的报道后，决定请他设计『梅丘之家』的。因为报道中写到他希望在日本打造勒·柯布西耶的多米诺住宅，我对这个想法很有共鸣。

梅丘之家的天花板和地板是混凝土材质，内部是合板组成的，所以可以自由地变化。可以因应生活形态和家族结构进行变化，对我来说非常方便。因为我的书很多，本来想把整面走廊的墙壁都做成书柜，当时刚从研究所毕业的妹岛和世是工地的负责人，她夹在工地现场和伊东丰雄之间，非常努力的样子让我印象很深刻。看得出她很努力地不让木工师傅瞧不起。

之后我在制作后现代建筑家的相关影片时，曾经访问过伊东丰雄。到他的『银色小屋』时，看到他的女儿在家里搭了一个很像帐篷的东西，吓了一大跳。因为房子的中庭和住宅的地板一样高，我忍不住问：『下雨的时候很麻烦吧。』听到我这个心直口快的问题，伊东丰雄笑了出来。建筑家盖的房子是不舒适的，如果不能享受这种不自由的话，会很痛苦。

—像表演者一样在现场立刻回答—

我认为建筑家有两种类型，一种是先有逻辑，再将之演绎为建筑；另一种则是先有灵感，再用逻辑的方式实现。而伊东丰雄是属于后者。伊东丰雄会先冒出各种灵感，算是天才型的建筑家，他的头脑也很聪明，所以可以之后再将逻辑补上去。

但是，伊东丰雄却不会在逻辑当中发现新的延伸，而是有了一个灵感、想法冒出来，就又接着进行到下一个步骤。而且他很注重工地现场，有什么问题都会在当场马上回答。这一点和表演者很像。表演者被赋予文字和角色，必须在现场演绎出来。我不喜欢在这个时候看到平庸地提出答案的方式，如果在之前就已经做过则更是让人失望。我想伊东丰雄也是个不喜欢做同一样事的人，他不喜欢停在原地。不过伊东丰雄会很努力地用文字将这些连接在一起，尽量填满。当我觉得『伊东丰雄是要往这边走啊』的时候，他就会在后面补上让我们信服的说明。

他居然会设计我任教的大学图书馆，这件事出乎我的想象。『多摩美术大学图书馆』里也有很多的灵感。任何人一眼就可以看出这栋建筑不同于其他平凡的混凝土建筑。看着这栋建筑时，会让人忍不住抛出很多问题，不禁想问『这是什么？』面对这栋建筑，总觉得它似乎会和我们说些什么。我们从建筑得到题目，大家都想加以解释，这是一栋有如问与答般的建筑。呈现出好像随时会像我们提出疑问般的紧张感。对于一所从事创作的大学来说，伊东丰雄的建筑非常适合作为硬件设施的一部分。

09 法眼健作

本田技研工业董事

Kensaku Hougen：一九四一年出生于东京。伊东丰雄的高中同学。东京大学法学部辍学后进入外务省，担任联合国事务次长等职位。

在日比谷高校学习到谦虚

日比谷高校一年级时，我和伊东丰雄是同班同学。当时的日比谷高校是很好的学校，每个人在中学的成绩都很好，所以大家都很骄傲。但是本来以为自己很厉害的，班上却有很多人比你更厉害，每个人都因为这样受到很大的打击。小学六年级到中学二年级这段时间，我是在美国度过的，所以很擅长英文。但是却有个家伙的英文比我还好，那就是伊东丰雄。

我们两个人都加入了软式棒球队。伊东丰雄是第一棒，我是第二棒。他非常擅长左投和一垒防守，他真的很热爱棒球，总是练习到太阳下山。我经常到他位于中野的家中去玩，周末还常常住在他家。每次我去他家时，他妈妈都会很高兴，对我非常好。他们在中野的家真的很好玩，我到现在还忘不了寿喜烧的滋味。那时伊东丰雄是我最要好的朋友。

他不但会读书、会运动，也很受女生欢迎。他虽然聪明，却不招摇，是个低调的人。可能因为父亲早逝的关系，他的神情有一点落寞，但这也是他的魅力所在。

— 在国外比在日本有名 —

进入外务省之后，我于一九九八年到二〇〇一年在联合国担任公关宣传的事务次长。二〇〇〇年负责汉诺威万国博览会，开幕典礼后出席晚宴时，看到一个穿着白色礼服的人向我走过来，叫了我一声。仔细一看，原来是伊东丰雄。他负责世界卫生组织展示馆的会馆里的设计工作，不只是建筑物本身，内部的设计也非常棒。联合国里和美术相关的人都知道伊东丰雄，那时他在国外比在日本有名多了。

我做梦都没有想到伊东丰雄会成为这么全球知名的建筑家。高中时期的伊东丰雄没有一丝让人觉得他会成为建筑家的感觉。

很会照顾人、待人亲切和善、不会摆架子，这些都是他的特质，同时也表现出他的好家教。而就算这样，他还是非常努力，是个很率直的人，所以才会有那么多人跟着他。他不会强迫别人接受他的意见，期待听到别人的想法。因为他是个天才，所以在最后不能妥协的地方会非常努力。我觉得在他的事务所里工作的人非常幸福。

这一点从高中时就可以看出一点端倪。他不会做不对的事，也不吹牛、不说狂妄的话。朋友之间起了争执，伊东丰雄会说『到这里就好了。』大家很认真地听他的意见。我想大家都很尊敬他。

每个十五岁的少年进入日比谷高校之后，马上就了解到世界上还有这么多这么厉害的人，从此变得更加谦虚，觉得自己必须更加努力才行，所以大家都不轻易展现自己的才能。伊东丰雄也是这样。日比谷高校里有很多这样的人。在这之中，伊东丰雄正是将建筑才能发挥到极致的人。

10 桥田真木

编辑

Maki Hashida*：一九七四年出生于东京。伊东丰雄的独生女，《VOUGE NIPPON》编辑。

长大成人之后才知道父亲的伟大

『银色小屋』盖好的时候我十岁，小学五年级。盖好之后每天都有好多人来，还常常被当作时装秀的会场，也有人来拍电影，甚至还有多位外国的建筑师搭观光巴士来参观。对此母亲好像觉得很麻烦，不过我觉得还蛮有趣的。

我的房间没有墙壁，从客厅就可以看得一清二楚，声音也会全部被听到。所以我变得比较爱偷看电视、偷偷做些什么事情。升入高中时，父亲把客厅的一半做成隔间，当作我的房间。有时我会想，住在太过开放的房子里，似乎反而会变得比较封闭。

这个家原本就设定为箱状，所以家具也都要定做，其他的东西很难进入这个家的空间。如果不随时保持干净，就会露出破绽，所以非常麻烦，它不是一个住起来很舒适的房子。但是，真的非常漂亮，可以培养出不同于其他人的美感。我觉得很有趣的是，等我自己长大之后，选家具时总会选到较为抽象的东西。如果只凭自己的喜好来选，应该会喜欢不一样的东西才对，或许这就是住在那个房子里带来的影响吧。

— 到现在仍然无法『在家里放轻松』 —

父亲从以前就习惯早起，就算是假日也是六点左右就起床，然后到书房写稿，那个时间我和母亲都还在睡觉。接着他就叫醒我们，星期天的早上我们会打打桌球、一起煎可丽饼吃。因为他平常很忙碌，基本上都不在家里的。他在家里的时候也绝对不会拖拖拉拉、慵懒地打发时间，他好像到现在仍然无法在家里放轻松。

他会对母亲聊些建筑、工作方面的事，但却很少对我提到这些。就算是全家一起去旅行，也不会特地去看建筑物，也许是因为我对这些没有兴趣的关系吧。

我自己没有想过往建筑的方向走。因为母亲也在工作，所以从小家里就有很多客人，大家很喜欢问我：『将来打算做什么？』之类的问题，让我很不高兴。现在我在时尚杂志『VOUGE NIPPON』工作，有时候去采访父亲的作品，就会用客观的角度来看父亲的建筑，看到父亲身为建筑家的那一面。希望有一天可以和他一起去巴塞罗那看他的设计。虽然他已经快七十岁了，但却仍然设计出很多很新的东西，实在很了不起，不管是对建筑，还是对人，都能抱有一颗纯真的心。我也很喜欢他不摆架子的样子。

我觉得他的时尚感很好，以前他大多穿GARSON的衣服，最近也穿PRADA或JIL SANDER。他很珍惜东西，曾经把一个GARSON的黑色皮质包用到提手断掉。他不会买很多东西，只买质感很好的东西，然后用很久，这一点非常时尚。

如果一定要说些什么，我希望他可以更听女儿的话（笑）。最近他的血压比较高，我有点担心，也希望他能减少搭飞机的次数。

第三章

“浮游”的时代

(1987—1993年)

以“银色小屋”获得日本建筑学会奖的伊东丰雄，
以日本现代建筑前所未有的“浮游感”一举引起大家的注意。
接下来的泡沫经济时期，
伊东丰雄的活动范围从原本的住宅，
大幅扩展到商业设施和公共建设领域。

1989年

建筑作品

05

札幌啤酒北海道工厂 GUEST HOUSE

北海道惠庭市

刊载于NA（1989年10月30日）

东侧立面。刻意打造的低矮造型，使GUEST HOUSE融入于周围的环境之中。（摄影：佐藤成范）

体验恩惠之庭的环境艺术建筑

1

札幌啤酒北海道工厂位于惠庭，出千岁机场后进入国道三十六号，往札幌方向开车约十分钟的路程。连接千岁和札幌的国道三十六号沿线除了SAPPORO（札幌啤酒）之外，还有KIRIN（麒麟）、SUNTORY（三得利）、ASAHI（朝日）等啤酒工厂，在当地被称为啤酒街道。

这栋建筑位于札幌啤酒工厂参观路线的最后一个景点，所在的庭院名为『恩惠之庭』。恩惠之庭是由艺术创作家上田佑子所企划，邀请了五位艺术家共同创作而成的作品。参与的艺术家有建筑家伊东丰雄、造园艺术家福川成一、照明艺术家田原桂一、作曲家菅野由弘、雕刻家冈本敦生。

札幌啤酒综合企划部副课长植村表示：『我们希望这里可以成为和当地民众互动的场所，让大家在享受这些设施的同时感受艺术的美。同时也期待能有广告宣传的效果。一般都是透过大众媒体进行广告，不过将工厂开放给一般民众的广告效果更大。』

关于这栋建筑，伊东丰雄说：『我们将参观工厂的民众引导至这里，而引导的方式也是这个作品重要的主题之一。』为了达到这样的目的，于是设计了两道从工厂延伸到GUEST HOUSE的长廊，取名为『星星的散步道』。『民众走在这两道步道上，不知不觉中就来到了终点，接着便可以体验眼前广阔的恩惠之庭。』

随着环境改变的建筑

这个案子的主题在于如何巧妙地融入于北海道丰沛的大自然之中。GUEST HOUSE大约位于整个地基的中央位置，并设计为中央较低、外围较高的地势，使GUEST HOUSE有如隐身于中央的低洼地区。『之所以将地基中央挖得较低，让建筑处在半地下的原因，是希望能融入环境。同时也考虑到啤酒发源地德国的啤酒酒窖，德国的啤酒酒窖都是位于地窖之中。如果做得更具现代感一点，应该就是这种感觉了吧。』伊东丰雄说。这种人工加以改造、造景的作法，将来也会

2

1. 照明艺术家田原桂一的作品“Virtual Lights”，光束会随着音乐而舞动。**2.** 由恩惠之庭眺望全景。地基中心挖得较低，使建筑物隐身于低洼地势之中。

运用在其他的案子里。

相比伊东丰雄过去大量使用冲孔金属片的作品，这次的作品里不是特别强调伊东丰雄特有的浮游感。其原因在于『建筑是会随着环境改变的。盖在都市里的建筑会受到都市的影响，于是会加上许多各种不同的元素，最终表现出来的，就是浮游感。但是这次在北海道，整体的环境是大自然，不需要在这上面加上浮游的东西。我过去的作品通常都会有一个基座，上面再放上较轻的东西。但是这次可以说只有下面的部分。』

GUEST HOUSE被定位为恩惠之庭的一部分，是在伊东丰雄及其他四位艺术家的共同努力之下完成的。对于这一点，伊东丰雄认为：『协调起来非常困难。因为考虑到不能太过突出，所以做得比较收敛一些。但可能太过意识到这一点了，反而有点过于低调也说不定……』

1

1. 面对恩惠之庭的东侧立面。使用冲孔金属板，让建筑看起来更轻盈。**2.** 西侧入口。GUEST HOUSE位于半地下，四周地势较高，使其隐身于地面之中。屋檐的灵感来自飘浮于空中的物品。**3.** 烤肉区由伊东丰雄设计，灵感来自蒙古包。**4.** “Rock Chips Bridge”，雕刻家冈本敦生的作品。**5.** “无名桥”，园林设计师福川成一的作品。

1. 入口大厅。屋顶的中央内凹，使空间更为宽阔。**2.** 命名为“星星的散步道”的长廊，通往GUEST HOUSE。**3.** 同样为“星星散步道”。两条通往GUEST HOUSE的长廊呈现出不同的浪漫气氛。**4.** 餐厅。多面的天花板具有分散土壤重量的效果。

建筑项目数据

所在地——北海道惠庭市户矶542-1
占地面积——31万8368平方米
建筑面积——1196平方米
总楼地板面积——1138平方米
结构、层数——钢筋混凝土结构、地下一层
委托方——SAPPORO BEER

设计者——GUEST HOUSE：伊东丰雄建筑设计事务所（建筑）、松井源吾+ORS事务所（结构）、设备设计（电力）、早稻田大学井上研究室（空调・卫生）；造园：福川成一；光影艺术：田原桂一；作曲：菅野由弘；雕刻：冈本敦生

企划——上田佑子、八木祥臣、植村泰佳
施工方——建筑・电力・空调・卫生：大成・伊藤・西松・前田・鸿池共同企业体；植栽：雪印种苗・王子绿化共同企业体
施工期——1988年6月—1989年5月

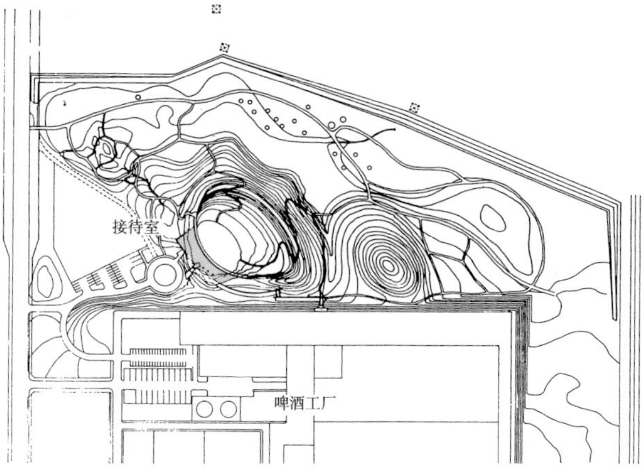

配置图 1/7000

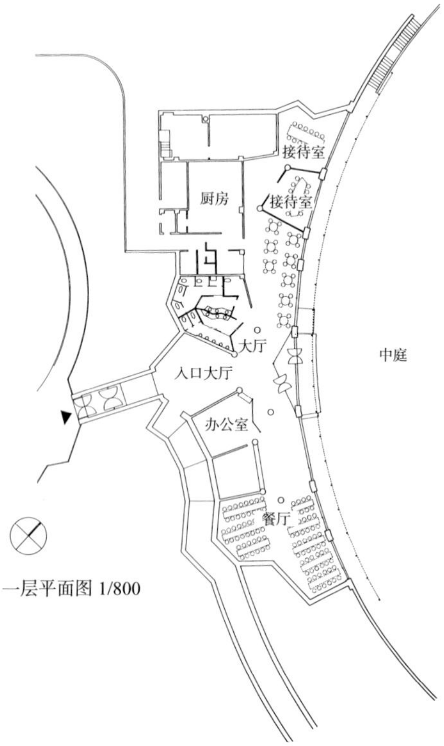

一层平面图 1/800

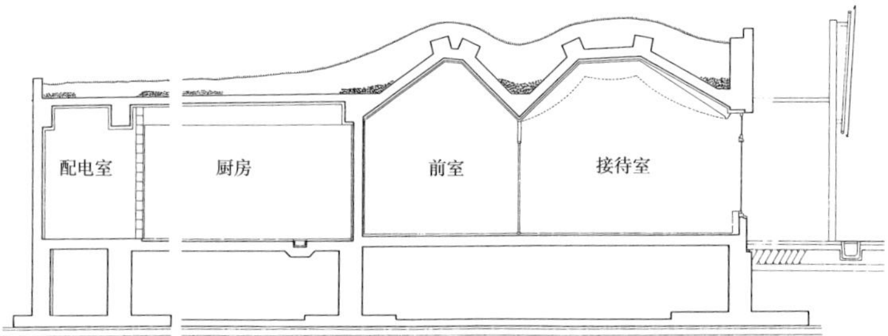

断面图 1/200

1989年

访谈02

『所谓的建筑并不是那么了不起的事』

——投身于『消费社会』最兴盛的时期

刊载于NA（1989年10月30日）

风的建筑，还有光、彩虹、星星、童话世界……说到创作轻盈、具有透明感的建筑家，如今无人能出其右。一直以来他坚持现代都市生活中随处可见的『真实感』，因此自评为『我的建筑的存在感很薄弱』。『都市生活已失去了根，却只有建筑物是沉重的，这是一种时代错误。』伊东丰雄投身于『消费社会』最兴盛的时期，不停地摸索如何从中调整步伐。『以后的建筑家除了轻薄之外别无他法』这句话真正的含义究竟是什么呢？

——大家都知道伊东丰雄先生非常擅长用语言来表达自己创作的建筑。像是『有如飞舞在空中的布匹般』『如彩虹般渺茫、短暂』『像马戏团戏棚一样』，众多天马行空的文案都令人感受到对建筑怀有无限憧憬的小男孩的气息。请问您都是如何想象出这样的意境呢？

前些时候的某个对话中，对方告诉我：『虽然您说了很多，但建筑本身却没有故事性』（笑）。我自己也会刻意不要让建筑本身太过饶舌，所以为了弥补这样的状况，或许一些合适贴切的语言是必要的。抑或是我对自己设计的建筑很坚持，为了唤醒它，才会为它加入语言。不管原因为何，像东京这样的现代都市，对我来说都具备了唤起这些语言的条件，也因此会有这样的现象。

——这些语言所产生的形象都是在休息的时候突然冒出来的吗？

不是，当然不是（笑）。因为我是平常讲话时也很难得有这些语言会冒出来的人，老实说，都是花了很大力气才挤出这些语言的。

——我觉得在这些语言里，因为具有某些能触及到现代城市现况的东西，所以很能够引起大众的共鸣，具有不可思议的诉求力。

这一点我个人倒是没有太大的感觉，不过我很喜欢身处东京这样的都市空间里，尤其是到了国外会特别有这种感觉。而且我也很喜欢和事务所的年轻员工或学生一起去喝酒，或许是在这样的互动之中获得某些灵感吧。

——而这种感觉在建筑家伊东丰雄手中，就会变成童话故事般的建筑……

关于建筑，我觉得自己是比较持保守哲学观念的。也就是会去思考要如何将想象中的形象转换为建筑的形式或建筑的概念。换句话说，我似乎会很坚持如何将形象融入建筑这件事。

——像这样把童话故事般的画面忠实地以建筑的方式呈现，我认为您应该是现代建筑家里的第一人。

我觉得那是因为我刚好住在东京这个连外国建筑家都会很兴奋，觉得很有趣的都市里，所以才会有那么多想象的空间，描绘这些画面也比较容易完成。但是如何将这些画面转换成为建筑，这才是最困难的，在这个过程中会产生很多不适合的表现方式，这个步骤才是最能分出胜负的地方。

——在西欧传统中，建筑就该有建筑原本的样貌。建筑家想要切断与传统观念的关联，自由地表现心中的画面是很困难的，或许说，并没有人这样做。但是我觉得您已经踏入了这样的领域之中。

不是这样的。以前我只是跟在矶崎新的屁股后面，大喊着建筑解体，二十世纪七十年代时我们都是抱着这样的想法在做事。但现在回想起来，才发现根本不是我们解体了建筑，而是现代的消费社会使建筑瓦解了。建筑已经彻底改变，向我们完全预想不到的方向走去。

这个都市里四处充斥着设计师创作出来的一些只会虚张声势、不知道算不算是建筑的东西，以及陈列摆设的社会所制造出来的东西。这其中什么才是建筑？或者说建筑这样东西是否还存在着。与其去进行拆解，不如说在发现建筑的过程中了解到建筑的环境已经彻底改变了。

东京这个城市能够唤起创造的灵感

——您所说的都市生活者的游牧民族，是在东京这个都市空间里发现的吗？还是受到菲利克斯·加塔利（佛教精神分析学者）哲学的影响？

我并不知道加塔利所说的游牧民族性，只是单纯地描绘出这样的意境罢了。也就是说，我是从实际

在城市里感觉到的东西里，打造自己的画面。

而且进入二十世纪八十年代之后，东京这个城市有了很大的转变。整个社会已经称得上是消费的极限状态，令人分不清昼夜，住宅的功能也逐渐被都市空间所吸收，所有人都过着极度享乐的生活。这样的都市空间弥漫的状况，用游牧民族来形容也不为过。而事实上，我们也享受着这样的生活，也感受着源源不断的挫折。

希望发现全新的真实感

我想，有没有办法在这样的环境之中发现全新生活的真实感受呢？如果可以的话，只要把这些感受转移到至今为止的建筑之上，建筑就会有相当大的改变了，我是这么认为的。

老实说，生活在东京就好像住在一栋庞大的饭店里一样。在餐厅吃饭，在酒吧里喝杯小酒，到游泳池游泳，在自己的房间里只是打电话和睡觉。就只是一直重复这样的生活。就这样，大家都把现在的生活当成暂时性的，每天匆匆忙忙地过日子。但其实大家都想要悠闲、从容的生活。问题不在于肯定或否定消费社会这种意识形态的问题，我想我们只能确实掌握在匆忙的生活片段中所窥见的某样东西，并且每次都将这种东西转换成建筑。

——您所说的生活，指的不单是衣食住行的生活，而是更高层次的精神方面的含义吗？

不，不是那么深远的东西，而是指吃饭、睡觉、做爱等所有的事情。因为我们是以生活为基础、以包覆身体的角度来完成建筑的设计，所以如果用生活这个文字来总结的话，或许会有一些问题。但我也不是一开始就以形式来思考，而是去思考当我在新生活中有了新发现时，在建筑上应该也会有新的发现。比起形式，我更关心的是生活方式或是真实感的发现。

大多数人认为现在的消费社会非常诡辩。但若是深入探讨，会发现这都是来自于人类最根源的行为，尤其是关于吃、穿等发生了各种诡辩，才会有如此惊人的消费不停地出现。

也就是说，这是一个一方面非常朴素，另一方面又非常铺张的社会。所以在这个只看重外表的世界里，有一些东西会触及到本质。但是这些都是非常微小的差异。一不小心，就会被卷入永无止境的消费之中。因此必须逐步调整，尝试看看能不能掌握真实感。如果能掌握真实感的话，我想就能马上将之转换为建筑了。

——在表现意境和身为建筑家的本质方面，我认为您用一种非常巧妙的方式将两者结合在一起。

是，我对于建筑这件事非常执着。如果只有外表，那么就称不上是建筑，或者说只要复制视觉艺术就足够了。因此即使是表面的东西，也会思考是否可以附加某些建筑的形式，这正是我们的课题所在。不这么做的话，就只会停留在一瞬间的现象而已。虽然我一直提到游牧、临时的建筑等比较抽象的东西，但越是提到这些，反而越会坚持以建筑的方式呈现。

说得更具体一点，如果用布匹轻飘飘地飞舞在空中这样的意境来描绘建筑的话，虽然就意境来说轻飘飘的建筑是可以成立的，但是只要风一停，就会啪的一声掉落在地

意大利餐厅“PASTINA”。（摄影：斋部功）

上，所以不能是这样。因为这个想法再怎么样也只是意象，所以我才会那么坚持思考如何将软绵绵、轻飘飘的意象转换成为建筑。也就是说，是用间接的方式。如果用直接、固定的方式制作成形状，那就不是建筑了，这样的演绎程序绝对是必要的。

——您所谓的固定是指什么？可以再说得仔细一点吗？

这个还是和形式有关。也就是说，必须将已经定型化的建筑要素重新置换，再用最早的形象加以表现，否则建筑便无法成立。但这里有些很微妙的地方。

说微妙其实是有原因的。在我的建筑里，一方面描绘大自然的形象，另一方面将之置换为建筑的要素，如果建筑本

身过于坚固、过于强韧，就会很麻烦。也就是说，如果说最早的形象和建筑两者处于正反两极，那么思考的是两者的结合能不能顺利地进行，我希望建筑是这样建成的。

——说到表现轻盈感的素材，以往您大量使用铝、冲孔金属等材质，现在对这些素材还有兴趣吗？

我原本并没有打算坚持使用这些素材的，但却找不到其他可以呈现轻盈的材质。应该还是使用金属会比较多吧。其实我自己也开始有点厌倦了……

——之前很多人用『建筑物的存在感很薄弱』来批评您的建筑，您怎么看？

这一点我自己也常这么说。我们的生活逐渐失去了根，会有这种感觉也是理所当然的。即使建筑本身根扎得再深，不管有多厚重的存在感，但我们的生活本身却不是如此。因此我总觉得现在还相信这些的建筑家有一点时代错乱的感觉。

——不过除了在您上一个时代的建筑家之外，下一个时代的年轻建筑家里也有许多人都坚信这一点。

的确如此。上一个时代确实有许多人是从心里这么认为，不过我认为年轻一代的表现方式有一些不同，譬如只是单纯地信奉古典风格。

反映出生活中无根的现代都市

——老实说以现在这样的建筑作法，我认为应该还可以再战十年也不会有问题。

不要说是战，其实建筑存在的方法已经动摇，就算有人说我很奉承，每个建筑家都不希望变成那样，但事实上却不得不变得那样（笑）。就算我们的表情再怎么沉重，乍看之下仿佛很稳重似的，但以后的建筑家都只能靠奉承存在。所以与其思考有没有办法这样继续生存下去，不如就虚心地做下去。所谓的建筑并不是什么了不起的事，而只是一些微不足道的小事。

不过如果说到日本建筑能够有趣到什么时候，我总觉得不能持续太久。日本的建筑之所以如此有趣，我们建筑家的努力是一个因素，但日本城市本身的活跃及无政府状态才是最大的因素。全新的都

八代市立博物馆的模型。（摄影：大桥富夫）

市生活从中而生，建筑家在这里获得灵感，并不停创作出新的建筑。但是这样的状态应该不会持续太久吧。

——您的意思是说，建筑家在都市里获得活跃的能量来源，并持续创作建筑吗？

是的，坚持原创就是崇尚近代主义者的证据。不过我认为现在的建筑已经超越了这样的层级。或许是因为创作建筑这个行为本身已经变成了更轻盈的行为了。

——或许是因为一般民众反而比建筑家更能敏感地感受到这一点吧？

或许是吧。例如，如果以结构或文学性的观点来分析吉本芭娜娜的小说，或许并不是那么新颖，但是从她的语言里所具有的真实性、引导出语言的敏锐感受或是触及我们生命的某种非常生动的部分来

看，却又在某个地方触及真理。最早是女大学生，后来大家也都开始抱着轻松的态度阅读起她的作品，却都对她的小说有非常敏感的反应。所谓的建筑也是在非常轻松的行为中，只要稍微加上某些真理，就会变得非常棒。所以把脚步放轻是非常重要的。

——当今都市的游牧状态今后也会延伸到地方乡镇吗？还是会缩小范围，只在都市发展呢？

— 不会的，已经扩散到目前的状态后，就不太可能会重新回到之前静止的社会了。我想地方城镇或多或少也会演变为相同的状况。

——这么一来，出现在东京也不为过的建筑物也会慢慢出现在地方城镇了吧。

— 是的。对于这方面我完全不会加以区分，也不太相信一直以来大家所称的地域性。

吉本芭娜娜的语言里具有的真实感

——现在还有很多建筑家在参加各地的竞标时，都会强调要融入当地的历史、文化等特质。

— 我几乎没有这种意识。像是接下来要在熊本县八代市动工的八代市立博物馆（伊东丰雄的首件公共建设）也一样，没有考虑过这样的事情。

不过有件事必须澄清一下，或许很多人觉得我是全面肯定消费社会，并且顺着这个潮流大张旗鼓地向前走。我想说的是，如果不以消费社会为前提，不要说是都市地区了，就连地方乡镇也没有建筑家踏上战场的机会。

也就是说，我们不应该一开始就否决消费社会，并且置身事外，而是应该进入其中，并从中寻找创造调整步伐的方法，否则今后就没办法继续生存下去了。我想说的就是这样。

有时也会被击中，倒地不起

——消费社会虽然是一种文化，但毕竟也是被消费，建筑家如果没有把持住，很容易就被潮流带走了。

— 一点也没错。就像拳击一样，有时会被击中，有时会倒地不起，都是有可能的。

——不过您是否认为只要明确了自己的态度，就不用担心了？

— 与其说是不担心，倒不如说我是乐在其中的。

——譬如这个社会里大家已经看腻了安藤忠雄、高松伸等人，目前已经听到希望看到更新的建筑师这样的声音（笑）。

— 消费社会的确也一直在消费建筑家，这是理所当然的。

——也有些人是一开始就决定自己的风格，接着从事创作的。

是的。像安藤忠雄和高松伸都是个人风格很强烈，给人的印象很深刻，不过若是说到风格，我的确是没什么风格。倒不如说是我在测试自己不统一的风格能不能继续走下去，有点一决高下的感觉。

——提到建筑就不能不思考空间的存在方式和装饰的可能性，您的想法是什么？

现在讲到建筑，大家总是希望能快一点、再快一点盖好，所以建筑的存在已经有了变化，现在几乎没有业主希望我们盖出可以永远存在的建筑了。

比如东京都新都厅舍（丹下健三设计），即使是那么巨大的纪念碑般的建筑，也是用惊人的速度在盖。也就是说，就算是要装饰，也只能局限于表面的东西。如果建筑从古至今没有根本的改变，建筑家就会越思考越陷入媚俗之中。因此我反向操作，思考如何才能创造出迎合节奏变快这种现状的建筑。

——即使这么说，就算您在心里的某个角落里并没有这样的既定概念，但其实也追求具有现代意味的存在感的建筑吧（笑）？

不，我想『有存在感』这样的表达方式可能有点不对，我比较坚持『既有概念的建筑』。矶崎新的说法是『大写的建筑』，但我觉得矶崎新在这么说的同时，脑子里对西欧古典主义建筑是有清晰的认识的。我对于西欧的古典主义建筑没有兴趣，所以会以比较抽象的意思来解读建筑。即使是这样，我还是很坚持概念的建筑。如果无法确认这个概念，我就会以较为表层的方法进行设计，这样应该更会陷入消费的正中心吧（笑）。

我觉得古典主义建筑还是有一定存在意义的，而这也是支持我继续努力的动力。

我完全没有所谓永远的愿望

——让我最后再唠叨一下，建筑家至少都有那么一次希望自己的建筑物永存下去的愿望吧（笑）。

不，我完全没有这种想法呢。这个问题本身应该就是以对于建筑有着很深的信赖为前提所提出来的吧。

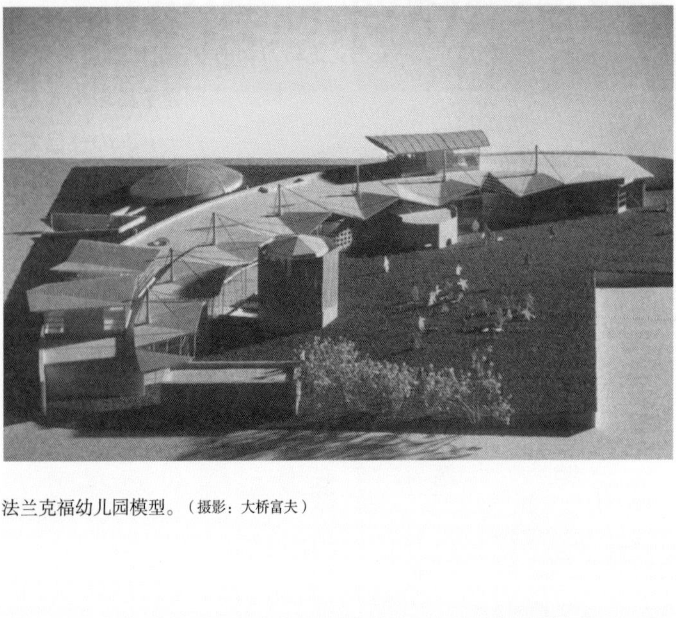

法兰克福幼儿园模型。（摄影：大桥富夫）

1991年

建筑作品
06

风之卵
东京都中央区

刊载于NA（1991年6月24日）

将环境的噪音可视化

坐落于东京都中央区大川端River City 21一角，一个闪耀着银色光芒的橄榄球状的巨大纪念物——建筑家伊东丰雄创作的这项名为『风之卵』的作品，仿佛浮游似的横卧在这群高层住宅的入口。

River City 21的东区里林立着东京都住宅供给公社、住宅都市整备公团、东京都住宅局等单位。通往各栋大楼的入口共有三个，分别以风、光、音为主题，设置于地基西侧的道路边。

『风之卵』位于入口B，正好在三个入口的中央。以『风』为主题的东京都住宅供给公社在听取了几位设计师的理念解说后，最后决定将案子交给伊东丰雄执行。

『后面就是高楼住宅，也因为处于入口的位置，因此住户低头就会看到它。风之卵象征了未来的住宅形态，因此非常适合这个位置。』伊东丰雄说。这个『未来的卵』全长十六米、直径达八米，表面全部覆盖了铝片。

看起来就像一个随时准备起航的飞船。

由于白天铝片会反射太阳光，使它看起来非常轻，让人感觉不出约三十吨的重量。而到了晚上，内部所配置的五台投影装置便会透过前方的冲孔铝片投射出各种影像。同时后侧的墙面、地板、下方的十六个照明灯会以各种不同的组合显示出缤纷的彩色，使整体装置呈现出不同的效果。

伊东丰雄本人表示，这个装置『将融于环境中的噪音具体地表现出来』。伊东丰雄将横滨车站西口的『横滨风之塔』（一九八六年）所使用的手法改为投影装置，可以说是『环境装置』的全新延伸。『希望以后可以成为介绍国外艺术成品的影像艺廊。』伊东丰雄脑中的构思有如泉涌。

建筑项目数据

所在地——东京都中央区域2-2
委托方——东京都住宅供给公社
设计方——建筑：伊东丰雄建筑设计事务所；结构：中田捷夫研究所十大成建设；设备：大成建设
素材——冲孔铝片 铝片
尺寸——全长16米、直径8米
完工时间——1991年3月

1. 入口B全景。“风之卵”由后方的3面墙和地面所支撑，右侧的楼梯可通往各大楼。（摄影：斋部功）
2. 投射出影像的“风之卵”。其中2个影像非常清楚，右后方背面的影像较为模糊。另外2个投影装置则斜映在冲孔板的背面，各自反射出来的影像为整体增添了不同的效果。

1991年

建筑作品
07

未来之森博物馆
熊本县八代市

刊载于NA（1991年10月28日）

轻盈且具稳重感
伊东丰雄的首个公共建筑

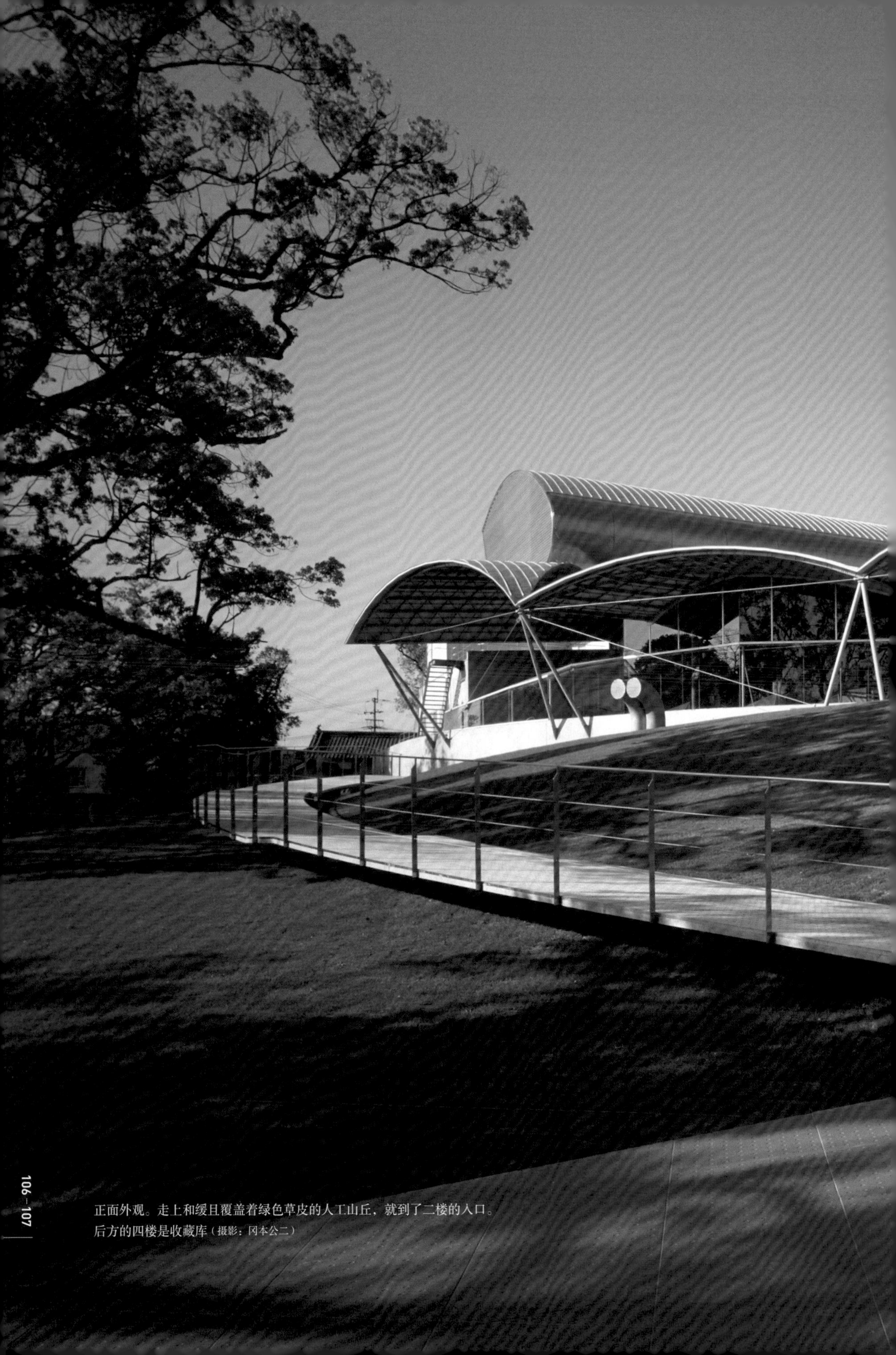

正面外观。走上和缓且覆盖着绿色草皮的人工山丘，就到了二楼的入口。
后方的四楼是收藏库（摄影：冈本公二）

熊本县八代市位于日本三大急流之一的球磨川的出口位置。平坦而宽阔的市区街道是由海面填筑而成的，面向着浅远的海面。由伊东丰雄设计的未来之森博物馆就位于覆满绿色草皮的和缓山丘之上，于一九九一年十月二十五日正式启用。

博物馆的所在位置绿意浓厚，过去曾是八代城的中心，目前则为聚集了市公所、厚生会馆（一九六二年、设计：芦原建筑设计研究所）等设施的文教地区。道路北侧的『松滨轩』是长久以来统治这片土地的松井家族宅邸，还保有茶室、庭园等日本传统景致。

一楼部分铺设人工山丘

兴建计划开始于一九八八年，当时的市长希望打造出的博物馆能充分融合于包括松滨轩在内的周遭环境之中。而积极推动此计划的八代市教育局局长渡速则希望这里能成为每一个年轻人和市民都能轻松前往的场所。

『如果完全符合这些条件，这个公共博物馆很容易成为一个保守的建筑物。』伊东丰雄说：『但是教育局局长所期待的博物馆的形象是充满未来感的，所以我想那就反过来试试新的东西吧。因此我们决定在这个充斥着朴素感的城镇里，创造一个全新的环境。』

设计过程中有个始终如一的重点，那就是要融合于周围的环境之中。首先考虑到的是与松滨轩的协调，因此地基所在位置尽可能靠近北侧道路以南。但是由于建蔽率仅有百分之十四，若要挤进必要的楼地板面积，就会成为三层楼的建筑。而且在讨论过内部空间的组合之后，决定将展示室设置于低楼层，收藏库设置于高楼层这种特殊的结构。在这样的规模之下，要如何将压迫感降到最低呢？在各种讨论过后，决定缩小最高楼层的收藏库的大小，屋顶的形态则一直到最后一刻仍然未确定。

最后决定将一层展示室做成封闭的空间，并在外侧以堆土方式制作人工山丘，沿着坡道向上走，就会来到位于二楼的博物馆入口。视觉效果很轻盈的圆弧屋顶，就像轻轻地覆盖在山丘上一样。飘浮于后方四楼部分的收藏

由东侧入口附近仰视，可看出圆弧屋顶及其支撑钢骨。

库也是以冲孔铝片包覆，却意外地不怎么醒目。

第一次挑战公共建筑

因为未来之森博物馆是『熊本艺术城邦』的参选作品之一，因此备受瞩目。但其实八代市在这之前已经开始执行这项计划，一九八八年七月决定参加之时已经拟定好展示计划了，不过由于在县政府的邀请下参加评选，便请伊东丰雄担任设计师重新展开计划。

『艺术城邦』是由矶崎新向业主推荐设计师，也就是以『相亲』的方式选择设计师。而这次以这种方式和伊东丰雄合作的八代市表示：『其实在这之前，我们可以说根本没听过伊东丰雄这个人。』从头到尾参加此计划的博物馆研究员泽田宗顺说：『听说他是第一次经手公共建设，也没有设计过博物馆，老实说当初多少有一点不安。』

另外，第一次挑战公共建设

由北侧远眺全景。博物馆周边是八代城迹、市公所等机关聚集的文教地区。另一侧则是广阔的商业地区。

的伊东丰雄回顾当时的情景，也表示：『在这之前我们都是和民间业主合作，很多时候都是在和业主讨论的过程中就可以决定很多事情。但是由于博物馆是不特定的多数人会使用的设施，所以有一点压力。』

最近伊东丰雄刚刚经手了德国法兰克福的市幼儿园，在比较过两次不同体验后，伊东丰雄对于日本的公共事业产生了以下的看法。『法兰克福也是在市公所想说什么就说什么的状况下进行整个计划，但是在日本，因为希望事情可以进展得很顺利，所以必须自己判断设计应该要做到什么程度，经常反复地确认着。』

未来之森博物馆在计划进行的过程中，是公认的进行得最顺利的案子。『因为从早期就和相关人士团结一心，大家都希望提高设施的质量，在人脉部分占了很大的便宜。』

市政府方面也非常满意，认为『如果完全依照我们当初的计划，应该会变成到处可见的箱形博物馆吧。但是因为伊东丰雄先生的加入，使博物馆变成了一栋充满个性的建筑。』

『不知道这样是好还是坏……』

这次的建筑对伊东丰雄来说和札幌啤酒北海道工厂GUEST HOUSE一样，都是因为顺利融入周围环境而受到瞩目，规模也高于上次很多。『目前为止，这个建筑是设计手法最复杂的，也是规模大小最理想的建筑。』

『这个博物馆比我过去的每一个建筑都更有稳重感，对于这一点我感到很安心。但是，这样到底是好还是坏，对我来说应该是喜忧参半吧。』由于是第一次经手公共建筑，因此在设计时不停重复自问自答的伊东丰雄，在完成之后应该还是会不停地冒出许多想法吧。

东侧外观。对于如何降低由铝板包覆下收藏库的分量感，设计时经过再三讨论。

结构 | Construction

融合随机性的
结构符合力学原理

“伊东丰雄以银色小屋（1984年）获得建筑学会奖时，我正好担任评审委员。那时我告诉他‘再好一点点就是个杰作了’，没想到他紧盯不放地一直问我‘那一点点是什么？’这次的未来之森博物馆，我认为他做到了‘那一点点’。”这次担任结构设计的木村俊彦回忆起第一次和伊东丰雄的合作。这次的结构重点之一在于圆弧屋顶。“银色小屋以一些很细微的细节设计顺利将整个案子完成了，不过若是仔细追究力学上的原理，就会发现一些不太妥当的地方。”木村俊彦分析说。此博物馆的圆弧屋顶就三角形结构这一点来看，和银色小屋有点类似，但是“事实上完全不同”。

银色小屋使用螺丝钉来串联三角板，这次则是用桁架钢梁来连接两个钢板条。“当初不知道这个作业这么困难，没想到是个很大的难关。”伊东丰雄说。屋顶无法朝向同一个方向排列，入口部分甚至整个往另一个方向浮起。

—

木村俊彦也非常满意

—

因为结构非常复杂，因此在进入钢骨架设的半年前，于1990年1月就开始进行图纸的制作，讨论如何进行支撑圆弧屋顶的各支撑钢骨顶部的接合细节。木村俊彦说：“这是我们第一次在半年前就开始有意识地进行图纸的制作。由于进行了充分的讨论才开始施工，因此没有发生事后需要变更的状况，这一点非常好。”

这不但是伊东丰雄与木村俊彦经过多次讨论后的结果，另外也要归功于木村先以幻灯片的方式让当地的施工单位看过水户艺术馆、东京体育馆等结构复杂的建筑，鼓舞了大家的士气。对伊东丰雄来说，就像有了一股“比后盾更有力的力量”加入了这个计划一样。

另外一个在结构上有趣的地方，在于支撑圆弧屋顶的二楼钢骨柱和一楼的RC柱并不在同一轴上。从平面图上就可以看出一层展示室里的柱子是不规则排列，因此不一定会和二层的钢骨柱在同一点上。

这个不规则的排列方式是依照伊东丰雄的要求所确定的，不过由于二楼的平台也是使用无梁板，因此在一层钢筋混凝土柱上制作圆盘，让二层的钢骨柱可以站在这些圆盘上，解决了这个问题。

木村俊彦表示，他非常喜欢这栋博物馆。“结构上再怎么努力，有时可能会因为设计者的处理方式不当，变成非常无趣的建筑。这一点，伊东丰雄在结构完工后的细节，如窗框的处理等方面，都做得很仔细，让我对于这个建筑十分满意。”

另外，伊东丰雄说：“我一直很想和木村俊彦合作，请他负责结构设计。”木村俊彦则表示：“伊东丰雄的建筑是真正的建筑，同时又能感受到一股新潮流，我一直都在关注他的作品。”这次的博物馆是两人第一次合作完成的力作。

圆弧屋顶的结构细节。以桁架钢梁来连接两个钢板条，为了防止受压后隆起，在钢板条之间以主要建筑钢材贯穿。

由咖啡座向入口看。落地窗外的三角锥是一层展示室的顶灯。

1. 二层入口大厅为整面落地玻璃的明亮空间，甚至让人忘了这是博物馆的入口。**2.** 一层展示室的墙面外侧室是填土而成的山丘，因此墙面没有开口。光线从二层入口部分的顶窗洒落。**3.** 点灯后在夕阳中的样貌。

建筑项目数据

所在地——熊本县八代市西松江城町12-35
占地面积——8223平方米
建筑面积——1432平方米
总楼地板面积——3418平方米
结构、层数——钢筋混凝土・一部分钢骨结构、地上四层・地下一层
委托方——八代市
设计方——建筑：伊东丰雄建筑设计事务所；结构：木村俊彦结构设计事务所；机械・卫生：井上宇市设备研究所；电力：大泷设备事务所；家具・陈列品：大桥晃朗工作室＋伊东丰雄建筑设计事务所；LOGO设计：SUN-AD；外构：Nancy Finley・伊东丰雄建筑设计事务所；照明：TL山际研究所
监理——八代市博物馆建筑事务所、伊东丰雄建筑设计事务所
施工方——建筑：竹中工务店、和久田建设、米本工务店共同承揽；电力：白鹭电力工业、九州岛电设产业共同承揽；空调：新日本空调、平野电力设备工业所共同承揽；卫生：中尾工务店、三幸设备工业共同承揽；展示：丹青社
施工期——1989年11月—1991年3月

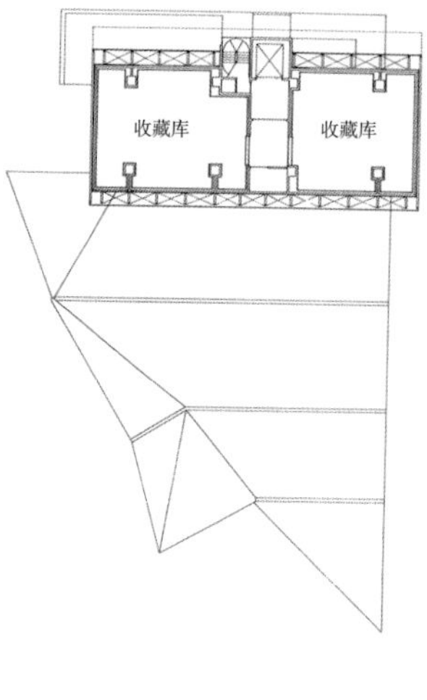

四层平面图 1/1000

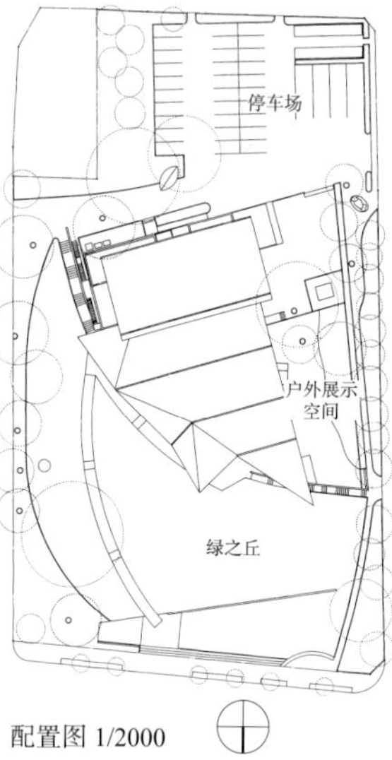

配置图 1/2000

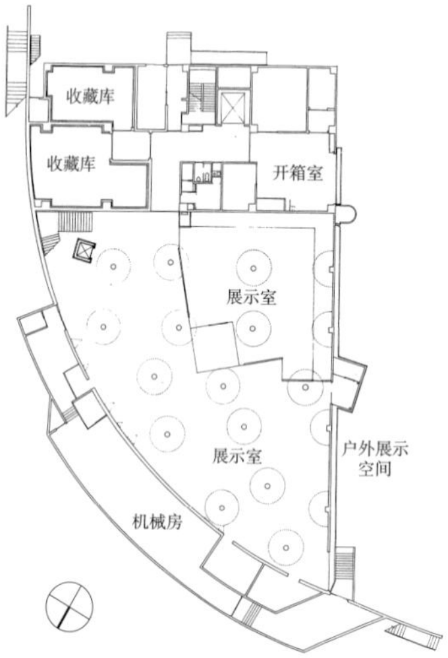

一层平面图 1/1000

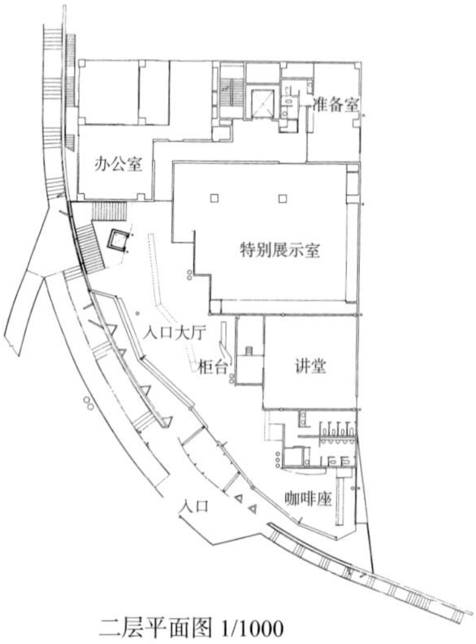

二层平面图 1/1000

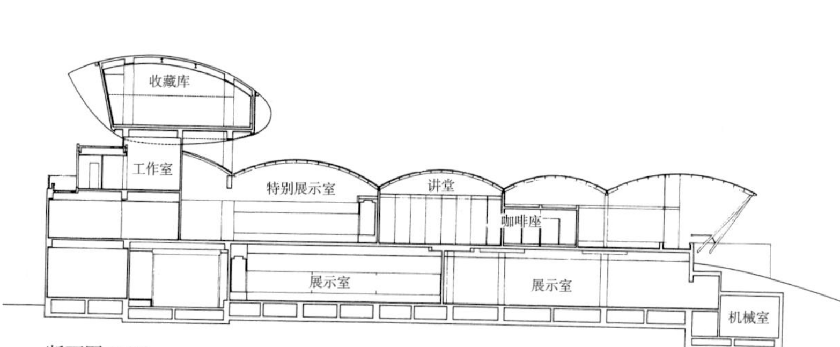

断面图 1/600

1992年

建筑作品
08

Amusement Complex H
东京都多摩市

刊载于NA（1993年3月29日）

连接车站的南侧外观。有屋顶的是养生会馆的入口，左侧行人所在的楼层里有餐厅、KTV等设施。（摄影：斋部功）

增添新市区活力的
大规模综合休闲设施

北侧为汽车入口，建筑物左下方是停车场入口。走出车站后，越向北走地势越低。走上右侧的楼梯，沿着建筑物走便会到达养生会馆入口。

这里是多摩新市区开发的第一批建筑——诹访住宅区和永山住宅区所在的永山地区。住宅区北侧的京王线和小田急线于一九七四年开通，在这里增设了永山站。车站周边的开发以南口为中心，地方政府于一九八一年拟定了『永山车站周边基本计划』，计划在北口建设休闲娱乐设施，并开展招商行动。

这个设施采用的是『提供设计』的方式。政府举行市街土地让渡设施公开招标，由当选的民间企业自行选择设计者，之后交由住宅都市整备公团进行设计审查并承担建筑物躯体和外部装饰，内部装饰则由民间企业承担。

本案业主JOY PACK LEISURE和HUMAX ESTATE隶属于经营『HUMAX PAVILION』等娱乐、服务设施的HUMAX集团。这次集团选择伊东丰雄建筑设计事务所来担任这个设施的设计。而这项设施也是伊东丰雄经手的案子里，楼地板面积最大的。

由于地基位于已经盖好的立

体停车场和集合住宅大楼之中，因此呈现不规则状。在设计上，靠近车站这边的别馆同时也是这个区域的入口。另外公团所提出的开发条件中，包含了『必须规划一般民众也可以自由进出的动线』。因此便设计了和京王永山车站闸门口相同高度的行人通道和广场，作为从车站通往北侧的通道。

— 有如飘浮于空中的轻量感 —

一走出车站，就可以看见这里最显著的特征——大型屋顶。站在建筑的中央广场时，却能感觉到一股轻量感，让人无法想象内部还设有保龄球馆。仿佛飘浮于空中，屋顶的两端看起来就融入于天空之中。

伊东丰雄当初设计的理念为『一个如UFO般的异物降临于多摩新市区，在宇宙飞船的下方展开露营活动』。本馆的银色高塔的内部是电梯，可以将访客带到位于大屋顶内的保龄球馆，就仿佛被吸进UFO里一般。

走上行人通道后便可经由三楼入口来到『永山健康养生会馆』。玻璃帷幕的大厅中矗立着白色的柱体，散发出一种神秘感。

在这里可以看到刚从泡汤池走出来的男女老少，身穿相同的长袍。头顶是连续的拱顶造型的小屋顶，一直连接到外部。一旁的和室里，也有许多身穿长袍的人正在唱着卡拉OK。二层的休息室里有着弯曲的墙面，在这里可以享受安静而舒适的按摩。空气中弥漫着空调及刚泡完温泉的体温所融合而成的暖气，让人感觉到一股回到母亲肚子中的神秘感受。

这里和『未来之森博物馆』几乎是同时间进行设计的。或许有些人会因此认为两者的造型非常接近吧。但其实不管在大小或是内部功能上，这里和未来之森博物馆都有很大的不同。不仅要在一栋建筑物里容纳各种娱乐设施，各个功能还必须配合业主而有很大的变化。『我一直无法赋予它完整的样貌。因为当初不知道这样的建筑物是会不断变化的，所以过分强调某种固定的印象。』伊东丰雄的语气中带着些许遗憾。

— 公团成为了与周边居民沟通的桥梁 —

住宅都市整备公团东京分部住宅事业一部住宅计划一课负责建筑物躯体及内装的外包，课长横堀肇针对隔音、安全性、设计、光线反射等问题与周边居民进行沟通。关于民间设施，横堀肇表示：『想要打造充满活力的新市区，高度公共性的私有空间是很重要的。因此我们非常期待民间的力量能做到公团所无法做到的事情。』他同时也负责『朝日啤酒吾妻桥大厅』一案。『只要符合开发条件，在设计部分，我们是非常尊重业主的意见的。』

站在流线型的大型屋顶下方往上看的同时，有个身穿和服的白发妇人向我问道：『请问养生会馆的入口在哪里？』车站的南侧住宅区里逐渐迈向高龄化，而北侧则兴建了许多年轻一族居住的民间住宅。众人都期待这个建筑能成为两个地区不同时代之间的接点。

1. 四层美食街。后方有和式包厢，可承办中型、大型宴会。**2.** 从四层俯视三层大厅的圆柱。天花板不使用对角线连杆，只以圆柱作为支撑。由于下层没有柱子，因此长椅旁最细的柱子是特别设计的补充柱。

建筑项目数据

所在地——东京都多摩市永山1-3-4

所在区域——邻近商业地域、防火地区
建蔽率90%、容积率300%

占地面积——6400平方米

建筑面积——4570平方米

总楼地板面积——2万3830平方米

结构、层数——钢筋混凝土·钢骨钢筋混凝土·钢骨结构、地下两层·地上七层

委托方——住宅·都市整备公团东京支社、JOY PACK LEISURE、HUMAX ESTATE

设计方——建筑：伊东丰雄建筑设计事务所；结构：松井源吾＋ORS；设备：早稻田大学井上宇市研究室、樱井设备设计系统

施工方——躯体·外装：熊谷、西松共同承揽；内装：熊谷、清水、西松共同承揽

施工期——1990年2月—1992年12月

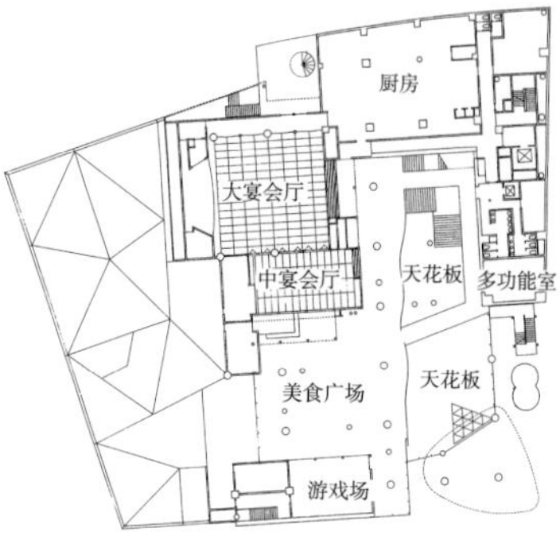

四层平面图 1/1400

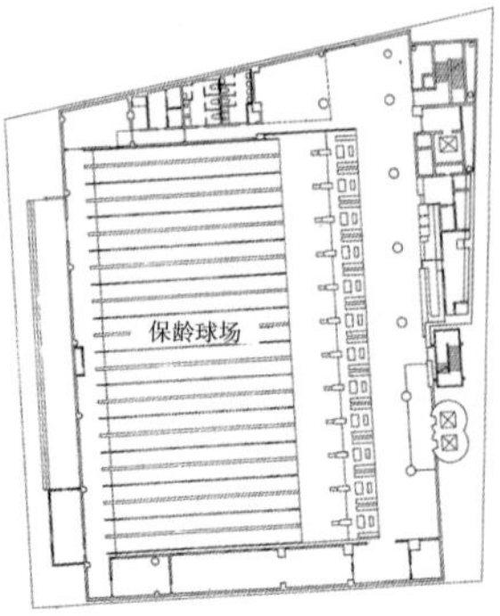

六层平面图 1/1400

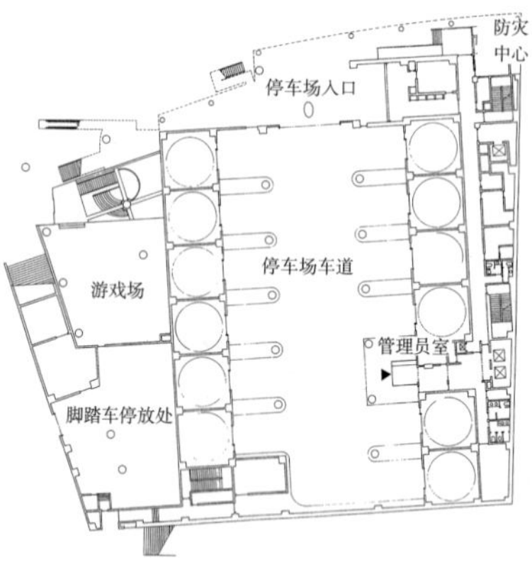

一层平面图 1/1400

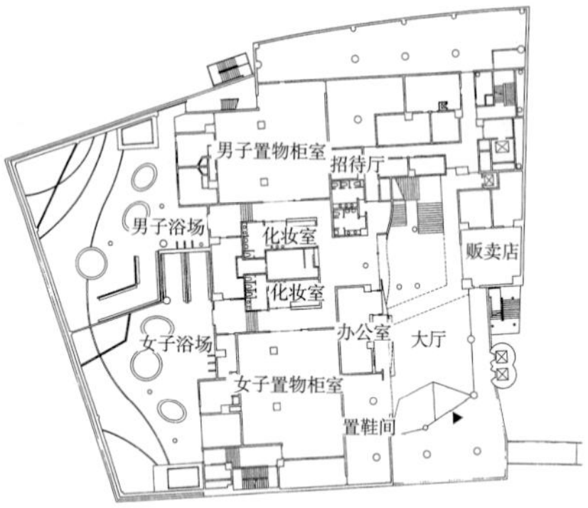

三层平面图 1/1400

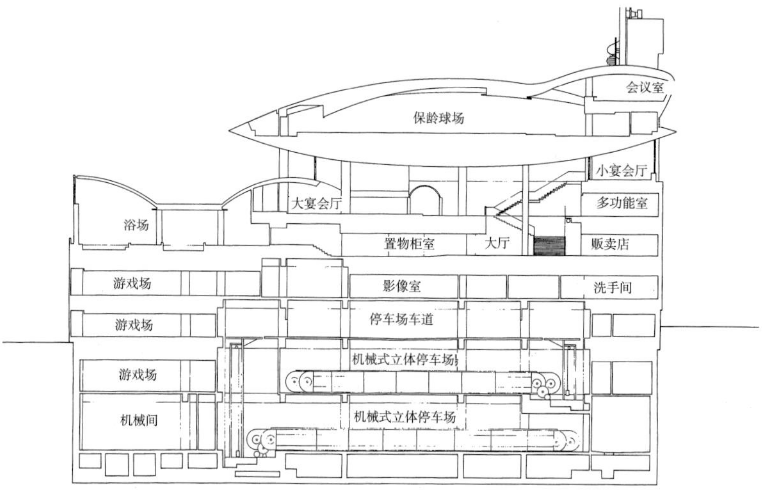

断面图 1/800

1993年

建筑作品
09

下诹访町立诹访湖博物馆·赤彦纪念馆

长野县诹访郡下诹访町

刊载于NA（1993年6月21日）

由诹访湖所见的全景。巨大的外形，不管从哪一个角度看过去辨识度都很高。（摄影：三岛叡）

漂浮于湖面的小舟
表现出流动中的建筑

长野县诹访郡下诹访町是一个小小的市区，坐落于诹访湖北岸。为了于一九九三年六月庆祝町政一百周年，因此兴建了这座下诹访町立诹访湖博物馆·赤彦纪念馆。

正如其名，这两个展示设施同在一个屋檐之下，诹访湖博物馆展示了诹访湖的生态以及长年以来实施的渔业成果。由于原有博物馆的设施老旧，场地过于狭小，因此转移到此地。而赤彦纪念馆则是为了纪念出身于下诹访的阿罗罗木派诗人、活跃于明治时代的岛木赤彦，并将他的事迹流传于后世，经过了二十年的构思，终于实现了建馆的计划。这些相关资料都展示于各馆的南侧、二层展示室里。

建筑地基位于诹访湖北岸、湖岸道路与国道之间，长度约二百米的狭长的围垦地之上。南边面对广阔的诹访湖，三次元的长条状的弯曲金属屋顶及其下方隆起的部分巧妙地融入于周遭平凡的风景之中，在大方之中让人感受到一点紧张感。整体造型看起来像是翻过来的小船，又像是巨大的甲壳昆虫。

设计者为从设计竞赛中脱颖而出的伊东丰雄。伊东丰雄在下诹访町度过了童年的时光，地基北侧的国道即是他当年上学的必经之路，下诹访町可以说是他的故乡，因此他对这个建筑有许多想法。

伊东丰雄表示，他最早的构思是『漂浮在湖上的船』。『在诹访湖，蕴含着以湖为中心的方向感。像『你看那座山』就是『你看对岸的山』的意思，表里分得还蛮清楚的。另外就是诹访湖的大格局。设计的时候我一直意识到从诹访湖对岸看过来是怎么样的景象。』

这个简单却又庞大的形状，不只有隐喻的意义而已。伊东丰雄将之称为『流动的空间』。『交通、能源、信息，现代都市是由肉眼看得到的和肉眼看不到的东西所构成的。在各种流动的空间之中，我将建筑视为旋涡一般的存在，在这之下则是地形的流动。有了地形，就会有水、有空气在这中间流动。与湖岸平行的交通的流动、山与湖所创造的地形的流动，我希望可以将这些流动转变为建筑。』环境与建筑一体化并相互呼应的手法，可以说是札幌啤酒北海道工厂GUEST HOUSE和未来之森博物馆的延伸。

不过伊东丰雄并不因此满足。『这次也是在骨架完成后才决定加入这个计划，所以只算是在原本的设计之中加上一些附加价值。其实应该在设计阶段就提出来，这样才能做出有趣的建筑。』伊东丰雄的语气中带有些许遗憾。对于『将肉眼看不见的东西转换为建筑』的伊东丰雄来说，这样的作法，似乎将成为他今后重要的方法论。

1. 从后山俯视诹访湖及博物馆。在伊东丰雄的设计之中，靠山的这一侧是“里”。**2.** 明亮而开放的入口大厅。町教育委员会的北村胜郎说：“诹访湖也成为展示物之一。”**3.** 从西侧看向博物馆。

3

1. 諏访湖博物馆的展示室内部。天花板使用防火处理过的白木，以无接缝方式拼接。**2.** 光照下的电梯。**3.** 东侧露台。諏访湖在照片的左侧方向。

建筑项目数据

所在地——长野县諏访郡下諏访町西高木10616-111
所在区域——住宅地域
占地面积——5277.55平方米
建筑面积——1369.99平方米
总楼地板面积——1982.78平方米
结构、层数——RC结构·一部分S结构
委托方——下諏访町
监理——建筑：伊东丰雄建筑设计事务所；结构：木村俊彦构造设计事务所、松本构造设计室；设备：TETENS事务所、设备计划
施工方——建筑：清水建设、瑟崎建设共同承揽；电力：TOENEC；空调·卫生：松泽工业；展示：丹青社；照明：Lighting Planners Associates；图案设计：SUN AD
施工期——1991年8月—1993年3月

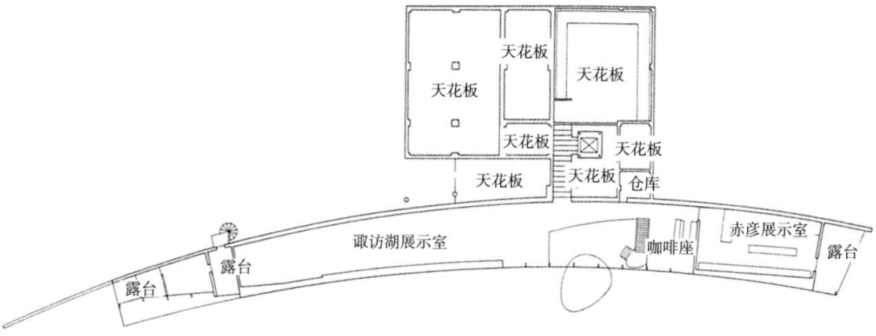

二层平面图 1/1000

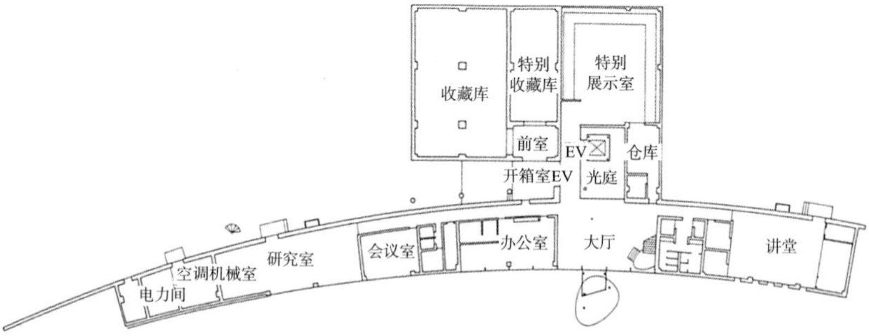

一层平面图 1/1000

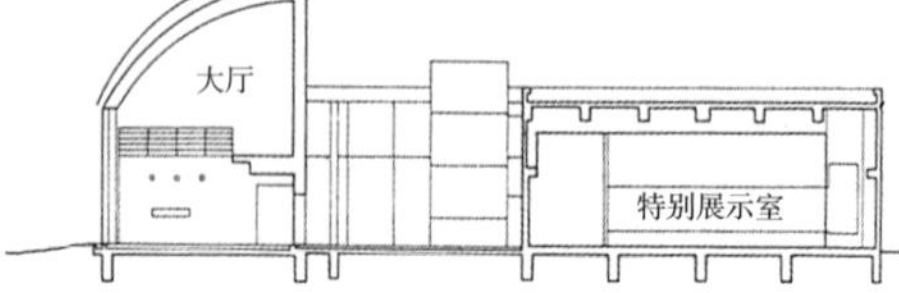

断面图 1/600

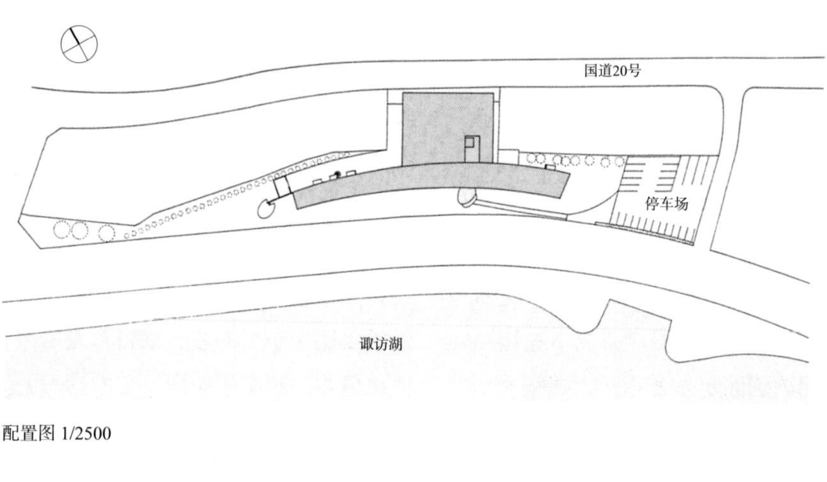

配置图 1/2500

1993年

访谈
03

『捕捉穿越时代的空气』

——以风的时代告一段落，最新主题为『均质且透明』的空间

刊载于NA（1993年4月12日）

过去曾被称为『野武士世代』的伊东丰雄，即使过了五十岁却越发精力充沛，不断发表新的作品，并逐渐成为『日本建筑界的新面孔』。伊东丰雄认为自己从未想过积极地引导现今的设计潮流，但他的观点的确为同时代的建筑家及年轻建筑家带来了很大的影响，这一点是不争的事实。在一百三十一页的问卷中，未来之森博物馆被票选为『最近五年内最值得评论的建筑』。

——您在寻找属于自己的主题时，有没有意识到建筑设计的『潮流』这件事呢？

— 其实在我的心里不太有『潮流』这个意识。我认为潮流指的是外面的世界与自己的关系，但现在的我几乎没有意识到外面的世界。虽然就结果来看，有时候是会被卷入其中的……

我比较关心的是，相比自己过去所做的，今后的环境会有怎样的变化这件事。完成了一项建筑，脑子里想到的都是这次进行不顺利的地方。然后我就想『下次一定要做好』，结果又不顺利，就是这样一直重复。

就像在杂志上发表的文章也一样，通常写的都是下一次的理想状态，所以常常和实际的建筑物会有一些出入。

——我认为您的建筑非常能代表『浮游感』这个说法，这个主题是怎么架构出来的呢？

— 对我来说，二十世纪八十年代或许最能符合这个说法。其中一个原因就像我刚才提到的，和我自己的关系，一个车轮不停地在转动，而另一个平行的大轮也在转动。这种感觉就仿佛『东京』这样的都市。

不管就好的意义，或是不好的意义来看，东京都是个极端的都市。没有一个都市像东京这样一直变个不停。我常思考东京这个车轮会和自己的建筑平行走到什么地步。

在东京不断变化的过程之中，越是认真思考『建筑』这件事情，就越感觉东京变得保守、权威。为了让都市变得愉快，建筑必须有所改变。反过来，对都市来说，建筑所具有的意义就变得非常轻盈。而它要如何表现在建筑上，这就是最早的

开端了。

我刚开始从事建筑的时候，矶崎新正好提出『建筑的解体』的说法。这给我们这个时代的人带来了很大的影响。正因为这样，才会对权威性的建筑带着一点攻击性吧。

——可以更具体地解释一下『权威性的建筑』吗？

就是包含西欧的古典建筑及其衍生出来的近代建筑的建筑体系。近代建筑刚出现的时候也是很极端，但经过几十年之后，却成为了必须加以守护的存在。

（摄影：伊藤美露）

老实说，前几天我到一所大学去演讲，结束后有个学生跑来跟我说：『我觉得老师您的建筑就像某一种潮流。您看过路易斯·康的建筑展吗？我觉得那样的建筑才是真正的建筑吧。』

没有错，所有人都觉得路易斯·康的建筑很了不起。我不否定这一点。但是，假设以居住在东京这个都市为前提，有没有可能盖这种永久不变而处之泰然般的建筑物？如果路易斯·康处在这样的状况之下，或许不会设计出这样的建筑吧。

路易斯·康的建筑在当时确实非常了不起，但是我们必须思考身处于东京这样的环境之中，应该设计什么样的建筑，也只有从这里才能产生新鲜而生动的建筑。就像音乐一样，二三十年前的名曲不管再怎么经典，也没有人会想在现代创作相同的作品……

就算想做出可流传千古的建筑，也必须吸取当代的空气与力量，不然绝对无法幸存。

另外，如果没有机会站上建筑这个战场，就不可能有机会一决胜负。在当今这种消费的都市里，建筑物也很容易彻底沦为一件消费品。例如菲利浦·史塔克的朝日啤酒大楼，就不是一个建筑。即使有人对他的建筑发动非常有趣的攻击，但他没有站上战场，没有所谓的胜负。

——如果那个学生问您流行和建筑的本质有什么不同，您会怎么回答他？

那就必须先澄清一下建筑这个概念是怎么规定的。

就像是『宇宙论』这样的理论，现在的住宅设计不像十年前那么注重家庭这个共同体的概念，我认为建筑也必须随着这样的变化而进行调整。

生活在现代社会的每一个人，自己有一套与外部世界联络的网络，而这套网络是存在于家庭这个不那么紧密的连接之下的。而建筑

在东京这样的环境下，应该创造怎样的建筑？

正是以宇宙论的角度接受了其中心性。至于能解放到什么程度，就是今后建筑有趣的地方了。如果全部都能获得解放，那个时候就是真正的『建筑的解体』了。

能不能意识到这个问题，应该就是本质和流行的差异了吧。

关键在于能不能意识到问题

——现在正好是建筑界主角更迭的时期，似乎每个人都在摸索下一个潮流将会是怎样的。我认为曾被称为『野武士的时代』将会成为这个更迭时期的核心，您怎么看待这样的构图？

— 被称为野武士的时代，我很在意这个构图。除了在意同一时代的人之外，也很在乎上一个时代的人都在做些什么。确实有一段时期真的很注意其他人的一举手、一投足。但是现在光是自己的事情就耗费掉所有的心力，感觉没办法注意到周边的构图了。

——虽然您这么说，但我认为长谷川逸子和铃木爱德华、山本理显、妹岛和世等让人感受到『浮游感』的这个群体，已经形成了潮流的一角了……

— 我认为群体这个说法现在已经慢慢无法成立了，刚才提到的这些人也都和我完全不一样。

以前如果有人把我归类在某一个群体里，我不会有特殊的想法。但现在我觉得自己和这些人之间存在很大的差异。

像山本理显的建筑，我认为和『浮游感』这种表现完全不同。我觉得像熊本艺术城邦这样的公营住宅，如果把上面那层轻薄的屋顶拿掉，才能表现出山本理显的本色。

——您自己的创作活动中，有什么比较大的时期区隔呢？

— 我已经从事建筑约二十年了，一直不停地变化，甚至好像到了无法划分时期的地步。

二十世纪七十年代我的主题放在如何将『光』引导至室内空间里；进入二十世纪八十年代之后，则开始使用『风』这种比较形而上学的说法。

——在光的时代和风的时代里，建筑有怎样的转变呢？

— 诉求『光』的时代里，建筑比较古典。当时进行设计时，很明确地意识到内与外这样的概念。

相对地，以『风』为主题的时候我开始把建筑的要素替换为薄膜，希望可以设计出没有内外区隔的建筑。这里所说的『风』并不是单纯地指风吹过去的那种风，而是希望最终能让人只用感觉去感受，而不是用眼睛看。

相较于二十世纪七十年代，二十世纪八十年代的建筑在构造上也有许多不合理的地方。因为建筑物原本就是稳定的结构，要达到轻薄、视觉上较轻的效果，等于是强迫加入不稳定的结构。

——未来之森博物馆可以说是风的时代的集大成之作，因此您和五十多岁的安藤忠雄齐名成为国际知名的建筑家。摄影师二川幸夫曾说您

NA（1993年4月26日）特辑问卷结果

最近5年里评价最高的建筑

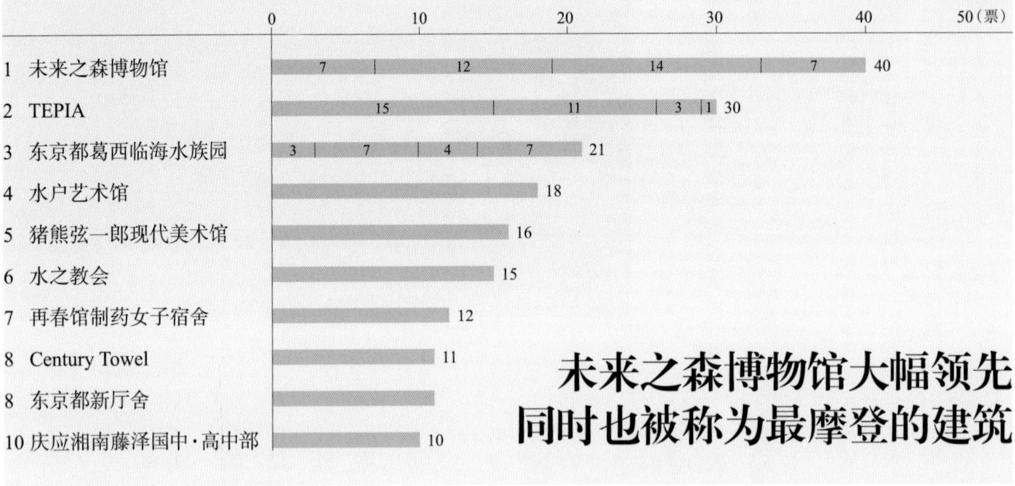

最期待可创造出新潮流的建筑家

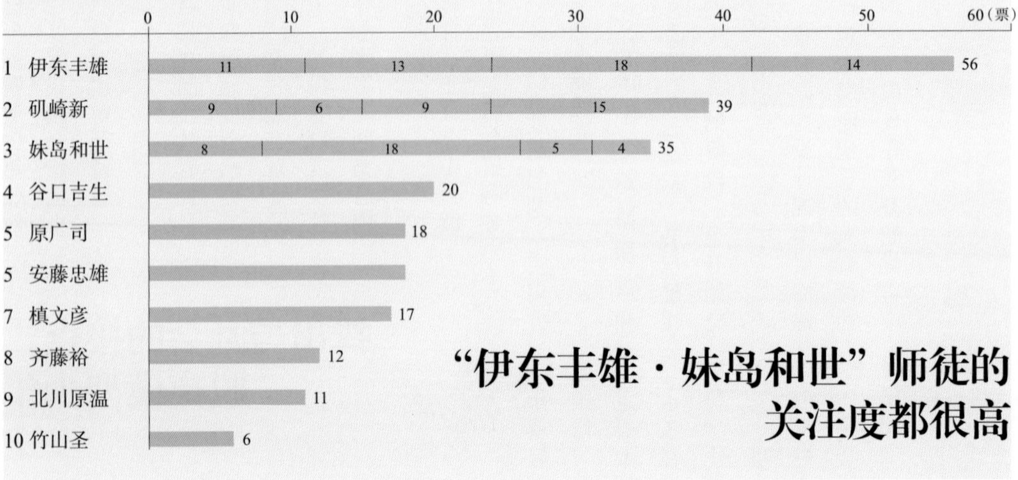

两份问卷的前三名皆列出不同群体的得票数，由左至右分别为日本设计、KAJIMA DESIGN、作家型建筑家、学生。

（问卷实施概要）

一、问卷的调查对象

（1）由各个时代选出的建筑家120人。（2）日本设计的建筑设计部员工60人。（3）KAJIMA DESIGN建筑设计部、企划部员工60人。（4）东京大学、早稻田大学的美术设计相关讲座的大学生、研究所学生，每个大学各25人。

二、回答人数

作家型建筑家：53人；日本设计：43人；KAJIMA DESIGN：52人；学生：31人

三、问卷填写方式

每位回答者根据题目，分别举出最多三项建筑作品及三位建筑家。

未来之森博物馆（摄影：冈本公二）

在这个案子中『脱离了模型少年的过去』，对此您有什么看法？

——安藤忠雄的风格非常稳定，因此非常符合『世界级的安藤』这样的称号。但我有一半还是『模型少年』，自己也希望一直这样继续走下去。

二川幸夫这个『模型少年』的说法非常贴切。以前我做『银色小屋』的时候，八束元也曾经说过一样的话。

我说：『这是在制作具有社会性的东西。』而八束元说：『你口中的都市、社会，都只是在观念之中组装模型罢了，却没有对现实社会敞开心胸。你和现实之间是有隔阂的。』

确实，建筑存在于社会中，就必须思考现实社会中人们会如何愉快地使用建筑、社会制度的问题、实用方面的问题，否则就不能成立。

我觉得完成未来之森博物馆和Amusemenl Complex 1-1之后，我已经慢慢脱离了『模型少年』的阶段，也开始觉得思考这样的问题蛮有趣的。

在这之前，我总以为设计现实层面建筑的人，和设计观念层面建筑的人就像油和水一样无法沟通，但现在我开始觉得应该抛弃这样的想法。

找出与社会的接点，脱离模型少年

——现实层面里包含了维修，这一点您怎么看？

——为了达到轻薄的概念，制作时几乎很难避免使用金属板之类的素材。我也体会到这样的建筑必须比混凝土或瓷砖材质花费更多时间和心力去面对维修的问题。

听说诺曼·福斯特在设计香港上海汇丰银行总行时，提案内容还曾经包括『这栋建筑只要能撑五十年就好，在这五十年内要进行什么程度的维修、要进行几次』等问题。我也认为一定要做到这些。我觉得必须舍弃『建筑是永久存在的』这个想法，就像机械一样，每十年就必须升级。

也许有人会认为这么做要花很多钱，但反过来说，正因为做了这些维修，就算使用金属素材也能提高其耐久性到很高的层次，达到社会一般期望的寿命。而且光看油漆，各种技术也都每天不停地在进步。

——我个人认为把您称之为金属板的创始人也不为过，相信您应该有很多这方面的技术吧。

—我自己的房子盖好之后，住进去将近九年了，我认为这是一个非常好的经验。知道怎么做比较好，怎么做就会很惨，是一个很好的体验，也是一次冒险。

实际上使用后会发现，下雨、刮风都不是什么大问题，最麻烦的是清扫，因为有很多细小的褶皱……以前林昌二到家里来，临走前对我说：『这里应该很难清扫吧。』这句话真的一枪就打到我的痛处。

——有些设计的主题发展为『光』或『风』，这是经过长期的思考而得来的吗？

—称不上是思考。我是个没办法制定策略的人，也没有什么时间和力气制定策略。

以五六年为周期寻找新主题

我大约以五六年为周期做一个主题，接着会再找到稍微不同的主题，就是一直这样重复。因此有一段时间是发现并且延伸某个想法，另外一段时间是让这个想法成型、具体化。

当然新的主题不是那么容易就可以找到，也牵涉到很多自身以外的问题，也会和整体状况的变化有关联……

例如从『银色小屋』开始，到未来之森博物馆，这些案子都已经告一段落，马上又要开始着手新的创作，现在刚好就是两段过程交错的时期。

——您所找到的这些不同主题，与当代所追求的事物之间是否有共通点呢？

—我觉得还有蛮多共通点的。就像我们在二十世纪八十年代从村上春树的文体中感受到的，就和我想要在建筑上表现的空间感是有共通点的。

这么说并不是因为我特别喜欢他的小说，受到他的影响，而是感觉似乎有一股可以共同穿越某个时代的空气。或许可以说是相对于『宇宙论』消失的一种身体的感觉吧。从具有向心力的空气，向外扩散而变得平坦……

感觉全部的事物都朝着均质化的方向，一起向前移动。

——您已经构想好下一个主题了吗？

—目前已经确定某些事情是下一个阶段非做不可的。

——可以告诉我们是什么吗？

—用语言来形容的话，就是思考如何在建筑里表现全新的『透明性』。

最近我经常使用『保鲜膜』这个词，它代表的含意是社会已经逐渐成为非常均质、透明的。不管是人类，还是其他东西，都像是便利商店里被包装好的商品一样。

当我们被保鲜膜包覆住的时候，即使看起来是透明的，但却身处于一个与外面

的空气阻隔的人工环境里。而且全部不分等级，只是被并列在一起。所有个体失去了个别的独立性，而成为众多并列事物的其中一个。

过去我们曾经反抗过这样的状态，因此有了全人格的主张。但是现在的社会却变成大家都觉得这样子并列着的状态比较自在，尤其是年轻人……

关于这一点，应该否定或是应该肯定，已经有很多人进行过辩论了。不过自己的身体开始觉得这样的空间很舒服是事实，我认为这一点是无可抗拒的。

就算我们再怎么抵抗，我们的身体对于这样的空间也只会感觉到代沟。所以，我才会想尽办法希望在更接近这个以往没有人体验过的、均质且透明的空间里，来确认建筑是否可以成立。

从事建筑的时候，必须将建筑置于某一个环境之中。而我下一步想做的，不是创造另一个在这之中的空间，而是使用某项装置，也就是加上一层过滤，来为环境增加变化，基本上只是和原本的环境有一些差异，我想创造这样的建筑。

因为这个主题很难，我想应该需要十年左右的时间吧。

进入尚未有人体验过的均质且透明的空间

——不知道您的业主能不能理解这样的主题？我想这对业主来说，应该需要很大的勇气吧。

根据我过去的经验来看，比起主题，更重要的是不能丧失创造建筑的力量，这样的想法反而比较强烈。应该也可以说是创造的动力吧。

话虽如此，但如果太过依赖技术，就会陷入复杂化之中。也就是说，想要做得漂亮一点的念头太深了。太过依赖技术的建筑，似乎会让业主也觉得很累。相比之下，那些能将我们的动力累积下来的建筑反而比较容易被业主接受。我觉得两者之间的差异还蛮大的。所以如果能够持续拥有创作的动力，就结果来看，应该可以引导至容易被业主接受的结果吧。

第四章

竞标的时代
(1994—2001年)

第一件公共建筑未来之森博物馆就获得高度评价的伊东丰雄，
开始收到各地方政府的邀请。
但几乎所有的案子都需要竞标。
于是，“竞标的时代”之大成的仙台媒体中心就这样诞生了。

伊东丰雄建筑设计事务所的竞标奋斗史

——一九九三年起邀约不断，为获得胜利，『战术』也是必要的

刊载于NA（1994年2月28日）

伊东丰雄在各项竞标及企划案中的活跃是有目共睹的。自从熊本艺术城邦的未来之森博物馆之后，便有许多公共建设的竞标及企划案指名邀请伊东丰雄参加。一九九三年参加五项竞标就得到其中的两项，获选的概率非常高。即使是最后没能中标的案子，和竞争者也都有很精彩的对决。我们请伊东丰雄来谈谈竞标及企划案的各项准备工作。

—

最近公共建设的竞标与企划案越来越多了，而且不像以往只指名大型设计事务所，许多案子都愿意提供机会让作家型建筑家尝试。

在这些案子当中，经常可以看到伊东丰雄的名字。伊东丰雄在一九九三年这一年里，就参加了五次指名竞标及企划案，其中获胜的有长冈艺术文化中心和大社町民文化会馆两项设计。即使是最后没能中标的案子，也几乎都能留到最后一次评选。

—契机为未来之森博物馆

『一九九二年以前几乎没有案子指名我。』伊东丰雄说，即使收到指名，也是国外的案子，只有巴大学附属图书馆的竞标。但在一九九三年后这样的指名却突然变多了。

原本以为或许是由于伊东丰雄积极经营地方政府的相关案子，但事实上并非如此。伊东丰雄说：『我从不拒绝自己找上门的案子，只要有人找，我就全部参加，结果就变成这样了。』说到最近的活跃，也只是淡淡地表示不过是运气好罢了。伊东丰雄接着提到自己在一九九三年花了不少的力气在竞标上。

包含已获奖的竞标，目前伊东丰雄手上的案子几乎都是公共建设。伊东丰雄表示：『因为二十世纪八十年代后期设计了未来之森博物馆，让我得以接触到公共建设的领域。』

那么公开竞标怎么样呢？『老实说，公开竞标结果太难预测了。先不论能不能拿到案子，我必须一边斟酌自己的工作量，把它当作一种脑力游戏来参加。』

最近伊东丰雄所参加的公开竞标大约只有日法文化会馆和较早的湘南台文化中心。

—经常在脑中浮现出审查员的样貌

伊东丰雄说：『最近的指名竞标中，我

花了很大的力气在巴黎的图书馆上，虽然结果没有获选。』伊东丰雄所说的花了很大力气，当然指的不是放弃其他竞标的意思。『巴黎的竞标因为我不认识审查，也不知道他们的背景，所以可以专注于思考如何呈现出主办单位所希望的概念诉求。』

如果参加日本的竞标，就会不由自主地想到审查员是谁，地方政府的属性等相关背景。『想要赢的话，就需要某种程度的策略，而不只是彻底传达我们作品的建筑论。』这样的经验，其实是参加了许多竞标后学习到的。

『我们建筑家所思考的建筑，其实和地方政府所希望的建筑之间有一定落差。竞标的审查内容主要看是否能充分展现出主办单位所期望的功能，至于建筑的本质或概念，则是在另一个次元里决定。』当初这样的问题并没有获得解决。『刚开始我还常为了无法顺利传达自己的想法而一个人生闷气。但随着参加竞标的机会增加，才了解以对方的角度来进行自我呈现也是必要的。』

希望主办单位负担提案相关费用

那么实际上参加竞标时的体制又是如何呢？『大多时候由我和两三位所员组成一个团队，负责整个案子。』可以提交模型照片时，模型照片就会比透视图重要。模型大多是所里自己制作的。如果模型不需要外发给厂商的话，所花费的就只有照片费用，几乎都是人事费用。

投入的心力和提交内容的程度没有太大的关联。如果只拿得出五十万日元，就想着做个简单一点的企划案好了，但如果想赢的话，就必须要做出不错的东西，否则不会赢。所以伊东丰雄说：『其实我很希望主办单位可以负担约三百万日元的费用，让我们好好地准备提案。』

伊东丰雄还忍不住透露：『有时候公听会不允许使用模型进行说明。提出物的内容一旦受到限制，就会让公听会变得很制式化，不满就越积越多了。』

也希望向国外提供更多机会

一般来说，企划案的数量越多，年轻一辈的建筑师就有更多机会参与公共建筑案。伊东丰雄非常赞同这样的说法，也主张东京都或埼玉县的设计候补评选委员会能向国外建筑家提供更多机会。『年轻建筑师需要更多的刺激，因为三十几岁的建筑师还没经受过太多磨炼。当然我自己也一样，面对国外的竞争者时，也会有一决胜负的决心。』看着伊东丰雄积极的神情，让人更期待他以后的设计。

在指名竞标中取得设计权，并于1993年完成的下诹访町立诹访湖博物馆·赤彦纪念馆。（摄影：三岛叡）

CASE
01

大社町民文化会馆

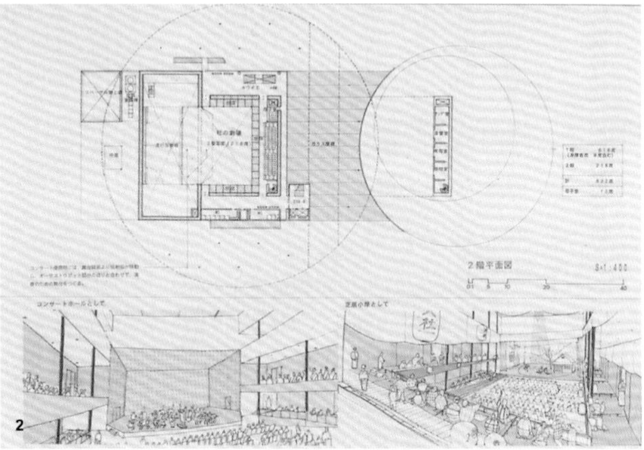

1. 模型照片。圆形水池为水之剧场，上方的大型圆形平台为风之剧场。（摄影：大桥富夫）2. 二层平面图，杜之剧场的内部图（左边为音乐厅，右边为歌舞剧剧场的示意图。3. 配置图。4. 一层平面图。5. 杜之剧场断面图。上方为风之剧场。

文化会馆是复合性设施，拥有大小两个表演厅、会议室、交流室等不同空间。

为了满足业主提出的需求，希望可以具备可供区民参加的剧场、传统艺能剧场、具有实验性质的剧场，因此设计了三个个性迥异的剧场，分别是『杜之剧场』『风之剧场』『水之剧场』。

为了传承阿国歌舞技的传统，杜之剧场承袭了传统的歌舞伎剧场的风格，内部装设了组装式的立花道和榻榻米的座位区。另配备有镜框式舞台和活动舞台，可适应现代形态的各种演出。还可借助移动式反射板，成为鞋盒型音乐厅。

风之剧场是一平台型剧场，直径为七十米，位于地面上方十六米。这里面设置了可容纳二百人的小剧场，平台部分铺设平板状瓦片，周围竖有直立旗，目的在于可作为盂兰盆舞这种全体区民都可以参加的活动的户外剧场。水之剧场里，则有能乐舞台浮出于直径五十米的水之广场。

由于这是一场『区民参与的竞标』，因此评选时采用的是公开公听会。每位设计者都必须在二百名民众面前，使用幻灯片等器材进行提案说明。伊东丰雄说：『因为是公

开公听会，因此有特别意识到需要使用公众比较容易理解的方式进行提案。』这一招果然奏效，公开公听会结束之后的区民问卷调查中，许多民众都推崇伊东丰雄的案子。

实际审查的时候，审查员也肯定伊东丰雄的设计『具有大社町所追求的全新区民文化会馆的现代魅力。既有效利用了传统，也和既有行政中心及周边环境取得非常好的协调，巧妙地营造出大社町的个性』，在所有作品当中获得第一名。评选委员长为菊竹清训。

提交的信息包括八张A3尺寸的图纸，第一张为设计主旨等文字叙述的汇整，其他分别由彩色平面图（1/400）、断面图（1/400、1/150）、草图、模型照片等视觉要素构成。除了伊东丰雄之外，还有两名所员组成团队。（本案由于外部条件发生改变，后来以其他方式呈现）

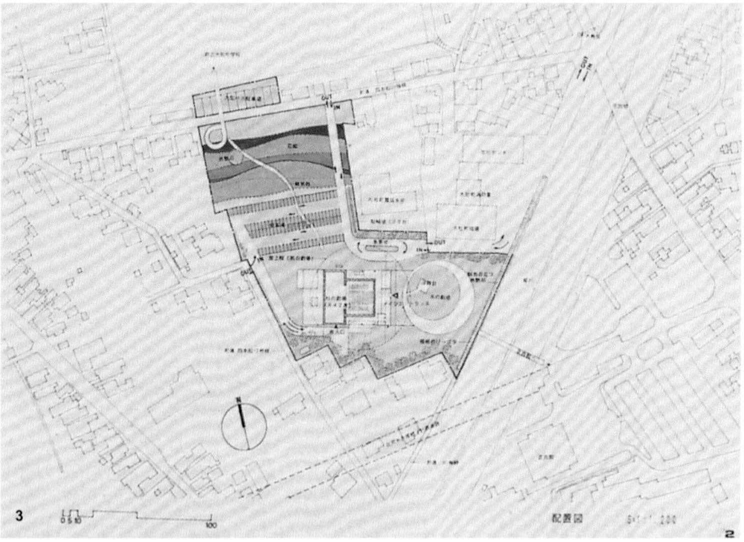

3

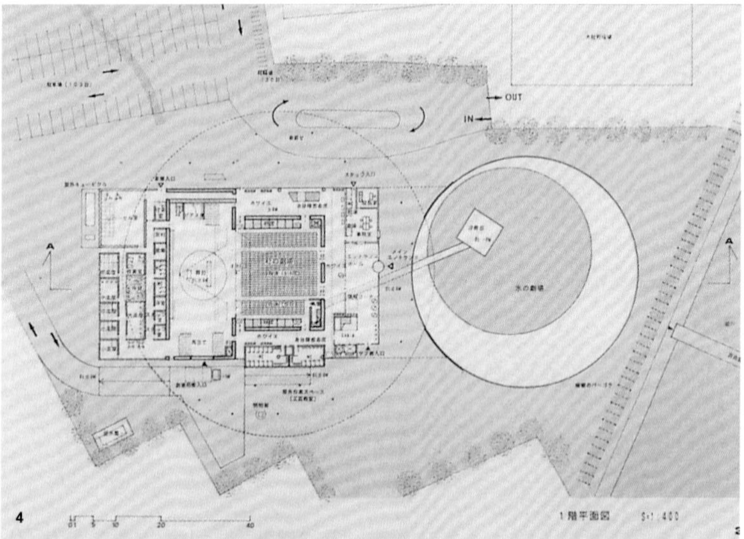

4

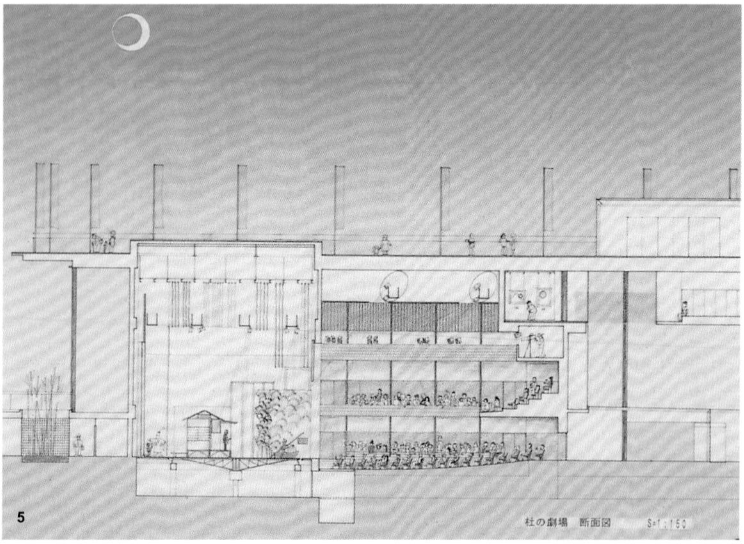

5

CASE
02

长冈艺术文化中心

此处为专供音乐会、戏剧使用的音乐厅及信息中心等复合设施，总楼地板面积约八千平方米，伊东丰雄的提案中，音乐厅有七百个座位、戏剧厅为四百五十五个。另外共有大小各异的十个练习室，可供市民进行创作或练习活动，功能十分充实。

和邻近的『新潟县立近代美术馆』、『长冈蜂巢』之间由穿堂连接，设定为面向公园的曲线造型。沿着建筑的曲线，则依次规划为管理区域、练习室等创作区域、表演厅。各区域由共通的大厅连接，结构相当明快。

外观上最大的特色是表演厅以外的空间，如共通的大厅、各个表演厅前的空间、练习室等，都以圆弧屋顶覆盖。企划案中由双层钢筋混凝土无梁板结构与PC板构成双层厚板，PC板上的人工土壤上可进行植栽。除了隔热、隔音的功能之外，还能营造出与公园一体化的景观。

大圆弧屋顶下方立有不规则的柱体，表现出『树丛般的空间』。共通的大厅及表演厅前的空间不管是平面方向或断面方向都描绘出连续的圆弧线条，各处皆

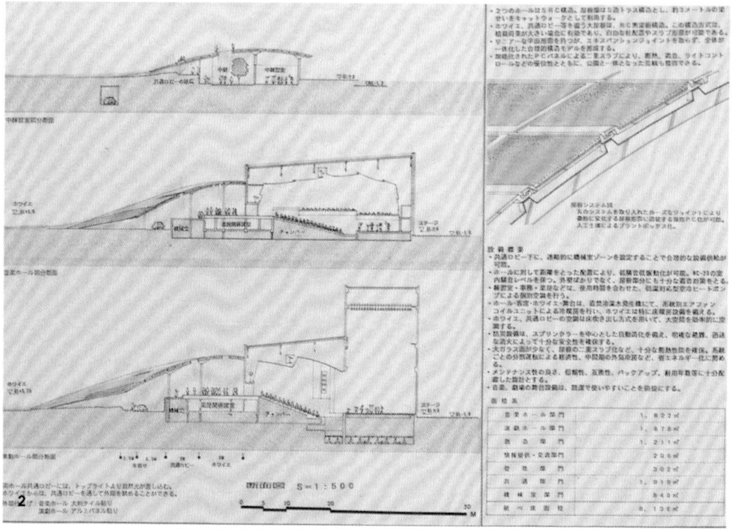

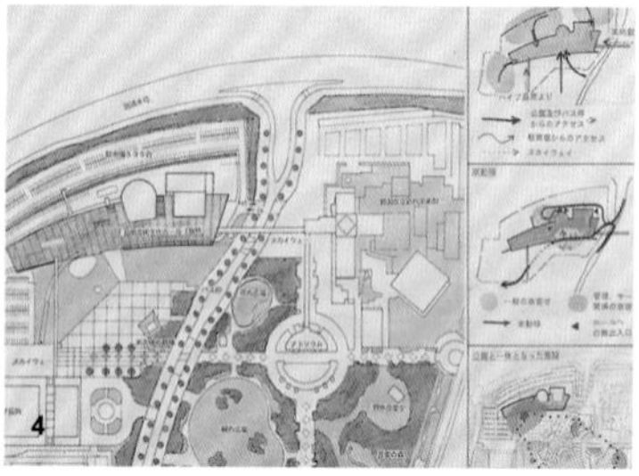

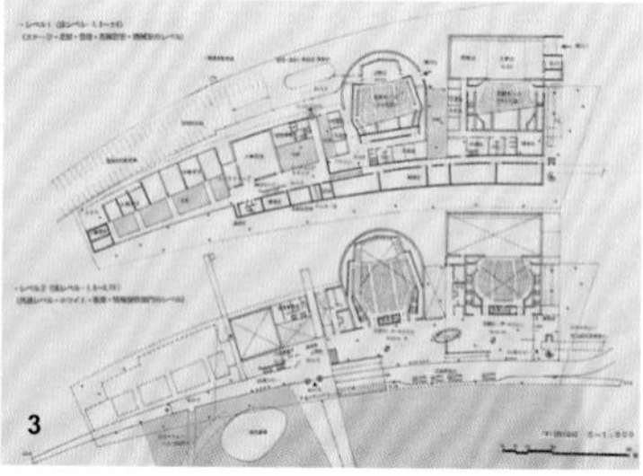

1. 鸟瞰图。内部图、断面图、立面图。在圆弧屋顶上进行植栽，与公园形成一体化的设计。粉蜡笔上色。**2.** 断面图、构造概要、设备概要、面积表。**3.** 一层及二层的平面图。右方的长方形表演厅为戏剧厅，左方的半圆形表演厅为音乐厅。**4.** 配置图、动线图。

设有采光中庭，以光线创造出各种变化的空间。

这个企划案需要提交的数据不像竞标那么烦琐，但如同前述所提，『就算只是企划案，所投入的心力也和竞标没什么两样。』

提交的资料为A3尺寸，其中五张为说明具体提案内容的『构想提案书』，五张为事务所概要及过往经历、项目负责人等相关资料。

由于不可使用模型照片，因此提案内容以草图及图纸（平面图的比例尺为1/800、断面图为1/500）为主。除了伊东丰雄之外，还有一名组长和两名所员组成企划团队。

审查讲评中虽然提出了『必须研究如何克服技术问题』的意见，不过也因其造型与广阔的腹地合为一体，融入远方群山所营造出前所未有的景观而获得了审查委员的好评，在六位设计师中排名第一。评选委员为日本大学教授近江荣。（竞标中所提出的屋顶绿化未能完成，完成后的照片请参考第二百九十三页）

1994年

建筑作品
10

八代市立养老院
熊本县八代市

刊载于NA（1994年5月23日）

融入当地公园
开放感十足的赡养机构

1. 从东南侧俯视。起居室呈直线状，延伸长度达100米。建筑物所在地为围垦地，涂装成红色的为步行者专用天桥，可通往日奈久温泉街。这座桥也是由伊东丰雄所设计。

2. 西侧入口。为了促进与当地居民互动所设计，预计白天将会开放。这样的共享屋顶有着大型的开口。

从熊本县八代市中心开车往南行驶约二十分钟，就可以抵达温泉街。日奈久自古就是有名的温泉地，但是近年却不见往日的繁华。『八代市立养老院』是一座老人赡养机构，位于邻近温泉街的围垦地上，服务对象是六十五岁以上、可自理生活的老人。

由于旧设施过于老朽，因此这次将地基转移到邻近JR日奈久车站的土地上。容纳人数维持原有的五十人。房型由原本的四人房变更为以个人房为主，并增设四间短期入住的起居室。

设计者为伊东丰雄。继熊本艺术城邦中的未来之森博物馆之后，这是第二次参与八代市的设施设计。八代市建设部建设课长永山努表示：『博物馆开放以来，我们发现有许多八代市以外的民众前来参观。于是便委托伊东丰雄先生再设计两个八代市的设施，希望可以和博物馆一起吸引更多的民众参观。』其中的一项设施就是养老院，当地政府希望民众来访后夜宿日奈久，借此带动温泉街的生意，以恢复往日荣景。

—于当地开设的老人赡养机构—

过去的老人赡养机构为了管理上的方便，大多为封闭式。但是伊东丰雄所提出的构想可以说和以往有天壤之别。『我想设计出一个重视与当地互动、一般市民也能轻松理解这是个什么设施的空间。因此特别重视可以让大家自由进出设施的气氛。』

这个构想的象征便是面向温泉街的大型入口，以及由入口延伸的庭园。这个入口是赡养机构的玄关，通往当地居民也可以自由进出的共同空间。庭园的另一

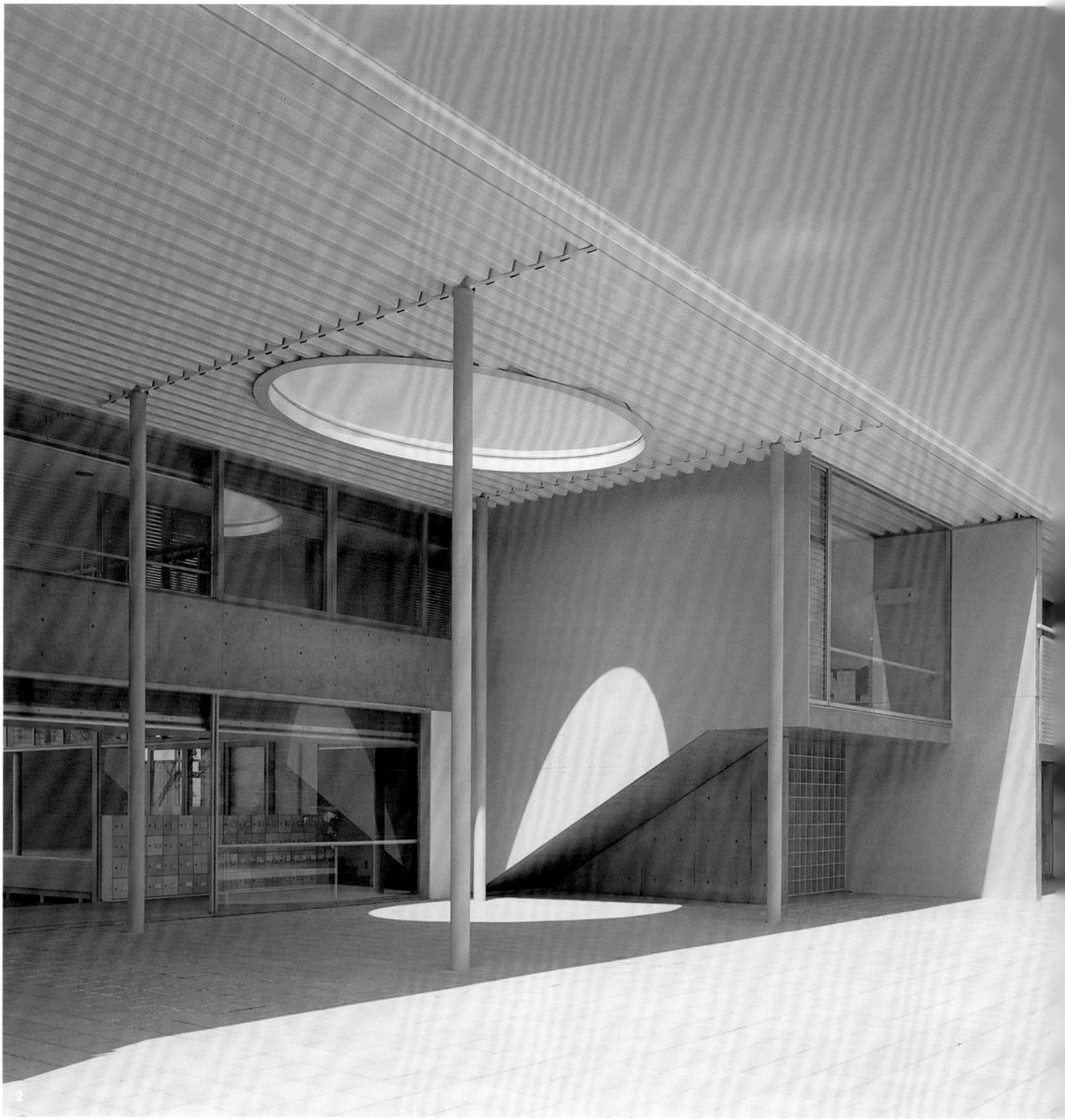

2

头是广大的球场，东侧有采光缘廊和铺设榻榻米的会议室，西侧则为圆形的浴室。这些都是可以与当地居民互动的场所。

对于这样的构想，伊东丰雄说出了另外一个意图：『公共建筑有很多既定的条件，想要提案改变任何一个空间都非常困难。但是只要能将几个新的功能叠加，应该就能产生过去不曾有过的空间。这次我们将较为隐私的居住空间设置在南侧，并将具有公园要素的庭园与共同庭院重叠。』

『想要将公共建筑变成一个大家都能亲近的设施，如果只是说些光呀、风呀这种隐喻的意象是没有意义的。最重要的是思考完成后如何使用。』伊东丰雄表示。因为熊本艺术城邦开始于八代市的多个建筑设计，伊东丰雄改变了公共建筑，也找到了一个全新的方向。

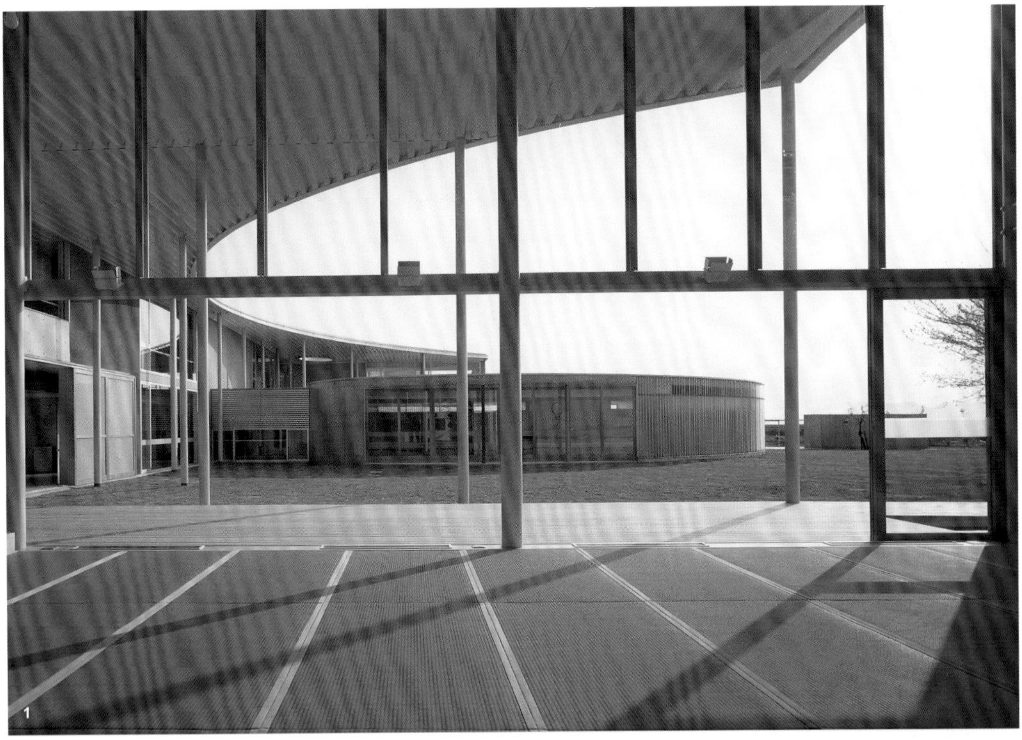

1. 由会议室看向外部空间。会议室为45平方米的榻榻米空间，设有大型舞台。**2.** 紧临会议室的餐厅。为了表现出明亮及轻盈的感觉，天花板采用楼层钢板设计。**3.** 中庭及厨房等部分的外观。**4.** 由地基西北侧俯视。椭圆形造型的建筑物为浴室，墙面选用日本古色。**5.** 东侧的主要入口。使用透明玻璃上覆盖热反射膜的顶窗，左上方墙面采用防弹塑料材质的中空板，右侧壁面则是椴木合板涂上粉红色亮漆。

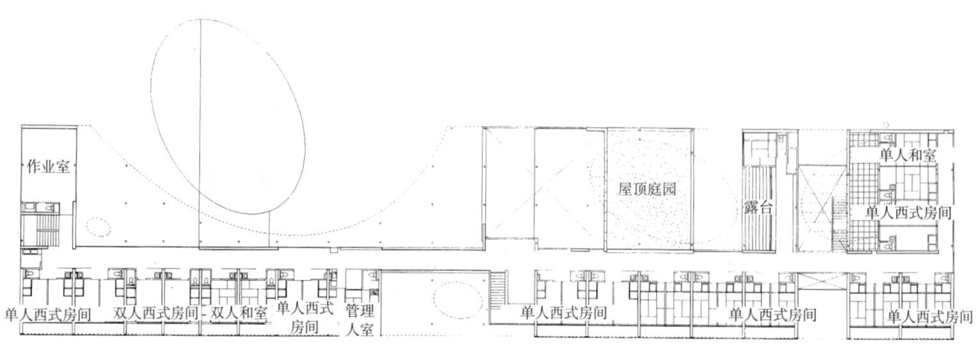

二层平面图 1/800

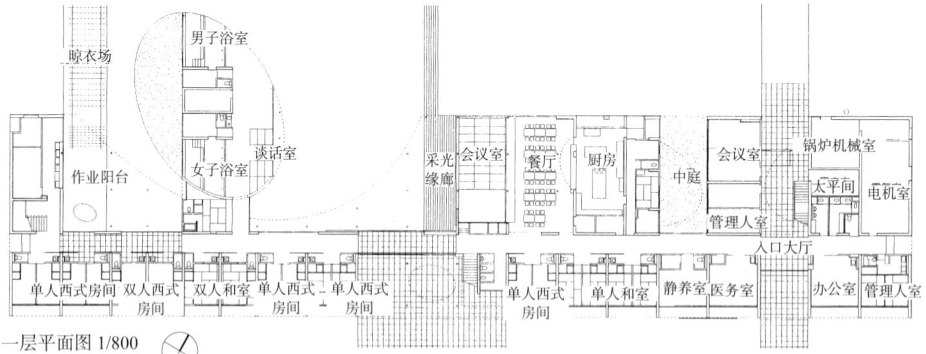

一层平面图 1/800

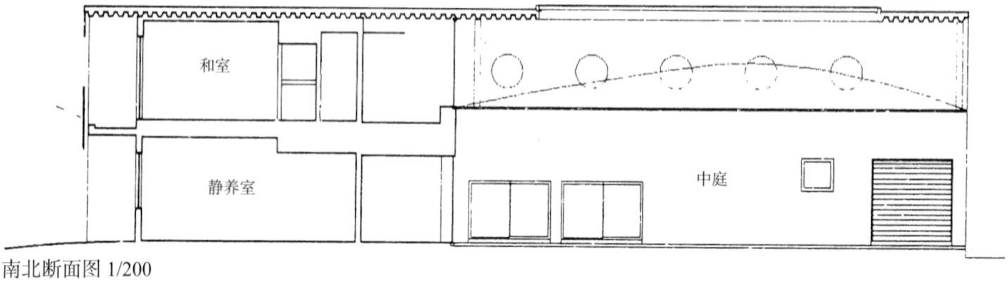

南北断面图 1/200

建筑项目数据

所在地——熊本市八代市日奈久平成町1
所在区域——无指定
占地面积——7425平方米
建筑面积——2183平方米
总楼地板面积——2467平方米
结构、层数——RC结构・一部分S结构、地上二层
设计方——建筑：伊东丰雄建筑设计事务所；结构：KSP、松本构造设计室；电力：大泷设备事务所；空调・卫生：日永设计
监理——伊东丰雄建筑设计事务所
施工方——建筑：五洋建设、盛建设、米本工务店共同承揽；电力：太阳电气、小林电工共同承揽；空调・卫生：第一设备工业、吉田设备、山下水道设备共同承揽
施工期——1993年8月—1994年3月
总工程费——约8亿2300万日元

-5

竞标报告：仙台媒体中心

——是建筑？还是项目？辩论白热化之中，由『纯粹』的伊东丰雄胜出

刊载于NA（1995年4月24日）

仙台媒体中心的公开竞标要求的不只是设计，同时也在寻求通过建筑本身描绘出未来媒体的样子。与媒体相关的各个功能综合在同一设施内，彼此之间还能相互辉映，是日本空前的创举。并以电视实况转播审查过程，引起了相当大的话题。这篇报道详细地记录了这个竞标的经过。

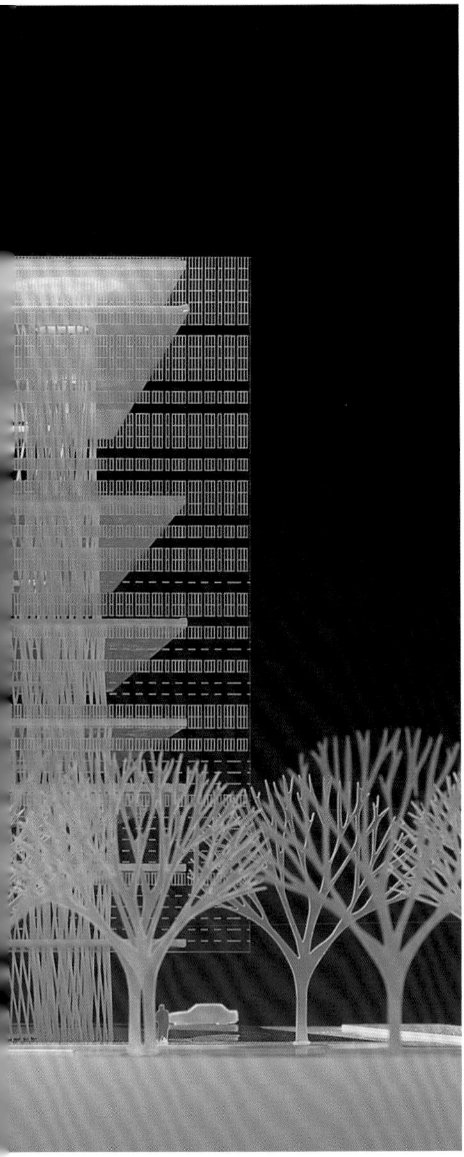

一九九五年三月，从二百三十五个提案中获胜的就是以明快风格得到一致好评的伊东丰雄。另外入选的还有早稻田大学助教古谷诚章、三名毕业于英国AA School并共同进行设计活动的年轻建筑家团队A:VIRUS。

仙台媒体中心是一个结合了图书馆、艺廊、影像媒体中心、信息中心等数个媒体相关设施的复合式建筑。而且不只是结合各项性能，各性能之间的关系及空间构成还必须符合今后不断改变的媒体形态。审查中重视的地方有两点。一点能否提出架构在未来媒体形态之下的提案。另一点是能否提出全新的建筑设计提案。

对于这两点要求，伊东丰雄思考的是『媒体的形态将会越来越纯粹』。

于是伊东丰雄将各种不同功能结合之后，配置在各个楼层。因为他认为这种结构可以让各个功能维持在最佳状态。

建筑的特征在于以结构体来支

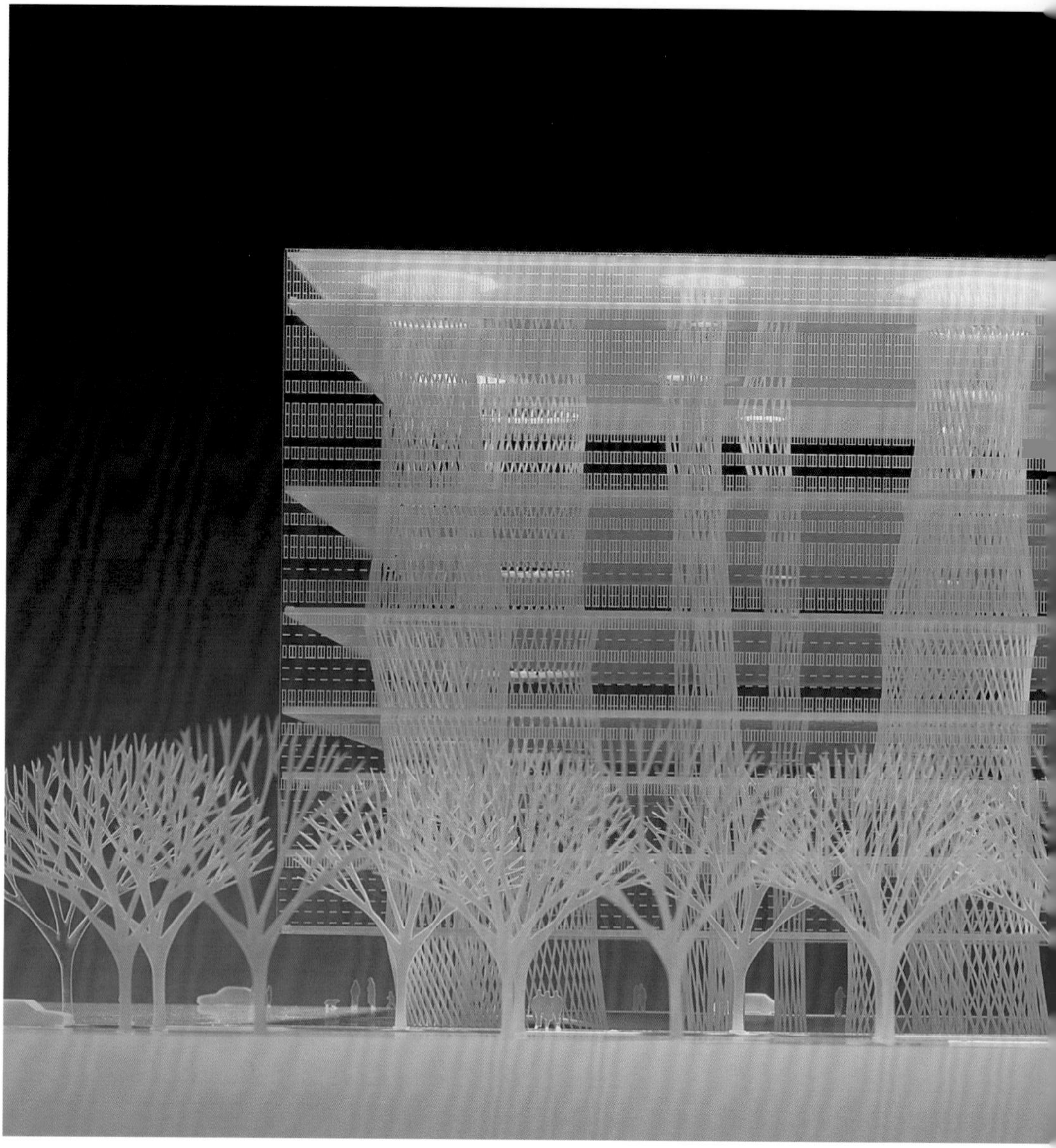

结构体由钢制的蜂巢三明治板和轻量混凝土所打造的楼板与细钢材组合成网状的『管』结合而成。再覆盖上一层被称为『skin』的玻璃和铝板外墙。（摄影：大桥富夫）

撑平面楼板，再覆盖以薄膜，完全传承了现代主义的思维。其中最独特的是以七片楼板结合了被称为『管』的结构体系。

不同于以往概念的结构体系

『管』是将细钢材组合成网状所构成，完全不同于过去的『柱体』概念。这些管也是升降井，可同时将自然光、热、风等自然元素带进并排出建筑物内部的流动空间。出于『不断信息化的社会中，建筑和人与大自然的关联变得非常重要』的想法，伊东丰雄决定将大自然融入建筑之中。

在钢制的蜂巢三明治板里灌进轻量混凝土，形成四百毫米厚的楼板。另外于外壁的南侧使用双层玻璃来控制热气。另外三面则由无边框的多层玻璃、铝板等构成。

伊东丰雄将这种结构定位为『多层建筑的终极构造模型』，可

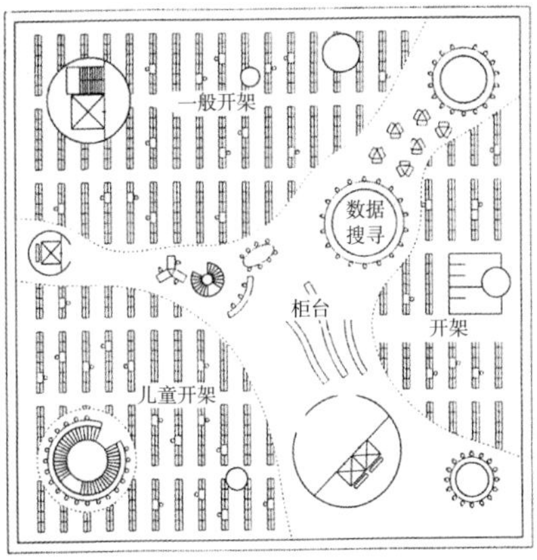

三层平面图 1/900

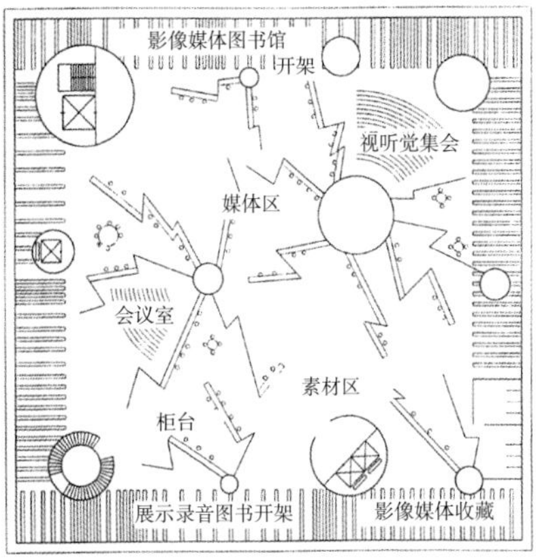

五层平面图 1/900

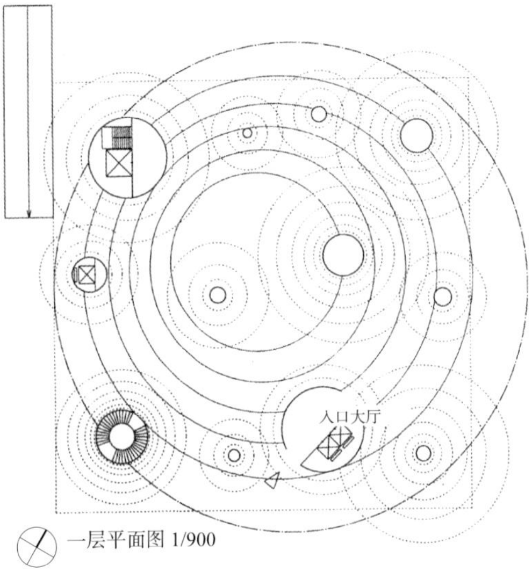

一层平面图 1/900

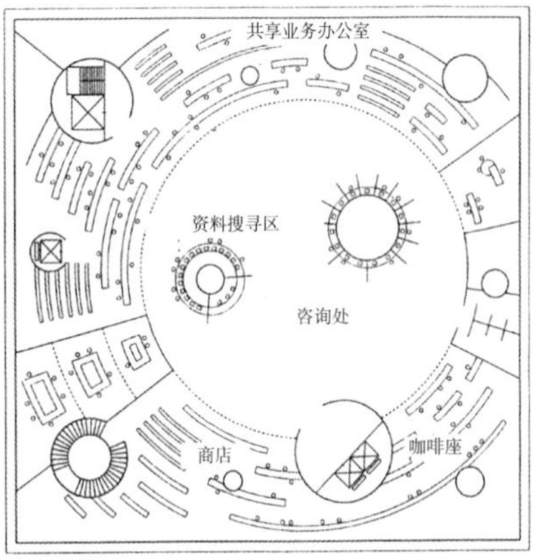

二层平面图 1/900

获选的伊东丰雄案平面图

以说是一项探索近代建筑未来的作品。

审查委员长矶崎新在审查讲评中说道：『这是一种明快而优雅的处理方式。』而审查委员之一的藤森照信则说：『这个案子让我感觉伊东丰雄变了，已经展现出建筑家的长者风范。』有别于『风的建筑』中那种轻飘飘的感觉，如今他的建筑里也出现了骨架。『以往那样的风格是没有办法盖国会议事堂那样的建筑的，但若是这样的风格，可以盖出纪念碑式的建筑。』

结果出炉之后，为了迎接一九九九年开馆，仙台市还采用对一般市民开放的workshop（工作坊）方式来进行设计。

媒体形态方面古城章案获得高度评价

伊东丰雄案在建筑部分获得高度评价，但在审查过程中，却受到『关于媒体未来形态的提案不够积极』的批评。

过程 | Process

审查当天由235件提案中挑选出23件提案，新鲜感是审查重点

1995年3月13日的第一次审查中，每一位审查委员都看过全数共235件提案，任何一件提案只要获得一位审查委员的推荐，就可以进入第二次审查。最后共有64件提案进入第二阶段。某位参与审查的委员表示：“如果提案内容没有新意，就算是安全的作品也会在这个阶段被刷下来。”

第二次审查中，将46件作品依照倾向进行分类，再留下各类别中最优秀的作品，最后选出23件作品，完成了第一天的审查。

在第二天（14日）的公开审查中，目标是希望从23件作品中选出3件优秀作品和7件佳作。审查委员一边听取专门委员及市政府负责人的说明，一边仔细审查23件作品。随后由各委员分别投出8票，获得3票以上的7件作品即成为佳作。

接下来再针对获选的7件作品和得票数为0的5件作品之外的11件作品，各投出2票加选出1件作品。之后再重复2次投票，多选出1件作品。名额本来还有1个，但由于出现了几件票数相同的作品，因此审查委员全数同意审查到此结束。

最后针对这9件作品分别投出3票，结果由古谷诚章、伊东丰雄、A:VIRUS获得压倒性的票数，因此这3件作品即成为最终审查的优秀作品。

第3次审查到第7次审查的投票、得票

	第3次审查(各8票)						第4次审查（各2票）						第5次审查（各2票）						第6次审查（各2票）						第7次审查（各2票）					
投稿者姓名 审查委员姓名→	矶	山	月	藤	菅	结果	矶	山	月	藤	菅	结果	矶	山	月	藤	菅	结果	矶	山	月	藤	菅	结果	矶	山	月	藤	菅	结果
035 / Odyssey Of Iska						0×																								
045 / 山下荣三						0×																								
057 / Interdesign Associates Architects			○			1						0×																		
081 / NOrm null	○	○			○	3	→																							0
082 / 古谷诚章	○	○	○	○	○	5	→																		○	○	○		○	4
107 / 谷重义行				○	○	2	○	○		○	○	4	→																	0
115 / 川上喜三郎					○	1						0×	→																	
116 / Workstation						0×	→																							
131 / 环境造型研究所			○	○	○	3	→																					○		1
132 / 石丸隆久			○			1			○			1						0×												
138 / 荻原刚			○	○		2			○			1			○	○		2	○			○		2×						
139 / 坂本一成						0×	→																							
150 / archipro	○					1	○					1	○				○	2	○			○	○	3						0
153 / 竹山圣	○		○	○		3																								0
160 / POWER STATION		○	○			2			○			1			○	○		2		○	○			2×						
161 / 伊东丰雄建筑设计事务所	○	○	○	○	○	5	→																		○	○	○	○	○	5
168 / A:VIRUS	○	○		○	○	4	→																		○	○	○	○	○	5
170 / 山下秀之						0×	→																							
174 / 古川伸也	○					1					○	1		○			○	2		○			○	2×						
183 / MIKAN GUMI	○	○		○		3	→																							0
191 / 梓设计		○				1						0×	→																	
215 / 毛纲毅旷		○				1		○				1	○	○				2			○			1×						
222 / 中村弘道					○	1						0×	→																	

表格中审查委员的简称分别为：矶代表矶崎新，山代表山口胜弘，月代表月尾嘉男，藤代表藤森照信，菅代表菅野实。

优秀作品 佳作

一九九五年三月十四日的审查中，从二百三十五件案子中选出了三件优秀作品，二十二日对这三组提案者进行面谈。

之后在最终审查中，围绕此次竞标重点之一的『描绘出未来媒体形态的空间』展开了白热化的辩论。

以『将功能加以整理，配置于各个楼层』为主轴的伊东丰雄，在某种意义上来说表现的是在以往后现代主义建筑里都可以看见的均值空间。关于这一点，也有审查委员认为『借着空间的灵活运用，巧妙地回避了问题。』

相较之下，获得优秀奖后就无法晋级的古谷诚章，就获得极高的评价。矶崎新表示：『这是在二百三十五件设计案中，唯一认真考虑媒体空间的设计案。』

在古谷诚章的设计案中，空间的构成是由带状楼板纵横交织所形成，各个功能以立体方式分散各处，同一楼层里就有图书馆、艺廊、咖啡座等不同功能。目的就是希望营造出来图书馆借书的人会在偶然的状态下在隔壁的架上发现自己想听的CD的空间。

对于这个设计案，藤森照信也认为『各媒体有如市集般交错的结构令人惊艳』。专攻新媒体艺术的神户艺术工科大学山口胜弘教授也认为：『民众不会为了单一的目的到这里来。这种可以随机使用任何一种媒体的功能非常具有魅力。』。

—

最终审查的关键在于『整体的洗练度』

—

不过同时矶崎新也指出：『虽然彻底追求program，但在建筑上还有完成度不够的地方』的问题点所在。

另外，为了借助项目使建筑本身能够成立，古谷诚章的提案中，在设计进行的阶段里非常需要市民、营运管理者的参与。因此也有人提出『市民是否真的能够参与到这个程度』的质疑。

矶崎新回顾审查过程说：『若是在两个完全不同的范畴，这两个设计案便可分别获得第一名。要判断未来的媒体与建筑会朝什么方向发展实在是非常困难的。』全程参与审查过程的委员表示：『一直到最后，都不知道哪一个提案会获选。』而月尾嘉男也在讲评中提到：『在建筑方面是以伊东丰雄的设计案获得压倒性的胜利。项目和建筑的取舍真的很困难。』

经过讨论之后，审查委员分别针对自己推荐的设计案进行说明。山口推荐古谷诚章的设计案，月尾嘉男、藤森照信、营野实三人推荐伊东丰雄的设计案。最后，担任委员长的矶崎新也同意审查委员三比一的评选结果，由伊东丰雄的设计案获得第一名。

『虽然伊东丰雄暂时回避了部分媒体空间的提案，不过却具有足以接受今后需求的包容力，而且日后即使加入这样的需求也不损失其设计案概念。目前是以整体的洗练度来决定的。』

审查结束后，藤森照信说：『面谈时伊东丰雄针对媒体对人们的感性带来什么影响做了说明，还解释了媒体并不会对提案有影响的想法。我个人认为这样的意见是很正确的。』

—

以电视实况转播审查过程

—

这次的竞标，三月十四日的审查过程全程进行了电视转播，而且还邀请早稻田大学石山修武教授和参与多项东北城镇建设的TAS DESIGN代表结城登美雄担任解说，这是一大创举。

转播过程中由石山修武担任解说，将审查会场中所进行的内容，以简单的语言逐项说明给非建筑专家的结城登美雄听，让会场中的一般市民也能了解审查的内容。

石山修武在转播过程中不断穿插幽默的言谈，如『这次有好多提案都和椭圆有关』『藤森照信应该很喜欢这类的设计案吧』等。当电视屏幕中出现最后获奖的作品时，石山修武还说：『这个设计案是非常新颖的尝试。要是这样还不能入围佳作的话，我就倒立走遍仙台市区。』。

竞标概要

（设计条件）

占地面积——4002平方米

总楼地板面积——2万1500平方米以内

工程费——125亿日元以内（主体工程费，不含基桩工程费、展示工程费、相关机器、配备等）

所需空间——展示部门3700平方米、Workshop部门800平方米、图书媒体部门3400平方米、影像媒体部门700平方米、无障碍媒体部门200平方米、共享业务部门800平方米、其他共享部门・机械室・控制室・停车场

（审查委员会）

委员长——矶崎新（矶崎新工作室代表）

副委员长——山口胜弘（神户艺术工科大学视觉情报设计学科教授）

委员——月尾嘉男（东京大学产业技械工学科教授）、藤森照信（东京大学生产技术研究所助教）、菅野实（东北大学建筑学科助教）

（投标数）

投标1261件、作品235件

过程 | Process

借助公开竞标一扫渎职形象

主办单位仙台市政府积极地拟订各项竞标的相关规定。继1994年9月的“近代文学馆”后，这次是仙台市政府主办的第2次竞标。同年4月，决定公开竞标来选定近代文学馆及仙台媒体馆这两项设施的设计者，背后其实隐藏着企图一扫前任市长与运营商官商勾结疑云的用意。

社会教育课课长坪田忠宏表示：“为了确保评审的透明性和公平性，一开始我们就希望公开这次的评审内容。”而之所以邀请外部专家担任评审委员，也是为了提高评审的客观性。

接着市政府于准备阶段开始着手构思大致的设计方向。各项功能的定位及动线规划的试行方案都是由市政府负责。

负责项目事务局社会教育课的佐藤泰说：“我以前就想过把艺廊和影像图书馆、图书馆合并在一起，可以做些有趣的事情。”佐藤泰原本在市立博物馆担任学艺员（研究员），因为媒体中心一案而任职于管辖单位的社会教育课，并运用过去的经验，提出了多项设计方案。

构思完成的设计方案首先会先和东北大学助教菅野实（曾参与紧邻媒体中心的定禅寺大道的城镇建设）进行讨论。菅野实非常了解市政府想做出实际成绩、希望邀请著名建筑师担任评审委员的心情，因此便将矶崎新介绍给市政府。矶崎新和市政府对竞标的想法很有共鸣，因此便很快地接下了这个工作。

市长藤井黎则表示“要在老旧的制度里创造新的东西，有很多事情需要一一克服，我们会尽力做到最好。”

1995年

访谈 04

『纪念碑般的建筑和时代是背道而驰的』

——论述阪神大地震之后的设计潮流

刊载于NA（1995年4月24日、1995年5月8日）

建筑界在这几年间进入了建筑环境与价值观都大幅改变的时代，当然建筑设计也和时代的变革息息相关。每次发表作品总能将建筑设计带往新方向的伊东丰雄，作品令人出其不意，而隈研吾总能在建筑论议题上提出独到的见解，这两人将针对时代变革的设计潮流进行讨论。

—

——阪神大地震被视为象征时代变革的一大事件，今天希望先从这个事件对建筑设计的影响谈起。阪神大地震之后，很多人认为现代、后现代等建筑潮流都受到了根本性的质疑。我认为在某一种意义上来说，建筑设计所受到的直接冲击，甚至比时代变化本身还大。两位也认为阪神大地震是一个很大的转折点吗？

—

伊东：这和我们每天进行的设计活动有很大的落差，让我开始认真地思考过去所做的努力究竟为何，不得不思考个人表现的意义何在。

不管是结构或防灾问题，如果由于大地震而导致的必然结果，因此个人表现不是什么大不了的问题，这一类舆论过于强烈的状况十分让人忧心。为了不陷于如此的窘境，我们必须冷静地分析大地震的结果，并进行检讨。

隈：一九二三年关东大地震发生前后，社会上也曾经有人假设建筑艺术论和建筑非艺术论互相对立的状况。这件事和大正时代兴盛的分离派建筑和建筑艺术论有所关联。而与其对立的建筑非艺术论则出现于一九五一年，将建筑视为工业制品，不把建筑家视为创作者。但是不管哪一派，都忽略了使用者这个观点。

我想这次的地震也很有可能会出现相同的问题。地震的耐久性与建筑家的艺术表现互相对立，但这种无益的假设其实是脱离现实的。

这几年来，『乡镇』成为了建筑的一大主题。许多人认为拯救过去一直被视为弱势的乡镇才正是公共建筑应有的姿态。经过这次的地震之后，我觉得都市才是真正的弱势。也就是说，不单只就安全层面来看，而是除了防灾之外的更大的问题，是否一直都被人遗忘了。我认为这是一个机会，可以让大众了解我们建筑家的怠慢，过去一直没有发现都市其实是需要建筑主题的。

伊东：我们也经常提到越来越看不见城

由左至右分别为隈研吾、伊东丰雄、细野透。（摄影：铃木节子）

现代生活中不可或缺的“水和信息”（伊东）

市本身这件事。这样的事实摆在眼前，就更能了解若眼中只看得见现代都市的生命线末端，会造成怎么样的混乱。尤其是集中于都市的信息网络，在最重要的时候反而没有任何用处，让人深切地感受到当地的信息网络有多么重要。在现代人的生活中，似乎只有『水和信息』是最必需的。这一点也反映在我们的身体上。现在的我们正以两个不同的身体生存着。

其中一个是从以前就一直没有改变的原始的身体，需要仰赖水为生。这一点在发生意外灾害时显得尤为重要。另一个则是今天所提到的，对信息等电子信息有需求的身体。这部分如果停止接收，我们就无法正常运作了。因为大地震，才让我感受到这两种不同的身体。

——在这之前，信息城市或计算机城市的样貌和缺点还是很抽象的概念，最近开始一一浮现出来。这样一来，今后的世界可能就会和当初预想的大不相同了。这会对建筑与都市的关系、建筑家与都市的关系带来非常大的影响。

隈：说到变革的时代，大地震教会我的，绝对不是新的东西，而是使一些不曾停止移动的东西变得可视化。

像这样将建筑带入影响范围内的状况，其实和关东大地震时非常相近。

以国家角度来看明治时代，那是一个架构日本体制的公共建筑的时代。相对来说，大正时代就是以民间为主体的民主主义时代，可以说与前几年的泡沫经济时代的建筑非常接近。分离派的建筑运动也和歌颂民间自由有所关联。

而这样的状况就在关东大地震时又再一次反转进入公共建筑的时代。为了救济身处弱势的都市地区，有了同润会，之后变成住宅都市整备公团。除了防灾问题，在所有的问题里都市地区都被视为弱势，而救济都市地区就是建筑的使命。

第二次世界大战后，首先登场的是以丹下健三为代表的公共建筑

主导时代，二十世纪七八十年代，转换为民间建筑的时代。之后的阪神大地震，则成为重返公共建筑时代的契机。但是我同时也强烈地感觉到不久的将来很有可能出现和战前一样危险的公共建筑。

——在阪神大地震之前，印象中为弱势群体所兴建的设施远少于大型体育馆或博物馆等公共设施。在我的解读之中，这应该可以算是以纪念为目的的公共建筑时代。借用隈研吾的说法，也就是和关东大地震时完全相反，拯救都市地区弱势群体的时代就要来临了，我想这个变化应该是大家都看好的……

建筑还有没有转机（伊东）

隈：不过，能拯救弱势的并不只有建筑，应该还有其他各种方法。大家要有这种宽广的视野才行。而且要解决都市问题，除了以往仰赖建筑手法之外，应该还有其他很多方法。

伊东：二十世纪六十年代日本的表现水平以丹下健三为代表，公共建筑达到了巅峰。二十世纪七十年代的建筑就开始展现出对公共建筑的失望与批判。

相对于一边正面揭示国家或公共建筑，一边思考建筑或城市的作法，这是更偏向从个人来重新思考建筑的方式。这也是矶崎新和筱原一男在二十世纪七十年代的作法。我想他们应该是觉得可以背对城市，封闭在名为形式主义的个人表现世界里，来强化对社会的批判。

而我们就是因为憧憬这一点，着迷于『建筑的解体』这个词汇而走进建筑世界的。从某种意义上来说，一直以来是对社会表现出消极姿态的。这样的姿态还有没有机会出现转机呢？我想应该不是从正上方撬开，而是应该将个人加以延伸，并对公共建筑提出某些主张。

我是从快要进入二十世纪九十年代时开始有机会兴建公共建筑的，不得不用这样的方法出发。不过目前正开始一点一点转移到社会项目的方向上……

隈：因此你的看法是将过去的公共建筑的对比带进新的公共建筑之中。

不过在这种尝试的同时，也有许多乡镇的公共建筑其实只是把中央政府所兴建的建筑规模缩小罢了。丹下健三把日本这个共同性转换为表现形式，由于在地方层级进行，因此乍看之下好像处于弱势，但事实上真的是弱势吗？

另外一点是最近的公共建筑有许多是针对小孩及老人这些弱势群体而建设的。确实建筑内部处处可见对弱势群体的用心，这和以前的公共建筑有所不同。但是可以看得出

就连这样的地方，也都是优先考虑建筑本身。

有时还会让人不禁狐疑，有必要在这个地方盖这座建筑吗？例如与其刻意盖一座让小孩玩的设施，不如将街道整顿好，盖一个可以让孩子自由玩耍的广场或一条道路，这样会好得多。

不管是乡镇或都市，只靠建筑来拯救弱势群体是有危险的。其实不盖建筑或许才是解决问题的方法，建筑家必须意识到这一点。

——建筑家如果能意识到这一点，那么就会加深建筑家的自我认知了。

隈：能意识到这一点的建筑师，才能真正将自己的建筑放到称得上是建筑的水平上。如果对建筑不抱有一点危机意识或罪恶感的话，今后的建筑家很可能创作出让人不知如何是好的东西。

在这层意义上，伊东丰雄的作品里有一股独特的罪恶感，让我总能吟味许久。

伊东丰雄对社会存在着一股罪恶感（隈）

伊东：其实我没有罪恶感（笑）。

我从个人的造型表现来进行建筑，虽然既存的建筑批判是可以成立的，但若以社会的角度来看，当然也会有『这个人所做的对社会能有什么帮助？』这种相反的批评。对于这一点，我一直在思考用怎样的论点才能进行反驳。

对于社会的把握的确包含了很多困难的问题。

最近有一些案子是找几位建筑家在同一个地区分别盖自己设计的集体住宅，有一位我很信赖的建筑家也参加了，但是他所设计的集体住宅却受到很多购买民众的质疑。虽然完工之前得到的订单很多，但完成后甚至有人退订。理由是看起来很穷酸、没有资产价值、转卖不出去。

一直以来我所主张的表现方式都和他相同。以我自己完成的建筑来说，每一千个业主里应该只会有十个业主给我很高的评价，自己的表现方式绝对称不上是多数派支持的风格，我有这方面的感觉。大部分情况都是连发起的地方县市自己也搞不太清楚，只觉得很有趣，找很多建筑家来应该就会盖出很好的建筑，只要得到这样的评价就满意了。

但是听到有人退订这件事后，让我想到建筑家努力完成的作品，在社会大众的眼中会是什么样，这真的是个很难的问题。

——就很多层面来说，建筑的评价轴已经不再单一化了。

设计者自己的评价、业主或使用者的评价、一般社会民众的评价，这是三方面的评价。设计者又分为个性建筑家、组织设计事务所、承包商设计部员工等，每种类型的价值观都不一样。由于评价轴的差异太大，因此很难引起争论。

除了价值观的不同，更大的原因应该还是阪神大地震吧。如果不够坚固，就很难作为资产让人愿意购买。社会的价值观一直在变，今后建筑家应该朝着什么样的方向前进，这一点真的很难。

——

隈：经过这次的地震，大家纷纷在问，资产价值在都市中真的是有意义的资产吗？在都市中持有私有资产存在风险，不知道资产会因什么样的因素而消失。资产价值本身已经成为过去的评价轴了。

后现代主义的建筑中，在建筑家所假设的表现里，某部分其实蕴含了预测资产价值或是对于私有的疑问。与其说这样的表现本身受到质疑，不如说是建筑师在这一点上更像个预言师。

伊东：是啊，泡沫经济时代之后建筑就当成资产价值的代表，具有了另外一层意义。相比之下，刚才提到的建筑家朋友，就非常具有批判性。我想这种谎话才是真正批判的表现。

如同隈研吾所说，这次的地震对于信息所带来的附加价值没有任何意义，反而一下子把人拉回了现实。这样的事实应该会改变建筑表现的价值观吧。

——长久以来，日本的建筑家一直非常关心欧美的建筑动向，而日本建筑家的造型、设计本身也都相当国际化。不过最近大家纷纷将视线转移到多样发展的亚洲各国，主轴也由欧美转移到了亚洲。

借着这次的地震，日本建筑家意识到各种问题，这一点有别于过去的欧美主轴，日本是否因此变得孤立了呢？相比之下亚洲各国是否能与日本共享这些问题？当我们将视线转到亚洲的同时，发生了大地震，是否加速了这样的转变？

伊东：去年我去了一趟马来西亚，由杨经文带队，几个三十岁上下的年轻人精神奕奕的，尝试了很多新的事物。去韩国也是一样。看到他们的表现，不禁觉得，这就是后现代啊。这些年轻人都是受欧美教育的精英，因此刚起步时盖的都是非常大的建筑物。我觉得这样的过程也有其问题所在。

相反地，英国伦敦AA School的年轻人就会尝试不同于过去西欧概念下的空间。可以从外面看见进到居住空间后看不见的东西。AA School所尝试的，也可以说是很有亚洲风格的流动空间，最早是CAD做出来的，可以说是把空间直接建筑化了。

大地震把人一下子拉回了现实（伊东）

横滨港国际客船旅运中心竞标中中标的Alejandro Zaera-Polo的提案就是将四次元的设计用计算机绘制出来，再一口气呈现出来，做出了非常具有流动感的空间。AA School里有许多学生也正在尝试相同的方法。

隈：亚洲各国目前还很需要兴建建筑，社会有这方面的需求，也可以说，建筑部分还有很多不足的地方。在饱和之前，先不管要做怎么样的东西，创造建筑本身就称得上是好的。我认为实质上已经饱和的日本逐渐欧洲化的倾向应该会比亚洲化更强。

——所谓的欧洲化，具体而言是哪一个方向？

隈：具体来说就是透过建筑物对架构建筑的批判。现在通过计算机设计的手法和以前人类大脑中所假设的某种秩序下的作法完

全不同，或许可以直接传送到建筑的世界里。这或许是在建筑呈现饱和的状态下才有可能达到的。

——刚才提到了架构批评，听说有很多人都读过您的著作《新建筑入门》（CHIKUMA新书）。代表法国后现代主义的哲学家德希达一直以来主张的是与形而上学体系相对的解构主义。而隈研吾是从认为建筑正是德希达所批判的架构，朝着架构批判的方向前进。那么伊东丰雄是怎么看待隈的著作呢？

隈研吾（Kengo Kuma）
一九五四年出生于神奈川县。一九七九年毕业于东京大学研究所，一九八七年成立空间研究社，一九九〇年成立隈研吾建筑都市设计事务所。代表作为『M 2』『梼原町交流设施』『龟老山观景台』等。

伊东：隈研吾最有趣的地方，就是具有从建筑的外侧观察建筑所处的状况这种观点。

但是这样的观点，与其说是建筑家，更像是居住在都市的一分子的观点。像是与家族之间的问题、社会的状态、流行问题等方面的社会观感，是以现代的观感为基础进行发言的，所以绝对不能称为伦理性的，但时机却非常棒。

书中提到二十世纪的住宅政策分为欧洲的社会主义方式和美国的资本主义方式，因为日本采用的是美国的作法，因此资产价值不得不附加于建筑之上，这些说法我觉得非常有意思。

——建筑家是在接到设计案之后，这个建筑才会成为自己的工作，基本上是被动的。两位认为建筑家要在现在的时代里如何从这种被动的立场转换为主动出击呢？

尤其是伊东丰雄，除了造型表现之外，我认为您不管在私人住宅、公共建设、建设的公共性质等方面，也会意识到这一点。我认为建筑的公共性，具有所谓公共机关所委托的公共建筑、完成后的建筑所拥有的公共性这两层意义……

伊东丰雄：我认为关键在于新媒体，新媒体对其造成很大的影响。固定化的建筑类型会因新媒体的渗透而逐渐被破坏。

就像是图书馆，既具有展示空间，也有会议室、演讲厅等空间，而且除了书之外，也必须考虑录像带这一类的媒体。美术馆也是，就和图书馆一样，兼备图书馆功能和文化性能也越来越重要了。这一点套用在音乐厅也一样，如果真的要追求更新鲜有趣的空间，那么就不应该局限于过去的建筑类型，而必须从较为中立的立场出发。若是以这样的媒体为基础，就较难分辨图书馆、美术馆或演奏厅的差别了。

建筑已达饱和的日本正在欧洲化（隈）

持续以纪念碑方式来兴建建筑，是和时代背道而驰的。我们经常说：『为了市民而开放』这句话，但如果设计得不够灵活的话，就不能称为一个开放的空间。

为了赢得提案，即使我自己觉得太过一成不变，也会要求自己忠实呈现业主提出的方案。这时就会采取一边顺应规定的方案，一边附加上其他方案，让案子透透风的策略。

——**确实最近经常听到建筑家提到『方案』这个词。如果从为了什么目的盖这个设施、建筑家在这之中扮演什么角色来定义方案的话，建筑家将会一直有这样的疑问。隈研吾刚才提到『都市中是否真的需要为了弱势群体而建设的设施』，是希望大家回归到方案来思考吗**？

隈：在我的理解之中，方案包含建筑中软件的计划性。不过当然还是会从建筑是否必要这一点出发。但是这并不代表否定硬件。而是从过往的意义来看，建筑或许是不需要的，但是建筑家作为对硬件的计划者，一般大众对于建筑家的纤细程度要求得比以往更高。

——**如果否定了造型这一大部分，建筑家就没有存在的意义了。关于这一点，只能请各位再多努力、费心了。**

伊东：我觉得还有一项和方案同样重要的，就是与其封闭在名为建筑的小空间之中，更应该迈向创造整体环境的方向。要摆脱在环境这块土地上描绘建筑图纸的方法，必须花更多的时间去思考图纸和土地逆转的建筑。

建筑在环境之中呈现封闭状态，这一点不管从方案角度，或是日本都市空间的角度来思考，都是不合格的。阪神大地震所唤起的『信息与水』这个主题，在都市空间之中必须比以往更加柔软、更加具有流动性。这种将环境视为图像的思考模式，应该和西洋的都市空间之间的差距会越来越大。

从过往的意义来看，建筑家或许是不需要的（隈）

1997年

建筑作品
11

大馆树海巨蛋

秋田县大馆市

•与竹中工务店共同设计

刊载于NA（1997年10月20日）

浮游的木造巨蛋
连接内外的绿意

西南侧的外观。流线外形可以降低季风的风阻，雨水调整池将空气的温度降低后再送进巨蛋内部。（摄影：吉田诚）

1. 于秋田大馆盆地的水田地带上完工的大馆树海巨蛋。背面为广阔的住宅区。**2.** 主要入口。**3.** 内部景观。伊东丰雄特别重视巨蛋内人工铺设的草皮如何顺利与外部的绿地连接。将暖风送进双层膜之间，将雪融化。屋顶上设有排气口以进行自然换气。

这个世界最大的木造巨蛋使用了约两万株树龄六十年以上的秋田杉打造而成，于一九九七年六月诞生于秋田县大馆市。屋顶是涂布铁氟龙树脂（PTFE）材质的玻璃纤维布膜，白天看起来就像个巨大的贝壳，但是夜间打上照明之后，又像是明月一般。『我一直很想用薄膜做出蛋的形状。』源自设计者伊东丰雄构思的这个形状，不但和棒球球道轨迹一致，也可以降低季风的风阻。

使用当地素材秋田杉集成材料这个点子虽是由共同设计的竹中工务店所提议，不过却是伊东丰雄自己决定面对这个难题。相较于美国松木，秋田杉的强度较不均匀，结构材料粗了两三成。屋顶架构的格状尺寸为6米×6米，是充分考虑到结构的合理性和创意设计的均衡所得到的结果。

由格子组成的卵状造型看起来简单，实际上屋顶和下部结构的接合极其复杂。『之后我们才知道在有限的工期内要收集到这么多秋田杉，是多么困难的一件事。』（竹

3

中工务店设计部长平田哲）

—

导入水池冷却后的空气

—

巨蛋上规律排列的弧线，更是衬托出屋顶的美丽。由于弧线的线条很细，使屋顶的架构看起来更加轻盈。另外，弧线内侧的开口部分，去除了内外的隔阂，使人工草皮的绿与自然的绿有了连接。『以往的巨蛋都是对外封闭的。』伊东丰雄说。空气经过雨水调整池的水面，冷却后从开口部分被导入巨蛋内部，再将热气由屋顶顶部的排气口排出，达到了自然换气的效果。

大馆树海巨蛋的魅力在于任何人都能一眼就看出的单纯明快的造型和多功能性。企划管理课主任日景浩树表示：『最大的卖点就是设计，我们有信心在造型上不输给其他体育馆。我们听到很多民众表示非常高兴能在这么漂亮的球场里打球。』

只有观众席使用暖气。温暖的风可以提高内部温度。

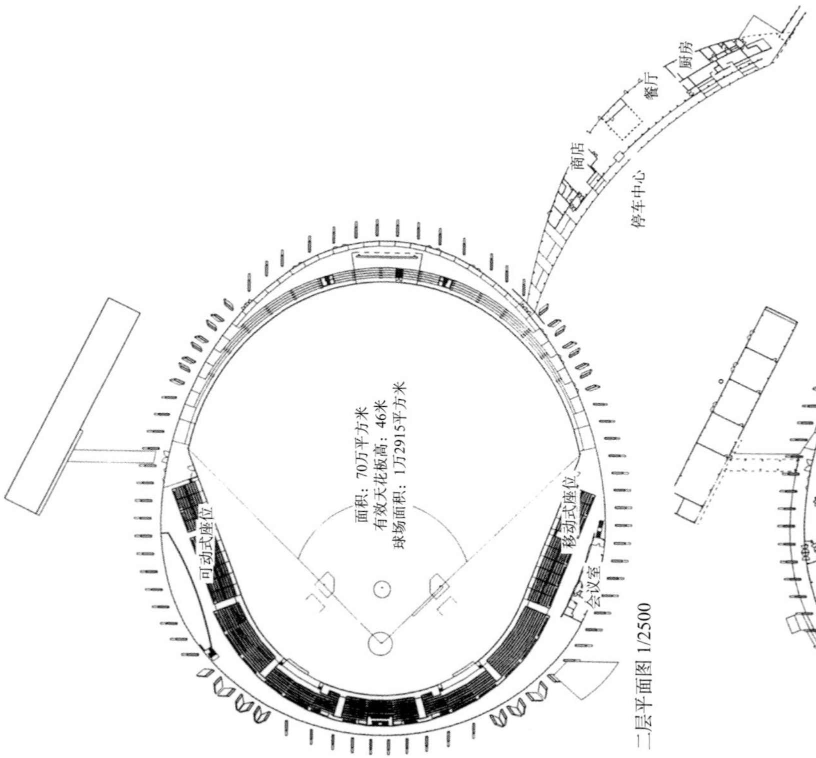

二层平面图 1/2500

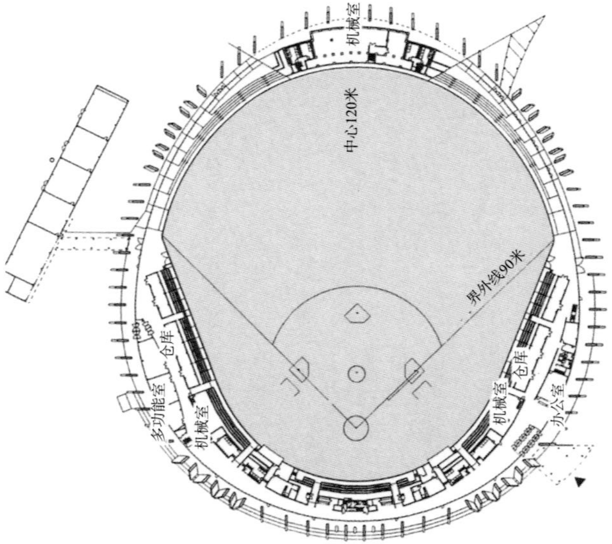

一层平面图 1/2500

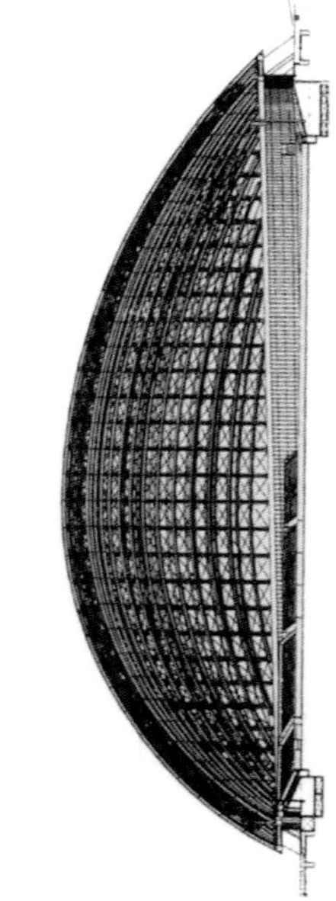
断面图 1/2500

建筑项目数据

所在地——秋田县大馆市上代野稻荷台1-1
所在区域——无指定（建蔽率70%、容积率400%）
占地面积——11万250平方米
建筑面积——2万1910平方米
总楼地板面积—2万3218平方米
结构——秋田杉结构用集成材料拱状结构·一部分RC结构（下部结构）

观众席数量——固定座位3640个、移动式座位1400个
停车位——约1440个
委托方——秋田县
营运——大馆树海巨蛋
设计者——伊东丰雄建筑设计事务所、竹中工务店；结构·设备：竹中工务店
监理——伊东丰雄建筑设计事务所

施工方——竹中工务店
施工期——1995年7月—1997年6月
设计费——1亿8050万日元
监理费——9600万日元
总工程费——72亿日元（不含外墙、公园周边整备设备）

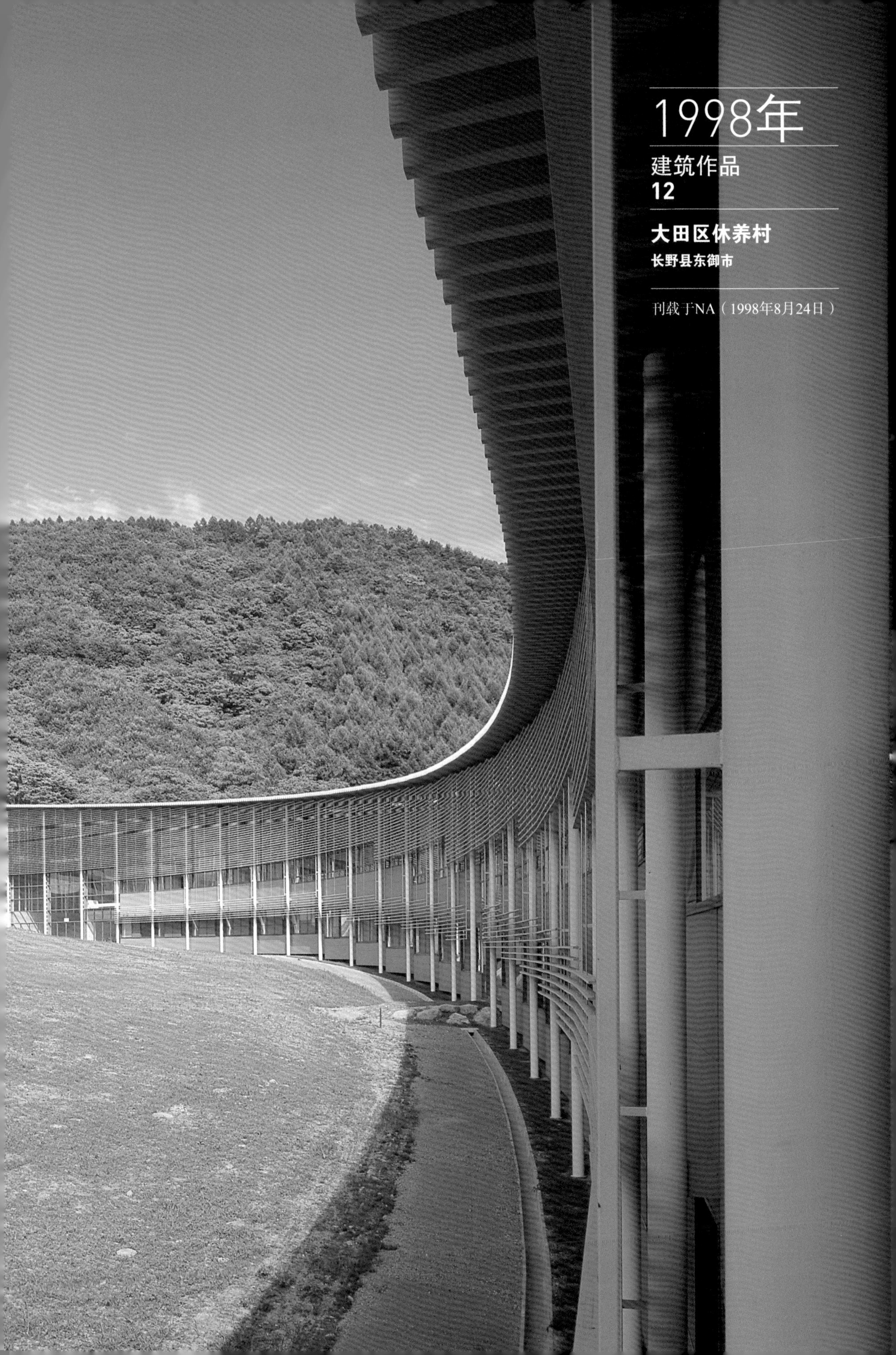

1998年

建筑作品
12

大田区休养村

长野县东御市

刊载于NA（1998年8月24日）

长300米的弓形建筑 提供变化万千的眺望角度

从广场的南侧眺望。
有如回力飞镖般的建筑物，靠近广场这一侧的全长为300米，
另一边靠近道路的全长达364米。
（摄影：三岛叡）

设施沿着地势起伏兴建，全长三百米以上，有如一支回力飞镖，包围着内部宽阔的广场，外部的圆管长柱规律地排列着。

大田区休养村位于长野县东部町，于一九九八年八月十二日启用。地处浅间山的山麓，向南往千曲川方向倾斜，面积约十八万平方米。内部为东京大田区的保养所（避暑山庄）和同区的中学校外教学设施。

这个案子的公开征选分成三个阶段，在一九九四年成为话题，最后由伊东丰雄获选。伊东丰雄在提案时所提出的『沿着土地起伏做出条状建筑』的想法，完全得以实现。

像这样隐身于绿地之中的细长形态，即使同样身处于建筑内部，所看到的风景也会因为位置的不同而有各种变化，充分感受千变万化的大自然。从企划阶段一直到基本设计都参与其中的大田区建筑部营缮课课长秋山光明说：『伊东丰雄先生这个有如大笔一挥的线条，非常巧妙地融入

2

3

1

1. 从小餐厅往下看。大餐厅、大厅和外面的草皮呈现连续的整体感，以8毫米厚的PC板隔开各个不同的空间。**2.** 作为校外教学设施的次要入口。浪形板搭成的屋顶向入口侧呈现3%的倾斜度，具有引导水流的效果。雨水会直接落到地面，经由渗透层里的U字形槽储存在容量300吨的储存槽内，运用于广场的洒水系统。**3.** 由东北侧俯视。为考虑景观，使用了表面经过处理的锌合板，营造出平纹横镶板风格。

于大自然之中。』

上半部以开口对外开放

在具有避暑山庄和学习设施两种功能的平面上，中央的餐厅和大厅和缓地将建筑物划分为不同的区域。例如客房的使用，就可以依据当天的住宿人数来交替使用。

另外，纵向基本上是由两层构成。大致上来说，避暑山庄和学习设施都是下层为客房，上层为教室。公共空间在上方楼层，由玻璃及浪形板组成，将大自然尽收眼底，打造出开放、宽敞的空间感。

由于这里海拔约一千米，可以眺望八岳群山及日本阿尔卑斯山脉。居住在都市的民众来到此地，不仅可以拥抱大自然，还能充分感受大自然的装置与建筑，体会平常不曾有过的感受。

1. 傍晚时从广场望向餐厅及大厅部分。右前方为举办营火晚会的太阳广场。**2.** 作为校外教学设施的烹饪室型会议室(右后方)。打开三个会议室的隔间就可以和隔壁的Sun Room合并为一个大空间。**3.** 教室型会议室。**4.** 网球场旁的休息室。由克莱·戴森建筑师事务所设计，使用塑料容器回收再生的MOW板及杉木板。**5.** 大厅落地窗，柱子形成了桁型结构。

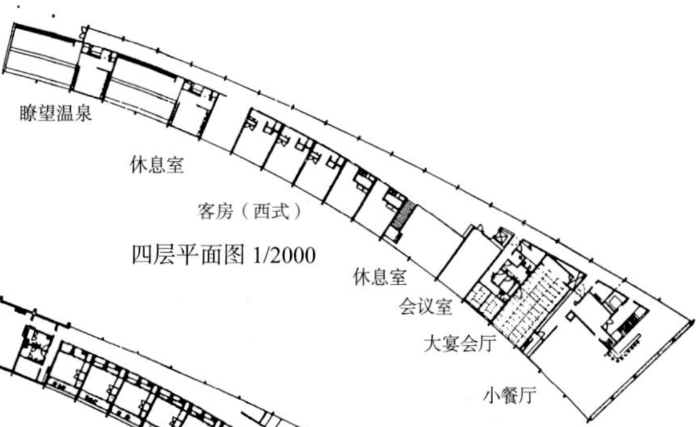

四层平面图 1/2000

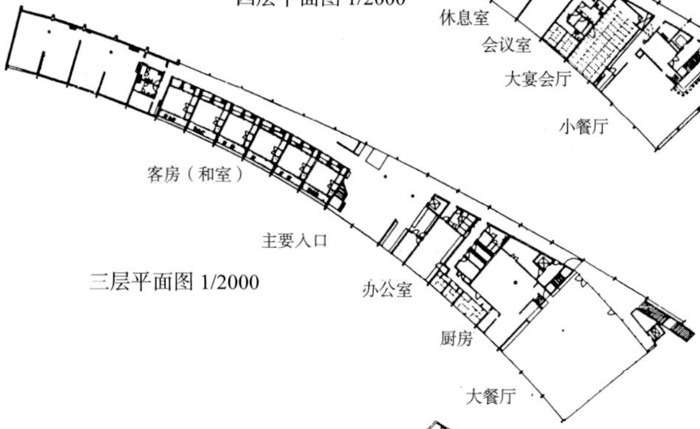

三层平面图 1/2000

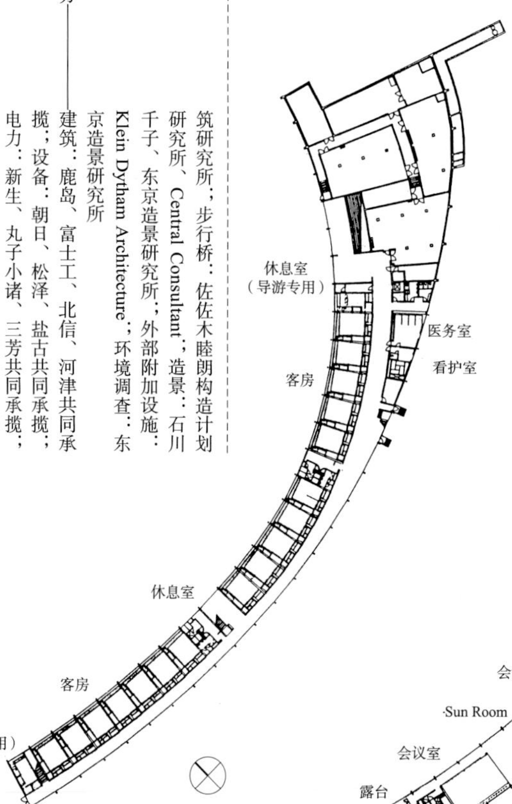

一层平面图 1/1500

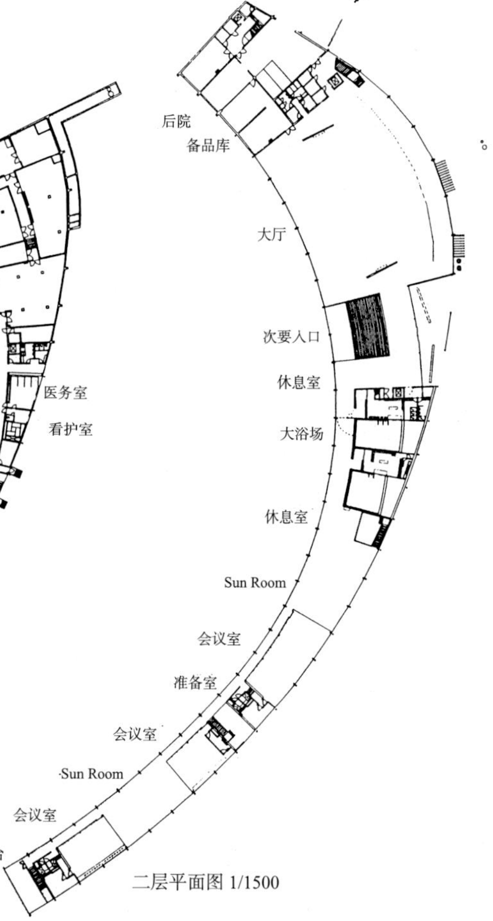

二层平面图 1/1500

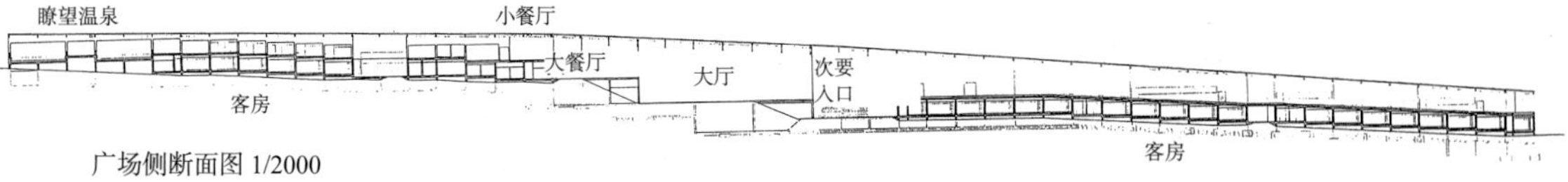

广场侧断面图 1/2000

建筑项目数据

所在地——长野县东御市和6733-1

所在区域——无指定、浅间山麓景观形成地域、建蔽率70%、容积率400%

占地面积——5万4320平方米（只包含两栋建筑物的地基，整体约18万平方米）

建筑面积——5404平方米

总楼地板面积——9412平方米

结构、层数——钢骨结构・钢筋混凝土结构、地上四层（本馆）、地上二层（别馆）

委托方——东京都大田区

设计方——伊东丰雄建筑设计事务所

设计协助——结构：KSP；佐佐木睦朗构造计划研究所、花轮建筑构造设计事务所；设备：TETENS事务所；古厝迁移：信浓传统建筑研究所；步行桥：佐佐木睦朗构造计划研究所、Central Consultant；造景：石川千子、东京造景研究所；外部附加设施：Klein Dytham Architecture；环境调查：东京造景研究所

施工方——建筑：鹿岛、富士工、北信、河津共同承揽；设备：朝日、松泽、盐古共同承揽；电力：新生、丸子小诸、三芳共同承揽；植栽：乐月园；电梯：三菱电机；净化槽：AMS

施工期——1996年10月—1998年6月

工程费——约39亿9700万元（本馆）约1亿9100万元（别馆）

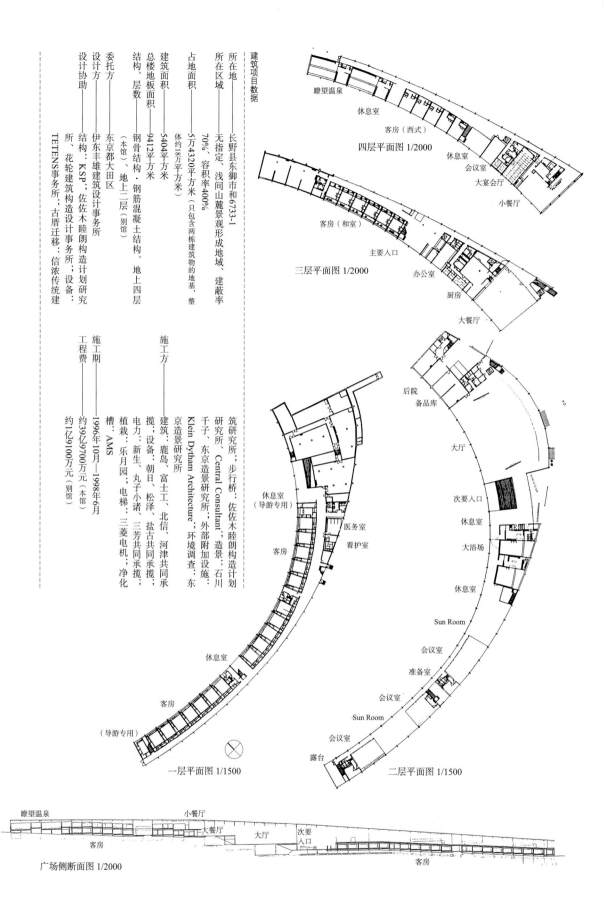

1998年

建筑作品
13

野津原町厅舍

大分市野津原

刊载于NA（1998年12月28日）

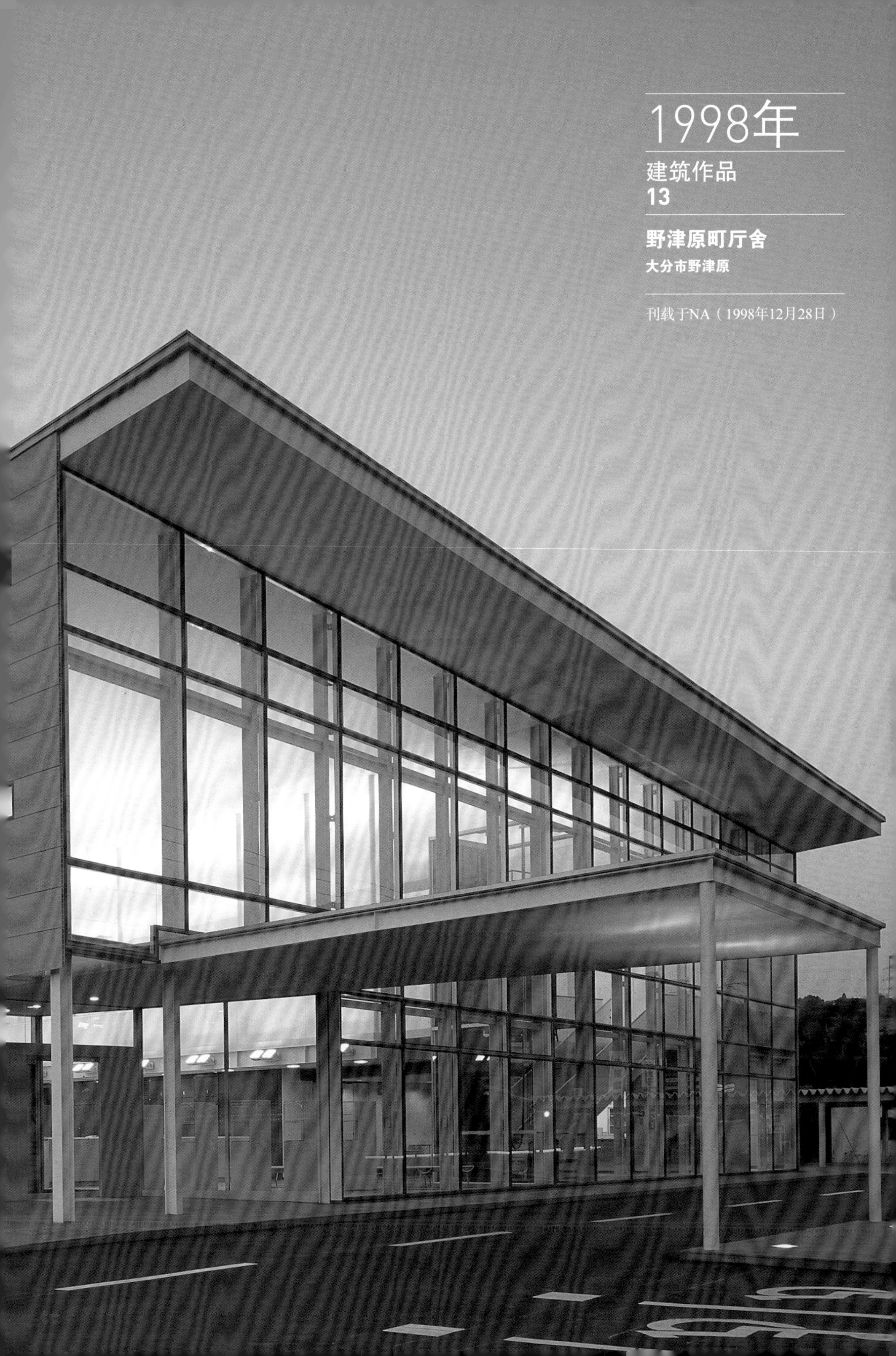

以大空间表现
开放的地方政治

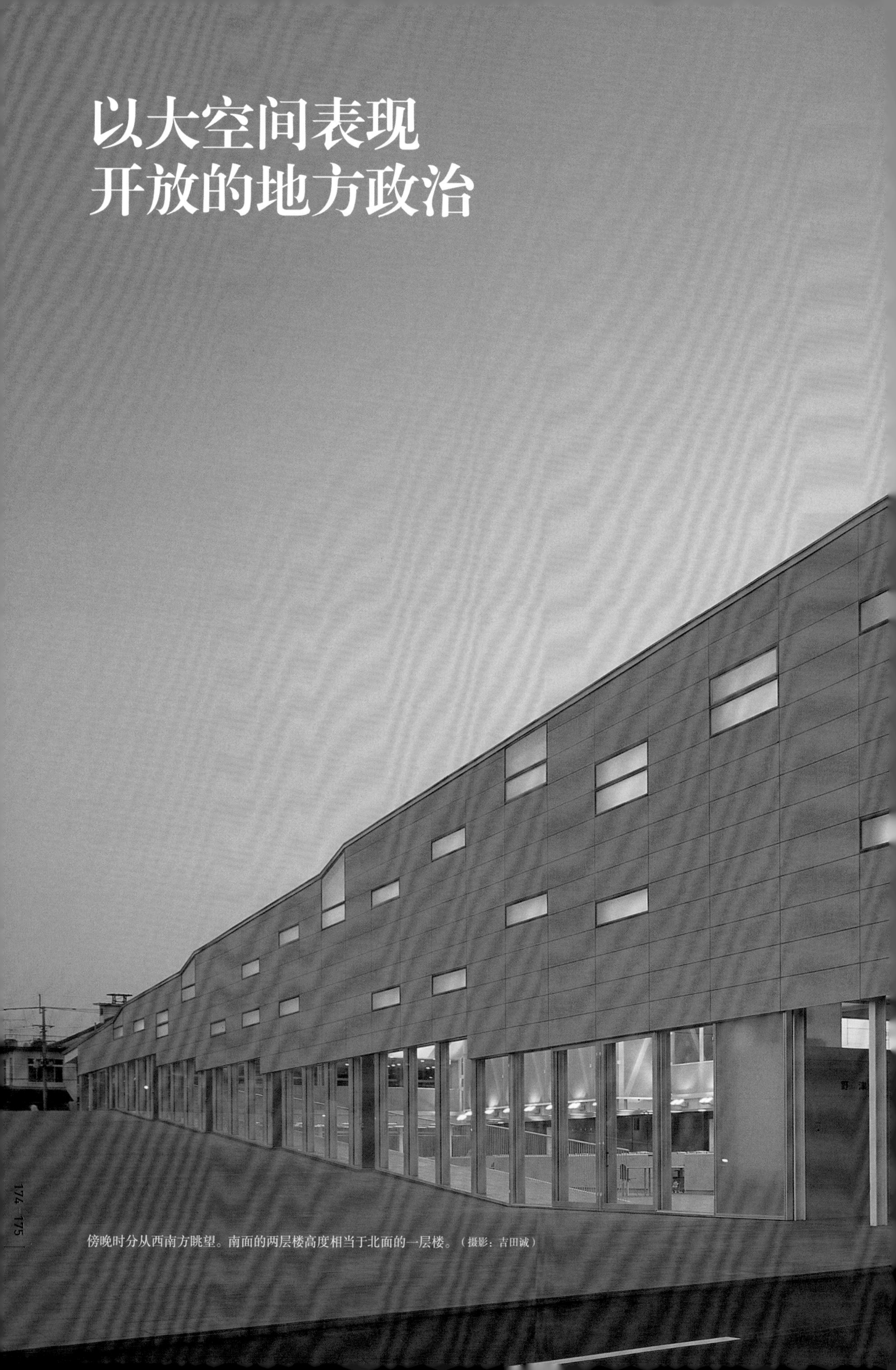

傍晚时分从西南方眺望。南面的两层楼高度相当于北面的一层楼。（摄影：吉田诚）

1. 从东南方远眺全景。整栋建筑由南侧国道越往北侧町道方向就越扁平。**2.** 从东北方远眺。从町道进来可抵达次要入口。**3.** 在一层的办公室、休息区往北边方向看。内部斜坡和外部斜坡的角度相同。

野津原町位于大分县约略中央的位置，位处山区，距离大分市中心约三十分钟车程，是一个人口不到六千人的小镇。新厅舍于一九九八年十一月二十四日完成，由伊东丰雄建筑设计事务所设计。由于旧厅舍过于老旧，为了兴建新厅舍而在一九九六年实施竞标，最后由伊东丰雄获选。

地基北侧为町道，南侧为国道四四二号，地势高度由北到南递减。此案充分运用地形的特色，设计成由町道延伸到国道的顺向坡，厅舍有北面和南面两个入口，北侧可以从町道进入二层的次要入口，南侧则可由国道进入一层的主要入口。

双层构造营造大空间

建筑物的北面和南面呈现完全不同的风貌。南面由大面玻璃构成，就算在高速公路上快速通过也可以清楚辨识，而北面则为了不让附近民宅感到压迫，因

此刻意降低楼高。屋顶的角度由北向南递增，和斜坡的角度形成对比。

地形特色这个概念也充分运用于建筑物内部。一层的办公空间为挑高至二层的广大空间，墙壁内侧也设计了一个和外部斜坡相同角度的坡道。而从这个斜坡和二层的办公空间可以清楚看见一层的职员办公的模样。这个结构象征了『开放的地方政治』。

一层为各单位的承办窗口，办理提交各式申请书、登记、证明等业务，二层则为町长室、副町长室、议会厅等。由于二层可以俯视一层的办公状况，因此二楼的职员都会特别留意不要隔空向一层的同事喊话，以减少一层同事的压力。

（野津原町已于二〇〇五年合并入大分市，目前本栋建筑改称大分市行政中心野津原分所。）

结构 | Construction

屋顶的浪形板兼具梁的功能

佐佐木睦朗（佐佐木睦朗构造计划研究所代表）

最近我们做的案子都采用尽量不要让人感觉到梁柱结构的存在。在野津原町厅舍一案中，我们将梁和屋顶合为一体，并且架了很多柱子，尽可能让柱子更细。

这个厅舍的屋顶尺寸为30米×80米。如果像一般的钢骨结构一样只用梁支撑的话，必须在天花板里容纳40厘米的梁，这样会减少建筑物整体的轻快感，因此我们决定把厚度减低到18厘米左右。

这个方法就是让屋顶的浪形板兼具梁的功能。浪形板的上下两面加上4.5—6毫米的铁板，以这样的夹板作为结构体。就像钢骨版的楼板，这样会使板子产生异向性，力学特性变得不一致，所以只要改变浪形板的方向也可以作为悬臂梁使用。

实际施工的时候发生了许多技术方面的问题，如铁板弯曲和板材本身精确度的制作技术、板材在现场焊接后会变小等。这些状况都成为后来很好的经验，特别是和伊东丰雄再度合作的“仙台媒体中心”。

1

2

4

1. 在浪形板上加上铁片。首先在单面焊接铁片，接着把平钢焊接在背面，钻孔后再槽焊铁片。**2.** 工厂制作的平板屋顶。每单位最大为2.25米×15米。**3.** 在现场用吊具吊起后铺设。**4.** 从东北方眺望全景。屋顶的结构为铁片包浪形板所构成的平板屋顶，加上压出成型的水泥（板厚约35毫米）。**5.** 从西北方眺望。地基往南呈现向下的缓坡。

野津原町役場

1. 由二层议会用大厅望向一层办公室的斜坡。**2.** 二层会议厅。会议召开时光线会从墙壁上的玻璃方孔中透入内部。

建筑项目数据

所在地——大分市大字野津原800

主要用途——办公室

所在区域——都市计划区域外；建蔽率22.21%（允许范围70%）、容积率32.04%（允许400%）

前方道路——南12米、北8.5米

停车位——67台

占地面积——1万2323.86平方米

建筑面积——2737.26平方米

总楼地板面积——3948.75平方米

各楼层面积——1层2427.98平方米、二层1520.77平方米

结构、层数——钢骨结构、地上二层

桩基础——直接基础、地盘改良桩

高度——最高9.77米、屋檐高9.44米

楼高、天花板高——楼高3.25米、天花板高2.35米（二层）

主要跨距——15米×2.25米

委托方——野津原町

设计方——建筑：伊东丰雄建筑设计事务所；结构：佐佐木睦朗构造计划研究所；设备：环境Engineering

施工方——建筑：鹿岛；设备：九电工；电力：鬼冢电气工事；外墙：后藤建设；植栽：广濑造园

设计期——1996年10月—1997年6月

施工期——1997年9月—1998年10月

总工程费——18亿日元（整体费用、含税）、11亿5000万日元（建筑物、含税）

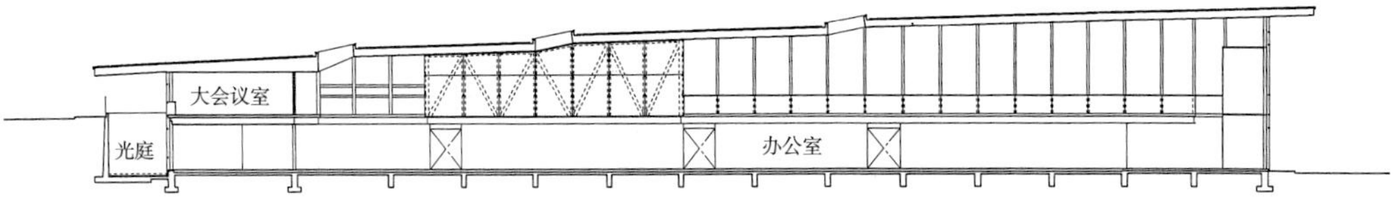

南北断面图　1/600

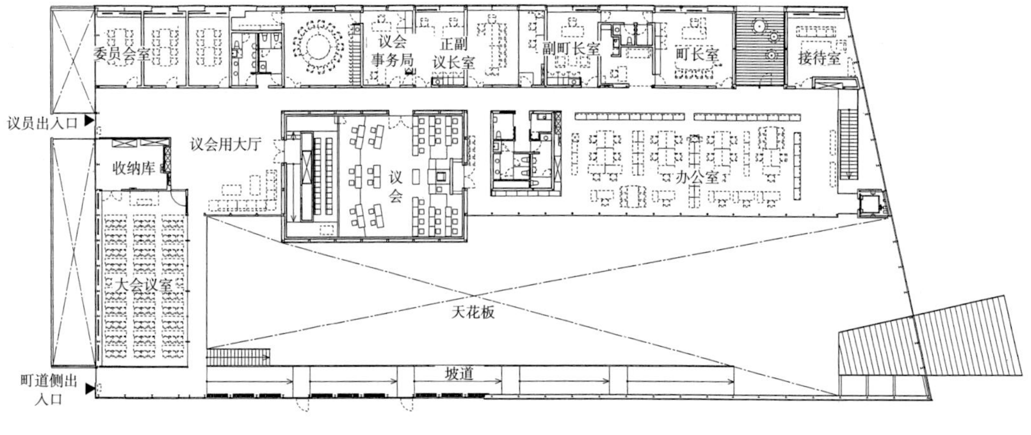

二层平面图　1/600

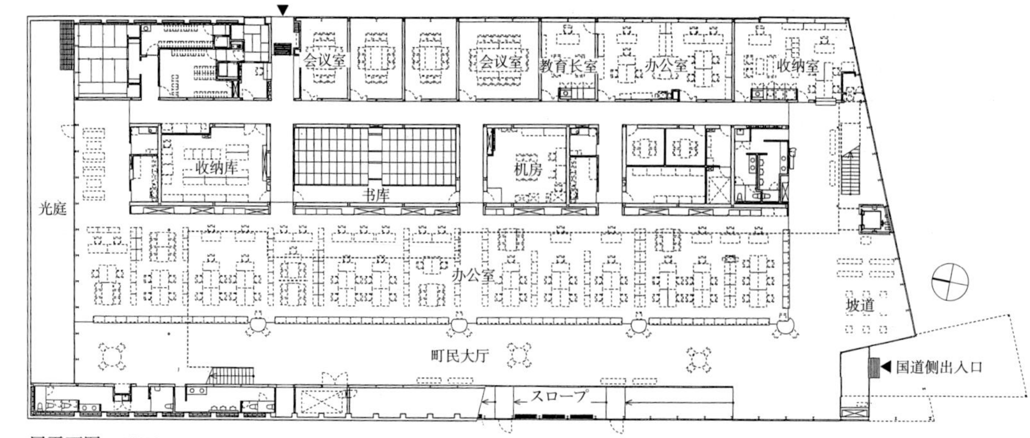

一层平面图　1/600

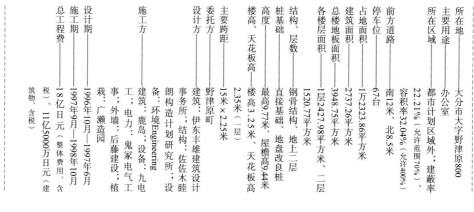

1999年

建筑作品
14

大社文化会馆

岛根县出云市大社町

刊载于NA（1999年12月27日）

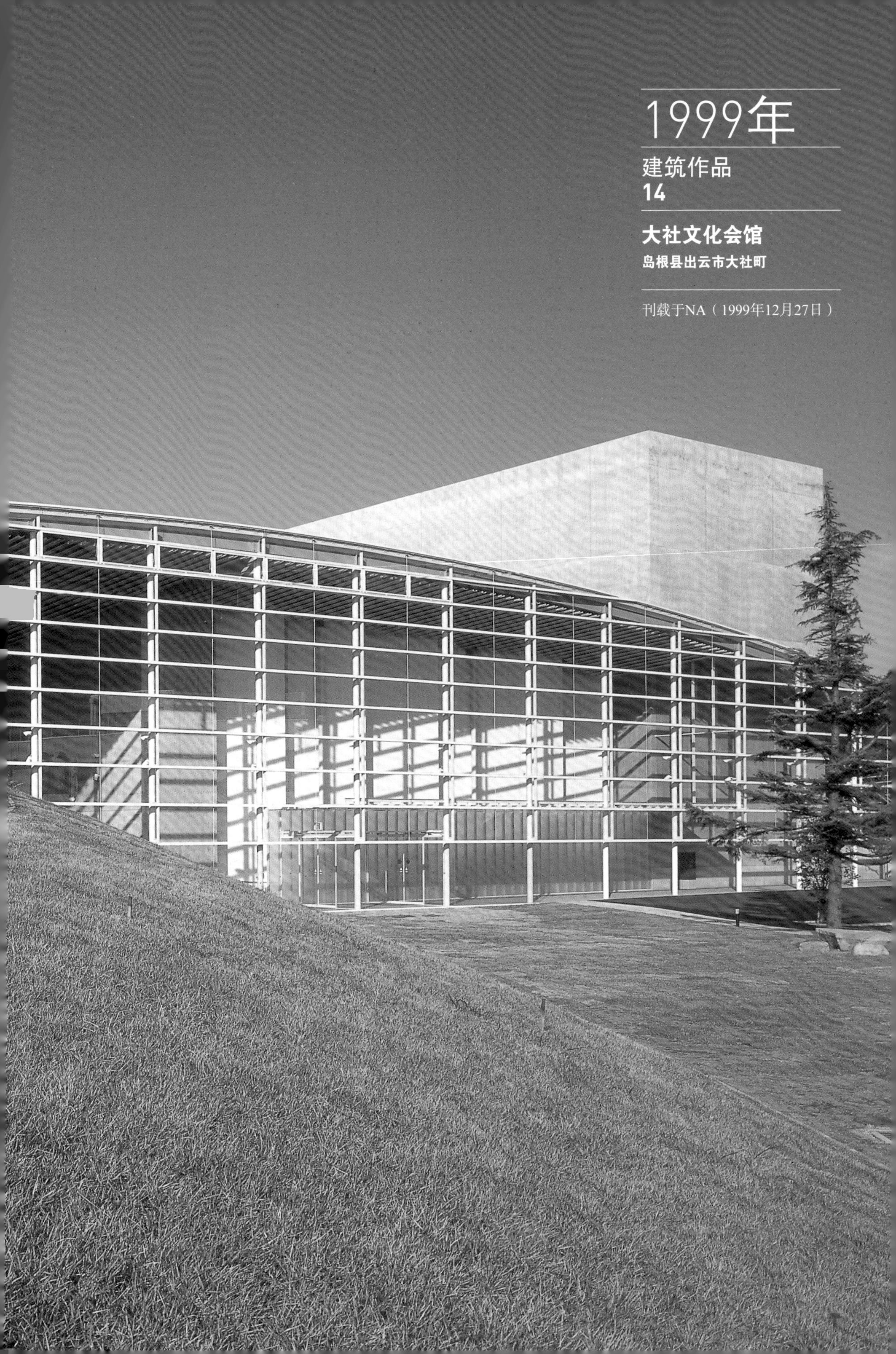

重新审视竞标提案
把町民放在第一位

从东侧眺望。草皮的坡度往西攀升，一直持续到图书馆的屋顶。（摄影：三岛叡）

岛根县大社町以出云大社闻名全日本，这里的大社文化会馆于一九九九年十月二十三日正式启用。建设地点位于出云大社南边约一千米、大社町公所的西侧，一层楼高，总楼地板面积达五千八百四十七平方米的设施横卧在公所入口附近隆起的地面。

设计方是在一九九三年的竞标中获选的伊东丰雄建筑设计事务所。了解这次竞标的人看到完成的建筑物后，应该有不少人脑中浮现出很多的疑问。因为竞标内容和实际建筑物在造型上有很大的差别。事实上，由于竞标结束后历经新旧任町长交替，使竞标案一切归零，之后又重新进行设计。

完成后的设施里有大小两座表演厅和图书馆。竞标阶段的设计里只有表演厅，重新设计的过程中决定增建图书馆。另外，表演厅的设计理念也从以观光客为主，转变为把町民放在第一位的规划。

『一直到最后我们都还没办法决定建筑物要怎么配置。』设计者伊东丰雄回顾说：『因为地基的地形非常复杂，看不太出来正面在哪一边。再加上附近是住宅区，所以要尽可能降低建筑物的分量感。』

—不管从哪一个方向看都没有背面—

讨论了几种不同的作法之后，最后决定采用『く』字形方案，北侧有大表演厅、西侧有小表演厅和办公空间、东侧则为图书馆。

在外观部分，西侧为曲面造型，东侧（图书馆部分）则是隆起的地形，一直延伸至屋顶。这样的设计是为了降低压迫感，并且不管从哪一个方向看，都没有所谓的『背面』。

设计的过程当中，和当地的町民代表进行了很多交流，町民也对设计者提出了自己的需求。除了建筑物的配置之外，几乎无高低差的空间结构也是在和町民讨论的过程中产生的结论。计划初期就参与其中的町教育委员会课长补佐影山雅夫说：『刚开始我们很担心东京的建筑家不愿意听取町民的意见，但后来发现是杞人忧天。对町民来说，重新设计反而是好的。』

1. 从东南方俯视全景。图书馆（前侧）的屋顶由两个半径不同的曲面所覆盖。**2.** 从图书馆的屋顶往东看。屋顶为黑灰色的预制混凝土板。**3.** 大表演厅的东侧立面。正方体的部分为舞台上方的混凝土建筑体，右侧为停车场和休息室的前庭。照片的左右两侧为主要出入口。**4.** 由北侧眺望共同大厅的开口和图书馆屋顶交错的地方。草皮下方是堆起的土堆，下面没有建筑物。

184–185

4

过程 | Process

由竞标时重视观光客的方针修改为町民优先

这次竞标于1993年举行，除了伊东丰雄建筑设计事务所之外，还有宫本忠长建筑设计事务所、TAK建筑・都市计划研究所、第一工房、坂仓建筑研究所、早川邦彦建筑研究室、马庭建筑设计事务所、寺本建筑・都市研究所、牧户建筑环境设计事务所参与竞标（审查委员长：菊竹清训），还举行了当时很少见的公听会，成为了话题。

竞标时计划设立一个以歌舞伎为主的大表演厅，上方设置户外剧场，以来伊势神宫参拜的香客作为主要使用者。在伊东丰雄中标的几个月后，町长就卸任了。在田中和彦和新任町长的提议之下，决定将竞标结果归零，转换成优先考虑町民需求的方向。

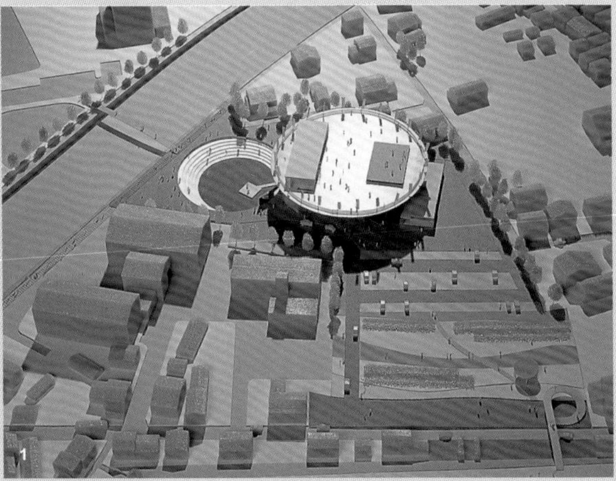

1. 竞标时的提案。以歌舞伎为主的大表演厅，上方设置圆形的户外剧场，设施东侧的水池里设置水上舞台。（模型摄影：大桥富夫）**2.** 共通大厅西侧的咖啡座（Lounge UraUra）。白色筒状部分为小表演厅。大、小表演厅共享一个大厅，以便有效运用空间。天花板上垂吊而下的艺术作品是当地高中生所制作的。**3.** 西侧的阶梯状露台（DanDan Terrace）。阶梯向内延伸至大表演厅内部，即使是没有表演活动的时候，也可以看见孩童快乐地在这里玩耍，还可以作为野外剧场使用。

3

1. 由北侧看向图书馆。外面有两个多角形的中庭，半透明的玻璃使得洒进室内的阳光变得柔和。家具设计为K.T.Architecture。

2. 由大表演厅（DanDan Hall）的观众席（南）往北看。观众席共600席，前半部的156席为移动式。侧面的墙壁可透入自然光。表演厅的设计由日本大学本杉研究室协助。

建筑项目数据

所在地——岛根县出云市大社町杵筑南1338-9
主要用途——剧场、图书馆
所在区域——商业地域、建筑基准法22条区域
建蔽率27.24%（允许范围80%）、容积率28.66%（允许范围400%）
前方道路——东4.0米、西2.6米、北7.4米
占地面积——2万400平方米
建筑面积——5567平方米
总楼地板面积——5847平方米
各楼层面积——一层5097平方米、二层558平方米、三层162平方米、四层31平方米
构造、层数——钢筋混凝土结构·一部分钢骨结构、地上四层
桩基础——桩基础＋直接基础、PHC桩中掘工法
高度——最高21.77米
委托方——大社町
设计方——建筑：伊东丰雄建筑设计事务所；结构：佐佐木睦朗构造计划研究所；设备：综合设备计划；外墙设计：日本工营；音响设计：永田音响设计；照明计划：小泉产业LCR；剧场计划：日本大学工学部本杉研究室；舞台照明计划：Lighting Company 照明组；家具设计、题字：K.T.Architecture；LOGO·CI设计：Matsuda Office；结算：团积算事务所
监理——伊东丰雄建筑设计事务所
施工方——建筑：鸿池组、中筋组、岩成工业共同承揽；空调·卫生：三晃空调；电力设备：大成电气水道工业；舞台机构设备：森平舞台机构；舞台音响设计：不二音响；舞台照明设备：松村电机制作所；周边整备工程：岩成工业（解体）、八宝建设（建筑）、中筋组（外墙）
设计期——1996年5月—1997年3月
施工期——1997年9月—1999年7月
监理费——约1亿8400万日元（含税）
总工程费——27亿5788万日元（不含税）

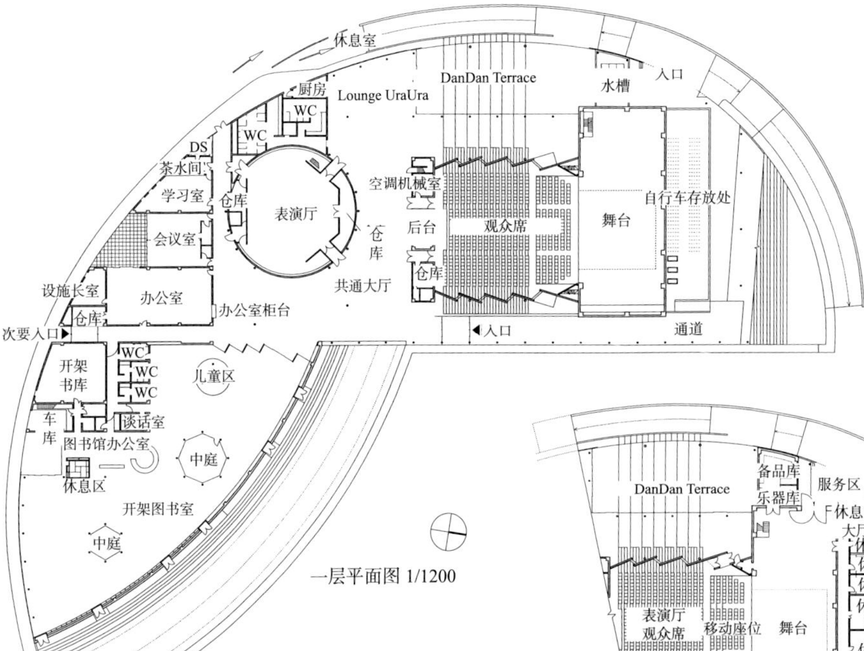

一层平面图 1/1200

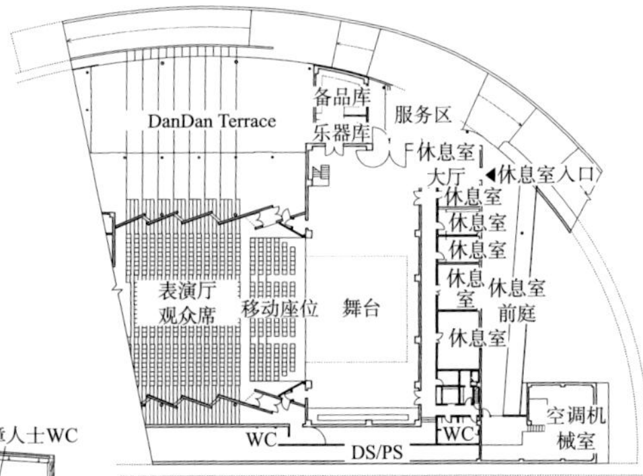

一层休息室楼层平面图 1/1200

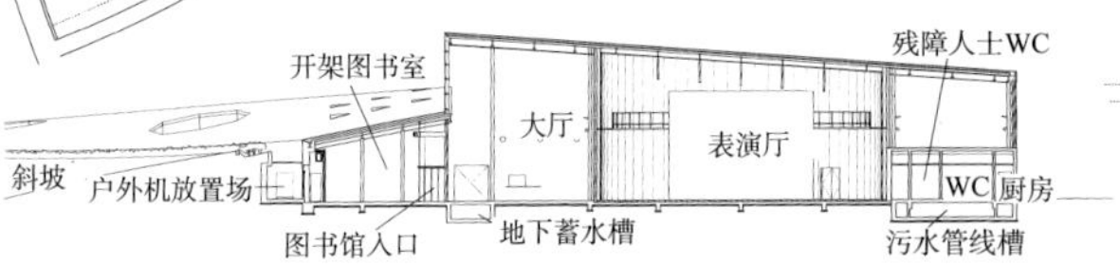

东西断面图 1/1000

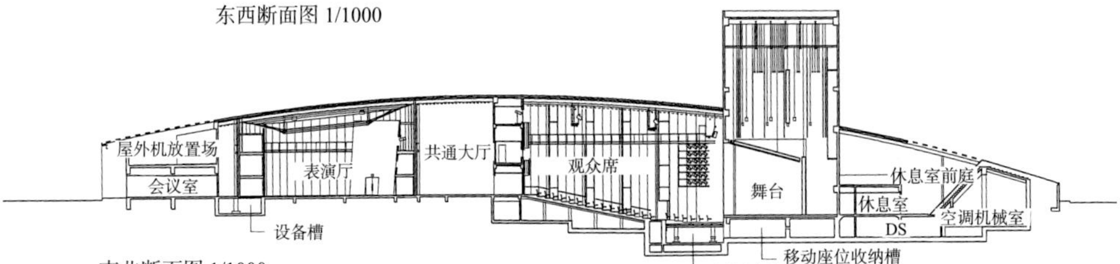

南北断面图 1/1000

2001年

访谈 05

『在创作过程中对社会问题越来越关心』

——超乎寻常的『仙台媒体中心』

一九九五年在公开竞标中中标的仙台媒体中心于二〇〇一年一月正式开放了。赢得竞标后六年，伊东丰雄认为自己『对建筑的想法有了改变』。我们邀请伊东丰雄本人回顾一下这项对他意义重大的案子。

——在您的印象中，竞标时提出的想法后来保留了多少？

老实说整个都变了。当初的想法是希望借助网状的管来让人感觉不出重量，虽然事实上是柱形结构体，但希望看起来不像结构体。但是实际上完成的作品看起来就是结构物，一栋支撑巨大重力的建筑。特别是因为施工期很长，在工程中一直面对着与铁的决斗，所以『用铁做成的建筑』这个想法非常强烈地留在脑子里。即使是这样，也没有因此有『案子不顺利』的想法。反觉得自己对于建筑的想法在这六年间似乎有了变化。

——可以仔细地说明一下吗？

过去我似乎一直把注意力放在『做出完全符合自己想法的空间』『消除物体的存在感』。但是借助媒体中心这个案子，让我更加关切制作流程中的沟通、建筑被使用的方法等社会化的问题。

——你的意思是说在确认建筑意义的同时进行设计吗？

以往在我想要盖的建筑中并没有感受到这一点，不过媒体中心是一个比我想象中更强韧、更单纯的建筑。它的强韧、单纯、节奏明快完全表现在创作过程中，吸引许多人的注意，而最初那个单纯的想法也被与这个案子相关的所有人认可，进而撑起了这个建筑。

——媒体中心是怎么样的设施？

第一，这是一个具有四种功能（图书馆、艺廊、影像媒体中心、信息中心）的复合式设施。由于是复合式的，图书馆部分就不会是寻常意义上的图书馆。艺廊部分也是一样。第二，因为名字叫作『媒体中心』，所以我

刊载于NA（2001年3月5日）

们一直有个疑问，计算机时代的公共设施应该具有怎样的形态呢？

从这两个方面来看，大家相同的共识就是『应该和以往的设施完全不同』。所以不管是图书馆部分或市民艺廊，在『媒体中心』这样的名字之下，各个部分在某种程度上都融合在了一起，并且各自冒出头来，在不局限于固定框架的状态下完成了。正因为如此，开幕之后看起来就像个舒适、放松的设施。这一点让我非常满足。

摄影：的野弘路

——从外部看，设施内的人就像悠游其中一般，这一点和您当初设计的理念相符吗？

当时只有一个想法，不想做出一个封闭的空间。因为封闭的空间一般必须赋予某项特定的功能。如果这样的话，在公共设施里就不能从事此功能以外的行为，也无法从事自发性的创作行为，感觉非常不自由。所以我们设定了很多用途暧昧的场所。希望可以借此让使用者有不同的发现。

这一点也和悠游性有关。换句话说，就是将都市的街道直接带入建筑内部。不管走到哪里，都搞不清哪里是目的地、哪里是通道，这样的空间连接在一起应该会让人觉得很有趣。这个空间不是密闭的，以创作暧昧空间的系统来说，似乎有种『管』存在的感觉。

甚至想过干脆放弃设计好了

——和业主之间有什么样的讨论吗？

这次的竞标非常特别，一开始的要求是希望我们提出一个全新的原型提案。但是，竞标结束后才知道业主想要的是一般的公共设施。也就是说，审查员（审查委员长：矶崎新）的提案和地方政府的要求之间有很大的落差。当竞标结束时，就是落差最大的时候。

第一年我们花了很多心思在消除这两者之间的落差上面。这中间有很多问题、冲突和妥协。例如有一个空间我们提案想要这么做，但是对方说这样不行，而不停拒绝我们……『连

工程中一直与铁决斗，伊东丰雄说：『以铁制成的建筑的视觉冲击非常强烈。』

（摄影：坂口裕康）

这一点小事都不愿意为我们设想』这种想法累积久了，甚至想过干脆放弃设计好了。

——后来是怎么解决的？

第一年针对一些连检讨营运的委员会和公所的委员会都无法想象的纠纷进行多次讨论，也有一些更公开场合的讨论。在这样的讨论之中，有一些当地学者、东京的研究者、艺术家开始赞成我们的意见，并义务加入讨论，成为我们的后援。也因为公所那边负责的课长非常认真地帮我们解决一些内部问题，后面的三年半就进行得相当顺利了。

——有些人认为您是『边做边想、边想边做』。

是的。地方政府在中途又有了很多变化，所以设计也在不停地变更，不过虽然一

大家都涉足了不熟悉的领域

直变，却是往更好的方向改变。这种包容力非常不容易。

地方政府的人面对未知的事物时，通常都会犹豫不决，只会做些大家早就知道的事。不过这次遇到不明白的事情的时候，大家都很卖力地一项一项解决。我认为这件事是最有意义的。创作新事物时本来就会有一连串未知的事，不过这次地方政府，甚至是政令都市等级的地方政府都加入了讨论，这是非常难得的。

——他们参与到什么程度？

例如图书馆隶属于『市』，而其他部分则是归财团管理，虽然一些问题已经解决，不过一直到快要完成之前，他们还会为我们设想有没有办法由一个组织来负责运作。图书馆要怎么运作？设有计算机和视听器材的最上层要如何设计？这些问题一直到最后都还在讨论。甚至还有人说，这样的空间会聚集很多计算机宅男，还是不要建造会比较好。但实际上启用后，很多年轻人都在这个空间里使用多媒体。因为这里是不同于以往设施的开放空间，所以有许多反对的意见浮出水面。关于这一点，他们都非常积极地为我们解决了。

——关于『开放的设施』这一点，你怎么评价其完成度呢？

我认为这要看今后怎么使用。不只是单方面的接受，而是一个可以做很多选择的设施。

开幕那天的演讲过后，有一位住在附近的太太说：『因为我的小孩还小，本来以为住在仙台市中心可能会有很多麻烦的地方，不过如果是这样的设施，即使小孩在里面跑，我们父母还是可以看书或使用计算机。我确信这里是一个可以安心带孩子来的地方。』

听到她这么说，我真的非常开心。简单地说，她认为这是一个『可以玩捉迷藏的设施』吧。这里和大自然一样，有很多可以躲的地方。如果是封闭的空间，是不能玩捉迷藏的。

另外还有一点，因为这里内部的办公室有限，所以工作人员就必须进到民众使用的地方，穿着时髦的制服，在人群聚集的地方里拿着手机联络事情。形成了一个可以随时与他人取得沟通，即使只有一个人来也能交到朋友的设施。

——您认为这样的设施应该如何提升其存在感？

原本我最担心的一点是，这是一个兼具市立图书馆和展示市民质朴画作的空间、当地人会去的地方层级设施。但因为取了『媒体中心』这种目前全球少见的名字，相信艺廊也会想办法吸引日本各地或国外朋友前来参观，这两者之间不知道能不能顺利地融合在一起。

但是开幕当天我就知道根本不用担心这个问题。我看到外国来的访客在参观建筑或

艺廊时，一旁展示着小朋友的画作，看起来一点也不突兀。

当然这里必须是让每一位抱着某种目的前来的民众都可以舒适地使用的场所，即使不是这样的人，也可以漫无目的地在这里走着，就像要去定禅寺大道散步一样，轻松地在设施内走动，可以说这是一个全新形态的公共设施。虽然称为媒体中心，但这里并不是个太过高尚的地方，反而成为每个人都能轻松愉快地使用的设施。

——关于这一点，可以聊聊内部的功能吗？

对公共设施来说，如何建立人与人之间的关联是很重要的。建筑家可以进行个人表现的部分很有限。更重要的是，这个设施里可以进行什么样的活动，在设计的过程中，更需要能讨论这些问题的团队。

这一点我们非常幸运，因为获得了很多地方政府的帮助。刚开始我们

建筑是由各种不同的偶然所堆叠而成的

以义工和地方政府一起设想的企划作为开端，而这样的想法也只是暂时的，在这个过程中会随着来参观的民众想要的是什么、会有什么样的行动等来进行修改，非常有趣。虽然说这些活动都是以读书会和电影欣赏会为基础，不过这两项活动正是我们最看重的。

我特别期待的是work shop。不管是建筑家或是任何一个人都没关系，希望营造一种『到了仙台就和大家来这里聚聚』的轻松氛围，现在很多地方都会举办这种小型聚会，我希望这里也可以变成那样的场所。

提到进一步的发展，我希望这里可以成为代表仙台这个都市及其地域性的场所。住在这里和住在东京有很大的不同。居住在仙台这个城市里，有什么不同的意义？希望能借助书本、影像、计算机等媒体和网络来让这个形象更加鲜明。

——已经有具体的提案了吗？

我将开幕当天的演讲题目设定为『一起创作都市的巨大相簿』，希望建立仙台的电子数据库。本来这里只是读书的地方，希望能将它变成制作书的场所。如果这样，艺术、计算机、图书馆应该就能全部连接在一起。我们计划将这个城市的家族生活照集合在一起，制作成相本，这样的记录应该蛮有意思的。比起建筑设计，我对这些更有兴趣。这也是我们第一次尝试。

——这样的设施也适用于其他地方吗？

建筑通常是由各种不同的偶然所堆叠而成的。这个案子之所以成立，绝大部分是受到矶崎新委员长『这是一栋在新时代里寻找新公共建设定位的建筑』这一番话的吸引。

于是我们也用尽心思来做了提案。如果这是竞标，而且取名叫仙台市图书馆之类的名字，应该就没办法像现在这么突出吧。

2001年

建筑作品
15

仙台媒体中心

仙台市青叶区

刊载于NA（2001年3月5日）

不局限于特定功能的均质空间

从南侧的定禅寺大道眺望。透过名为“skin”的玻璃帷幕，可以清楚看见内部的景象。各楼的楼高都不一样。开放至晚上10点，因此许多民众都利用下班时间前来。（摄影：三岛叡）

南侧入口附近。双层玻璃的间隔为1米，采用MPG（Metal Point Glazing）工法，以金属零件固定内侧的垂直玻璃板。防碎贴纸上印有横向四角形线条，希望达到降低直射日光的功能。

没有隔间概念的建筑——仙台市所兴建的图书馆、艺廊、剧场等复合设施『仙台媒体中心』具有如此独一无二的特征。

设计者伊东丰雄说：『如果制作出房间的隔间，就会局限于特定的功能。』因为使用方法一旦固定，创作行为就会受到影响。媒体中心的设计十分明快，由钢管排列而成的摆动柱体、轻薄的楼板、透明的外墙这三个要素所构成。各个楼层几乎没有隔间或通道，只有全面开放的空间，完全不同于以往『图书馆』『美术馆』等设施的既定形态。

对运营者来说，要如何使用这一栋未赋予特定功能的建筑物，其实是最大的考验。因此在竞标结束后也邀请了许多不同领域的专家来进行讨论，希望找出媒体中心的定位。

以群组信件展开讨论

其中最特殊的，就是邀请各方专家加入群组信件的名单之中。虽然不是隶属于仙台市的正式组织，但市府的负责人也参与其中，并且将讨论的内容反映在设施的运营之上。

事实上一开始市政府曾经邀请专家们成立了『项目检讨委员会』，但成员之一的东京艺术大学助教桂英史点明：『在汇报整理的阶段，仙台市政府方面希望盖出一栋保守的媒体中心，这和希望打造出前所未有设施的委员之间有着很大的分歧。』最后桂英史认为『既有的委员会无法提出具有创造性的意见』，因此决定发起自主性群组信件，与非固定的成员进行讨论。

1. 穿过定禅寺大道的榉木可眺望媒体中心全景。竞标提案中的一层本来为对外开放式的大厅，但考虑到冬天的天气，改为落地玻璃窗设计。另外为了适用于设计制度，并减轻斜线限制，于是将一层作为公开空地使用。因此白天任何人都可以自由进出。

2. 一层，内部有贩卖艺术相关书籍、文具等商品的商店。四个角落的柱子（Tube）由钢管组成格状结构，可以增加水平力。其他的柱子则为了施工方便，以平行方式排列，几乎只承受垂直重力。

1. 二层的信息中心，是一个可以自由使用网络的空间。后方的布幔里是办公空间。**2.** 五层南侧玄关。每一层的家具设计都不相同，一层、五层、六层由Karim Rashid设计。**3.** 图书馆的柱子四周为阅读座椅。**4.** 七层视听室，可以在这里租借并观赏DVD。**5.** 从四层俯视三层图书馆（仙台市民图书馆）。四层的楼地板只有北侧部分区域，其余多为贯穿三层和四层的天花板。设施整体由仙台交流财团负责运营，三层、四层的图书馆为市立图书馆，由市政府运营。**6.** 仰望楼梯间。因为作为排烟道使用，因此外围是德国制的耐热玻璃“Pyroclear”。而三层、四层的图书馆使用的是防火性能更强的隔热玻璃“Pyrostop”。

200 - 201

6

施工 | Construction

误差5毫米以下的施工精密度

因为材料和配线都清晰可见，如柱体与楼板的接合处等，因此施工误差的空间非常少。因此必须追求极高的施工精密度。

以钢管芯为基准，误差为3毫米以内，界线误差则为5毫米以内。这个基准分别比日本建筑学会所制定的钢骨工程标准规格书（JASS6）所规定的范围差小了二分之一。光是调整钢管柱的位置，就不断使用三次元测量机重复进行测量。

每一个楼层的大型钢管柱都分为8个部分，经常出现进行精密度调整后，一周后再测量却发现又偏了的状况。刚开始进行调整时，就花费了6周的时间进行这项作业。

位于东南角的钢管内侧是楼梯间。

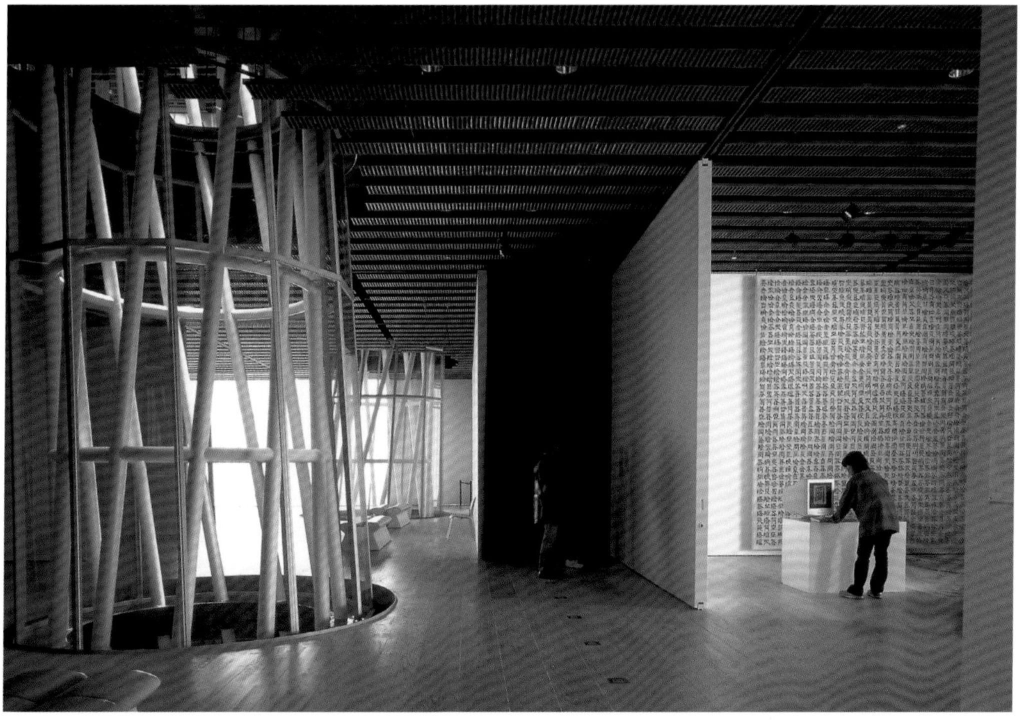

六层的艺廊。天花板上设置了8米×8米的格状轨道，打造出自由移动墙面的展示空间。钢管贯穿每个楼板，从这个洞口可以看见上下楼层的样貌。

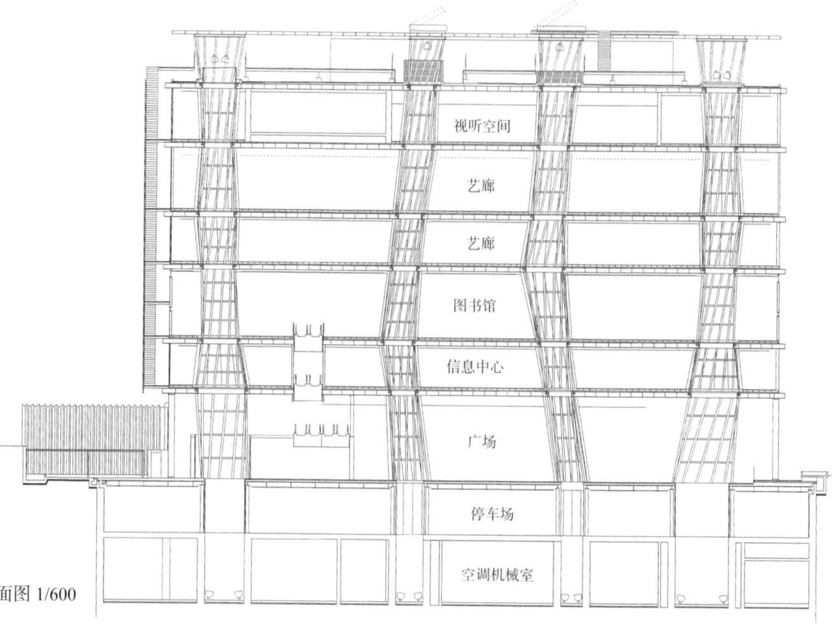

断面图 1/600

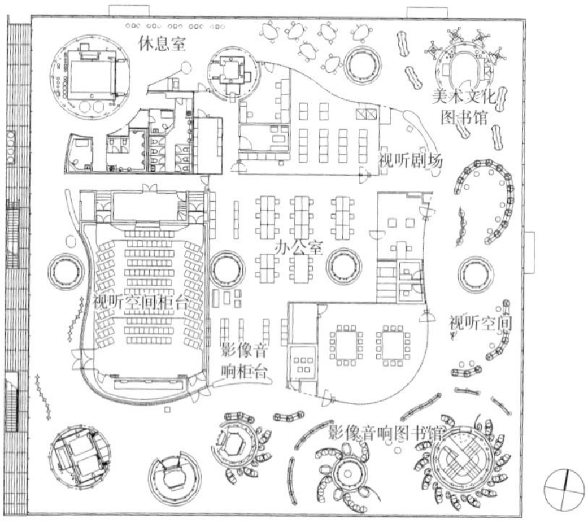

七层平面图 1/800

屋顶的采光装置，可以将太阳光送入钢管柱的中央。在光线很难进入的中央部位设置了两处这样的装置。

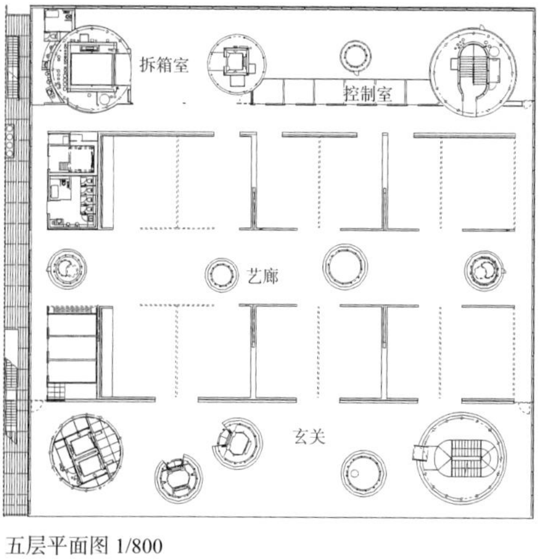

五层平面图 1/800

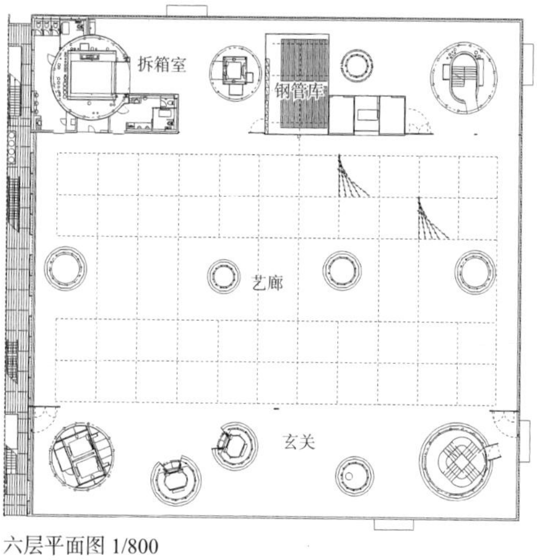

六层平面图 1/800

建筑项目数据

所在地——仙台市青叶区春日町2-1
主要用途——图书馆、美术馆、电影放映厅
所在区域——商业地域、防火地域、准防火地域；建蔽率74.28%（允许范围100%）、容积率497.73%（允许范围500%）
前方道路——南46米
占地面积——3948.72平方米
建筑面积——2933.12平方米
总楼地板面积——2万1682.15平方米
地基——筏式基础
高度——最高36.49米、屋檐高31.80米
主要跨距——18米×10米
委托方——仙台市
设计方——建筑：伊东丰雄建筑设计事务所；结构：佐佐木睦朗构造计划研究所；空调：ES ASSOCIATES；卫生：综合设备计划；电力：大泷设备事务所、综合设备计划；照明计划：LPA；家具设计：Karim Rashid inc（一、五、六层）、妹岛和世建筑设计事务所（二层）、K.T.Architecture（三、四层）、Studio X（七层）
监理——仙台市都市整备局建设部营缮科·设备科、伊东丰雄建筑设计事务所、佐佐木睦朗构造计划研究所
施工方——建筑：熊谷、竹中、安藤、桥本共同承揽；空调：大气社、第一工业、ATMAX共同承揽；卫生：西原卫生工业所、北荣工业所共同承揽；强电：Yurtec、太平电气、东山电气工业所共同承揽；弱电：日本电设工业、宫城电设共同承揽
设计期——1995年4月—1997年8月
施工期——1997年12月—2000年8月
设计费——2亿9324万1000日元（含税）
工程监工费——2亿3312万5000日元（含税）
总工程费——124亿6665万日元（含税、不含外墙、备品家具、信息设备）

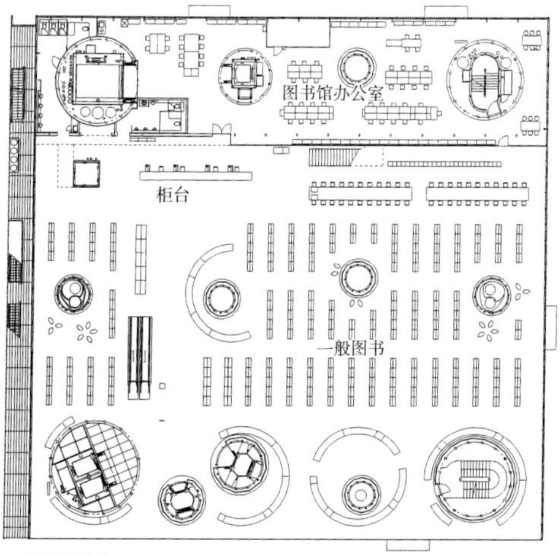

三层平面图 1/800

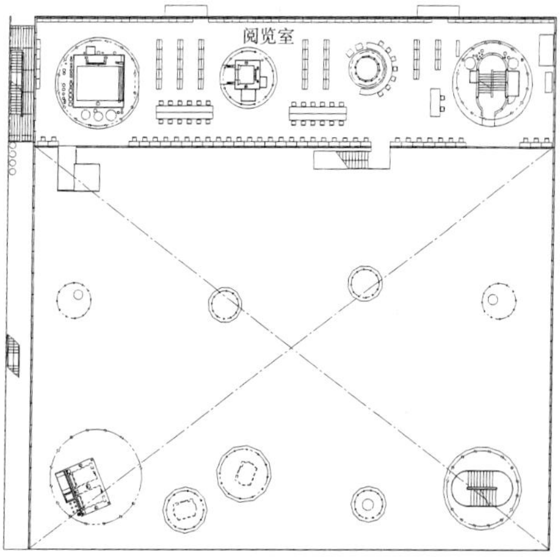

四层平面图 1/800

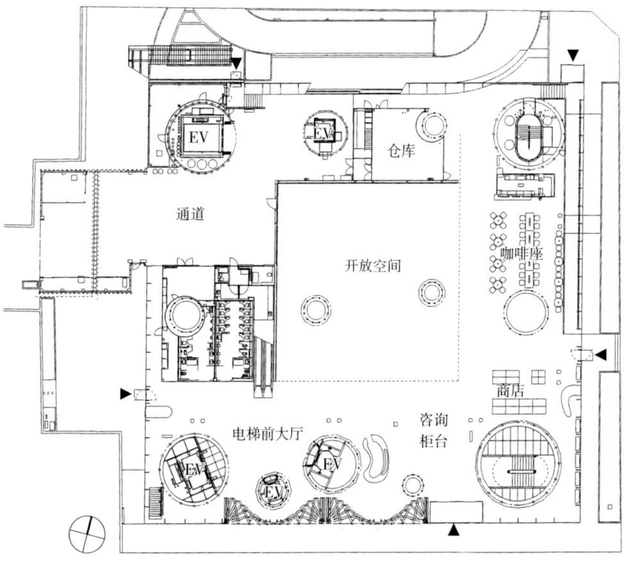

一层平面图 1/800

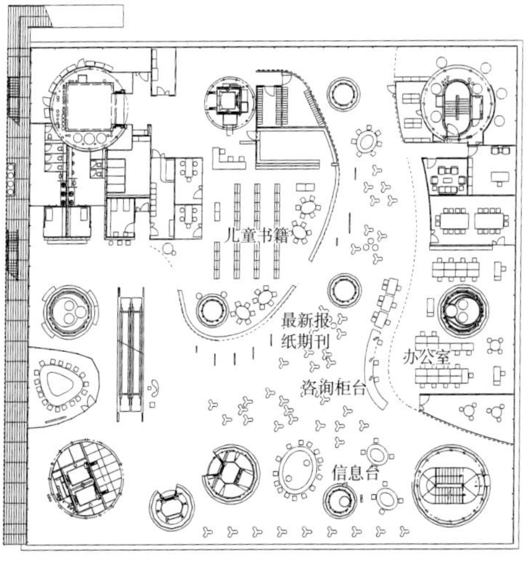

二层平面图 1/800

第五章

“新几何学”的时代

(2002—2006年)

仙台媒体中心似乎为伊东丰雄的内在带来了很大的变化。
以往追求的轻快和抽象逐渐被“强劲”“愉悦”的表现方式取代。
搭上计算机分析的新潮流,
几何学的设计方式得以开花结果。

铝质蜂巢的“光之隧道”

2002年
建筑作品
16

布鲁日临时建筑
比利时布鲁日

刊载于NA（2002年7月22日）

1

2

二〇〇〇年在东京世田谷区完成了铝结构住宅（樱上水K宅邸）后，伊东丰雄于二〇〇二年春天设计了这栋由铝金属打造的建筑。那就是比利时小镇布鲁日市公所附近的临时建筑。

这个临时建筑并非为了某项展示而存在，尺寸为宽约六米、高三点五米、深十五米，两端为开放式，是一个可以穿越其中的门廊式隧道。但这当然不只是一个『普通的隧道』。墙面和屋顶的材质都是厚三毫米、深一百二十五毫米的铝质蜂巢板，为了加强稳固性而加上椭圆形的铝片更成为视觉的焦点。蜂巢板的外侧还覆盖一层透明的PC板。

表现出结构本身

穿过这个蜂巢隧道的民众，都可以感受到各种光和影，譬如穿过有如巨大蜂巢般铝质蜂巢板的阳光、椭圆形铝片所映照出来的影子、从周围水池反射出的阳光等。伊东丰雄表示：『我们重视的是光线射入的方法和穿透性，所以将形态尽可能地简化。』关于使用铝金属这样的材质，伊东丰雄说：『因为不需要预留完工时的伸缩空间，让人感觉在表现结构上有很大的可能性。』

1. 临时建筑近照。铝质蜂巢板外侧覆盖的是PC板。伊东丰雄说：“本来想过用玻璃板，但由于需要弯曲，所以最后还是决定用PC板。”（摄影：伊东丰雄建筑设计事务所）**2.** 临时建筑全景。地基位于市政府前的广场，同时也是罗马时代的古迹圣米歇尔大教堂。“因为这里只要随便掘个1米也会挖到古代的地基，所以选择使用轻量的铝质。”**3.** 使用油压机将厚3毫米、宽125毫米的铝片弯曲，将凹凸面相向排列好。**4.** 于当地的工厂进行铝片的接合面焊接。**5.** 焊接后。之后再将椭圆形铝片焊接在三角形板状部分上。**6.** 将焊接之后的铝质蜂巢板立起来。由于两侧加装了椭圆形铝片，因此增加了其稳固性。

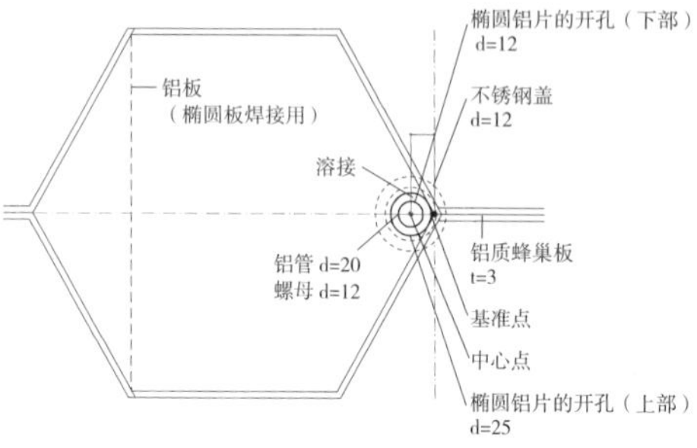

铝质蜂巢板平面详细图1/5

建筑项目数据

所在地——比利时布鲁日
主要用途——临时建筑
建筑面积——96平方米
结构、层数——铝制、地上一层
委托方——布鲁日
设计者——建筑：伊东丰雄建筑设计事务所；结构：Oak构造设计
施工方——Aelbrecht Maes、Depret等
施工期——2001年11月—2002年2月

2002年

建筑作品
17

蛇型艺廊
临时建筑
伦敦

刊载于NA（2002年8月5日）

1

有如撞球轨迹般的结构体

2

二〇〇二年七月十二日，伊东丰雄建筑设计事务所设计的活动设施『蛇型艺廊临时建筑』于伦敦市中心的海德公园正式启用了。

蛇型艺廊里主要展示现代艺术，每年夏天都会在公园里设置临时建筑，作为夏季的咖啡座或活动会场使用。二〇〇〇年由札哈・哈蒂设计、二〇〇一年为丹尼尔・李伯斯金设计。

二〇〇二年则是由伊东丰雄与埃拉普工程顾问公司的结构工程师瑟希尔・包曼组成设计团队，将『撞球的轨迹』般的结构体化为现实。

—将正方形旋转的轨迹转化为图样—

这个临时建筑是正方形平面的长方体（17米×17米×4.5米），以不规则造型的钢隔板支撑起整个结构。事实上，这些隔板并非不规则，而是以十七厘米的正方形进行旋转时每条边所产生的轨迹。整个建筑物的每条边都没有平行的柱体，也没有梁。

伊东丰雄说：『因为我对于包曼所提倡的非线性思维很感兴趣，所以选择与他合作。这个建筑物的四个角落都没有柱子，而是把本来应该有柱子的位置往旁边移动了一下，每一个柱子都移动一些，就这样一直往旁边移动。和包曼之间的合作简直就像某种游戏一样，过程非常刺激。』

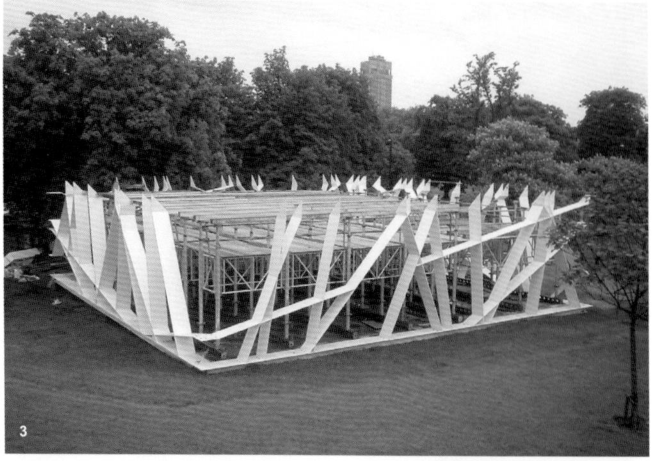
3

4

1. 临时建筑的内部。结构为不锈钢，壁面为铝片和玻璃交错而成。（摄影：伊东丰雄建筑设计事务所）**2.** 以看似不规则造型的钢隔板支撑起整个结构。**3.** 兴建过程中。当初本来想做成“布鲁日临时建筑”那样的铝质结构，但由于赞助商为钢铁公司，因此后来改用钢骨结构。**4.** 建筑物全景。以正方形进行旋转时每条边所产生的轨迹来构成各个面。

建筑项目数据

所在地——伦敦
主要用途——临时建筑
建筑面积——309平方米
结构、层数——钢骨结构、地上一层
委托方——蛇型艺廊
设计者——伊东丰雄建筑设计事务所、瑟希尔・包曼（埃拉普工程顾问公司）；结构、设备：埃拉普工程顾问公司
施工期——2002年4月—2002年7月

『近代建筑需要新装饰』

——一改扁平派作风，开始尝试强烈的表现手法

刊载于NA（2003年8月4日）

仙台媒体中心完工后接受专访时，伊东丰雄曾经说过：『自己对建筑的想法有了改变。』一直以来追求浮游感和抽象性的伊东丰雄，在仙台媒体中心之后，开始尝试强烈的表现手法。

——大家都知道您从『仙台媒体中心』之后，就有了一些改变。您自己是否在这之后也感觉到变化了呢？

是的。以前我就算在表面加上铝片，也会十分看重看起来是不是完全平坦的抽象箱状物、看起来是不是轻快这些外观的问题。现在我变得不在乎这些，而是比较在意是否能完整将人类所具有的生命力表达出来，如何将这种强烈而有乐趣的感觉生动地表现出来。这是在仙台媒体中心『管』的产生过程中所体验到的。

例如『TOD'S表参道大楼』（以下简称TOD'S），希望能借助构造与外观的一体化，做出帷幕墙所无法达到的效果。『巴塞罗那国际展览会场Gran Via扩张计划』里，除了材质本身之外，更考虑到以强烈的方式表达某种象征性的东西。

过去我常受限于近代建筑的理论，也可以说是心理上受到控制。我自己觉得现在自由一点了。

脱离近代建筑的理论而获得自由

——每个人看到TOD'S的外观都马上会联想到『树木』。这应该是您第一次以这么形象化的方式呈现作品吧？

是的。直接使用榉木的图像，应该是近代建筑一直以来避免使用的手法。

——除了仙台媒体中心的体验之外，建筑界整体环境的改变是否也有影响？

有可能是受到结构分析能力大幅提升的影响吧。像TOD'S这种建筑物，过去必须针对梁、墙面、交叉结构等分别进行整理、分析，但是现在的技术却可以做到综合

分析。

以近代建筑所信奉的合理主义来看，这可以说是一种新的思考模式。而现在不管是什么造型，几乎没有什么是做不出来的。虽然很明显可以看出这里太弱、那里不行的部分，不过都可以修正到差不多的地步，现在已经有这种算法了。

TOD'S表参道大楼的模型。钢筋混凝土、楼高七层。榉树造型的部分为结构体，挖空的部分直接崁入玻璃片。伊东丰雄称这个造型是『松本市市民会馆外墙的延伸』。采用避震结构以减少位移。协助：竹中工务店（模型摄影：大桥富夫）

这就好像在树木成长的过程当中，受到日照、风吹或其他各种影响，一边自我修正，一边均衡成长。一开始我们就没想过要做成左右对称的形式。

——也就是说设计的自由度变广了，是吗？

变得非常广。我们一开始就找来工程师一起构思，因此没有哪部分是设计师、哪部分是工程师这样的区分。

——将来您将朝哪一种方向前进呢？目前有没有这样的预感？

透过仙台以后的几个案子，我开始思考如何以语言化的方式跨越现在的建筑风格。例如重新定义『装饰』这个问题。

近代建筑认为『Less is more』，认为排除许多东西之后的状态是最美的、最纯粹的，也一直追求这样的状态。但是有没有建筑不是这样呢？说不定一直加入许多不同要素、复杂而又优雅的东西才是漂亮的，才是建筑的乐趣所在，或许也有这样的作法。首先我想针对这个问题进行一些探讨。

兴建中的松本市市民会馆的舞台空间外墙。以铸铝装饰堆叠出数层变形虫图样。（摄影：伊东丰雄建筑设计事务所）

之前在伦敦制作蛇型艺廊时，虽然说只是临时的设

施，但是有点担心做得这么复杂，能做得起来吗？不过当听到使用者说这里感觉好有趣时，这样的阴霾就一扫而光了。仙台的管也是一样，使用者的包容力超乎我们的想象，让我深刻感觉这其实是建筑家自己限制自己的想法。

——朝着这个方向前进的过程中，有没有哪一位建筑家让您特别感兴趣？

我觉得赫佐格和狄梅隆的建筑质量非常高。他们之所以开始思考建筑外观的问题，我认为是受瑞士当地天气的影响。

瑞士的气候严苛，没办法做到整面墙都使用大块玻璃。这时候就不能使用厚度太大的墙面做表层，而是用两层、三层来做出建筑的正面，把质量提升上去。我觉得他们这种处理的方式打造了非常独特的设计。

之前在法国工作的时候（Cognacq-Jay医院），我亲身感受到欧洲不允许质量太低的外观这个事实。巴黎的气候没办法做很多开口的设计。只有在墙面上开很多小孔。因此那时我打算在外面多

脱离派

加一层遮光板，做出单纯而又抽象的外观。但是当我向客户提案的时候，对方却怎么看都觉得『这么做只是想蒙混过关』。如果不能想出最好的解决方式，是无法做出可以撑过一百年的建筑物的。

我很清楚知道不能用遮光板蒙混过去。那次的经验也让我自己的建筑设计有了变化。

——建筑史学家五十岚太郎曾经在比喻『超级平』时举了您的建筑来作例子，您自己有意识到这一点吗？

我自己认为和这一点搭不上边。

——现在您已经不属于这个派别了吗？

是的。妹岛和世的建筑才应该是超级平吧。从外观这一点来看，她有些建筑甚至从正面看不出厚度来，而且还越来越精进了。更早之前或许可以说我们两人的作品蛮接近的，不过现在感觉有一段距离了。

——您现在所想的和过去的结构表现主义有什么不同？

我觉得以前的结构表现主义非常注重如何表现结构。但是现在的作法反倒让人搞不清楚『TOD'S的外观真的是结构体吗？』就像布鲁日临时建筑一样，甚至有人觉得支撑结构的不是铝蜂巢格，而是玻璃，有种缥缈的感觉。

布鲁日的案子是用蜂巢格造型所组成的六角形。如果是采用三角形桁架的话，就少了很多弯曲的线条。但是如果用三角形的话，任何人看了都能马上产生认同感，而我们用六角形却让很多人觉得狐疑。这一点和刚才讲到的强度是完全相反的，比利时的案子因为是临时性建筑，所以非常需要强调缥缈的感觉。

——您是说现在已经能自由地使用图案设计与结构产生一致了，那么设备和图案设计的一致性又如何呢？

想要超越近代建筑

其实如果再加上设备的话应该会更有趣，但是现实中却无法顺利地结合。而且结构与外观的问题要在某种程度上达到一致之后，才能想到这些问题。

——刚才提到了重新定义『装饰』这个问题，能不能再具体说明一下？

—近代建筑如果把各种要素都去除了，就会走到非常禁欲、墙面完全平坦且什么都没有的地步。建筑家在这里感受到所谓美学，某些人也对这些东西抱有共鸣。但是一般的民众，假设世界上有一百个人，却有九十个人喜欢的是朴素的乐趣。近代的建筑家虽然一直告诉大家这样才是漂亮的，但我却仿佛在这之中感觉到某种和民众越来越疏远的自责。

因此我才想要尝试表现出更朴素的乐趣、更强而有力的感觉。目前我把它称为『新装饰』，不过指的并不是加入很多俗艳的东西。

——泡沫经济时期以菲利普·史塔克为首的多位设计师创作了许多简单易懂且让人感到充满活力的建筑，一般人也都很能接受。您所说的有什么不同吗？

—因为我自己所学的是近代建筑理论，所以想提出一些超越近代理论的新事物。史塔克等人的建筑就不属于这一类，只是单纯地让人觉得『好开心喔』（笑）。他们的作法比较像『杯子做成这样一定很有趣』，所以直接把它放大变成建筑，这种作法我实在无法接受，也不想把建筑当作是一项单纯的消费品。

——所以是有没有理论背景的差别吗？

—是的。关键在于能不能提出足以对抗近代建筑的理论。

巴塞罗那国际展览会场的示意图（竞标时提出）。两座塔状建筑的扭转形态灵感来自于高迪。外墙的处理方式仍在讨论之中。（摄影：伊东丰雄建筑设计事务所）

2004年

建筑作品
18

松本市民艺术馆

长野县松本市

刊载于NA（2004年10月4日）

不按常理出牌的造型和外墙
打造令人享受其中的剧场

2004年8月29日正式启用的松本市民艺术馆于傍晚时分的全景。剧院内部的光透过GRC板上的许多小玻璃孔透出，呈现出独特的样貌。站在对外开放的屋顶上，可以眺望松本盆地外围的群山风景。（摄影：吉田诚）

松本市民艺术馆正式启用之前的二〇〇四年八月二十六日傍晚，这里举行了歌剧演出前的最后一次彩排。即将演出的是由小泽征尔担任总监及指挥、搭配斋藤纪念交响乐团所演出的歌剧『伍采克』。松本市民艺术馆在这天第一次挤进了满满的观众。

开场之前，大厅里等待开演的民众就开始骚动。许多人在长达四十五米的大阶梯前拍照，有些人在称为『Theatre Park』的休息区一角开心地交谈着，还有些人伸出手来抚摸墙壁上无数个玻璃小孔——每位民众似乎都非常享受身处于这个不同于以往的剧院里的时光。

三天后（二十九日）设计者伊东丰雄前来参加首场演出，也看到了同样的景象。『本来以为Theatre Park太大，不过这么多人挤进这里真的非常壮观。』

松本市民艺术馆是长野县松本市投入了一百四十亿日元的经费，在原地重新改建拥有四十年历史、过于陈朽的旧市民会馆。

1. 可演出正式歌剧的大表演厅最多可容纳1800人，观众席为4层高的马蹄形席位。天花板是移动式的，主舞台后方还有一个可容纳360人移动式座位的“实验剧场”，可以根据演唱会或戏剧的需要，改变表演厅的形态。**2.** 落成后的第一场演出“伍采克”，是松本市于每年初秋举办的“斋藤纪念活动”的演出剧目之一。舞台美术设计为安藤忠雄。从舞台地面到布幔都是由宝特瓶制成，每个部分都和剧目内容有密切的联动。

改建后拥有可容纳一千八百人、可演出歌剧的大表演厅和各种戏剧的小表演厅。

展现愉悦感的外墙

这个艺术馆最有趣的地方之一是其造型。走进一层的入口后就是一道长长的大阶梯，可以到达三层正中央的开放感十足的Theatre Hall，其他剧场很少看见这么大的大厅。而且一般剧场里，大厅旁边通常可直接进入表演厅了，但这里却还要走过沿着外墙的弯曲动线才能抵达表演厅。

来访的观众走在这种不按常理出牌的空间规划之中，有些人显得有些疑惑。其中一个原因是因为从入口到表演厅的距离比一般剧场长得多。『设计时进行了讨论，也有些人觉得太长。但实际上走过一遍却不太会有这种感觉。』伊东丰雄说道。的确，开场后一进入大厅就隐约可以感觉到整体的平面配置，接着沿外墙走进大厅，就可享受这个愉悦的空间。

构成这种愉悦感的要素之一，就是这道弯曲的外墙。其结构为GRC板（玻璃纤维强化预制混凝土板）上镶入了许多不规则的小玻璃片，在完成之前早已成为建筑界的话题。

这样的作法，对于一向大胆使用玻璃营造出透明、轻快而纯粹的建筑的伊东丰雄来说，是很大的突破。松本市民艺术馆可以说是伊东丰雄的一大『愉悦式建筑』。

2

3

4

5

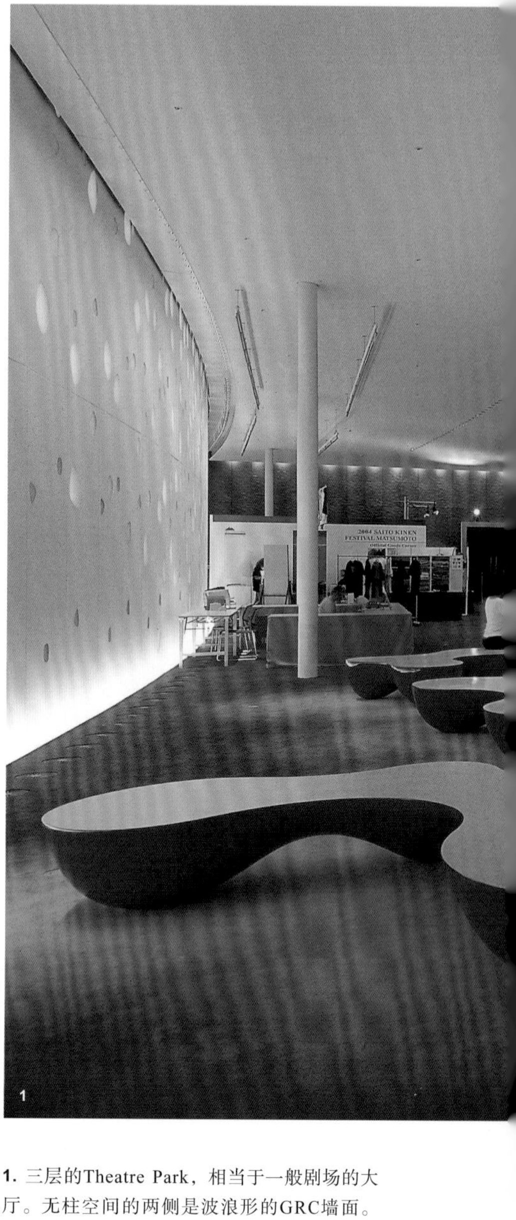

1

1. 三层的Theatre Park，相当于一般剧场的大厅。无柱空间的两侧是波浪形的GRC墙面。照片后方是大表演厅的舞台背面。走进大厅后进入右侧通道，沿着弯曲的墙面即可进入大厅。**2.** 大表演厅周围的休息区，GRC板构成的墙面上镶有玻璃板，营造出不同的气氛。**3.** 一楼入口。走进入口之后马上可以看见长45米的大阶梯和电梯。**4.** 由东侧远眺。外观忠实地呈现出内部各种不同的功能。照片中央的大型箱状是大表演厅，左侧是大厅外围的玄关。**5.** 由于GRC板在制作时无法控制颜色均匀，因此加以涂装。外墙为黑色系，内墙为白色系。

过程 | Process

由竞标时的透明建筑改为目前的设计

2000年10月被选为设计者的伊东丰雄在提出草稿的提案中，这座建筑物本来是由玻璃构成的，这可以说是以往伊东丰雄建筑设计的延伸。但在设计的时候却变身成为了不透明的建筑。

“竞标截止之前的时间很紧迫，我们只去现场看过一次。获选之后有机会仔细在附近散步时，才发现地基附近有很多小型民宅。如果做成玻璃帷幕，从内侧看出去的视野并不怎么好，对附近的民宅来说也不太友善，所以决定改成封闭式的建筑。”

在预制混凝土板里镶入玻璃板的作法，就是伊东丰雄在重新思考时所想到的点子，随后再进一步发展为使用GRC板。“GRC板和玻璃的属性比较合，而且也可以做到轻量化。”这一点是主要的原因。

完成之后的作品是不透明的，而且镶入玻璃的GRC板展现出丰富的素材感，成为了一栋使欣赏者和使用者都能感到愉悦的建筑。

—

想做出更令人愉悦的建筑

—

“这三四年来我对建筑的想法有了一些改变。”伊东丰雄说。改变的契机在于他自己所设计的仙台媒体中心。“每次去到那里，就会想‘原来大家都很开心地使用着这个地方啊’，因而获得很大的鼓舞。以前我在心里总会很坚持透明、轻盈而又抽象的建筑，不过现在想设计出一栋愉悦、开心的建筑。”

设计松本市民艺术馆时，其实这种想法并不是非常强烈。但是伊东丰雄却在无意识之中盖出了“大家都能感到愉悦、开心的建筑”。

结果，伊东丰雄也找到了一把钥匙，消除了一直以来只以透明建筑来呈现“内与外的联系”的形态。多年来伊东丰雄都以“透明化”来联系内外。而这次使用镶有玻璃的GRC板所打造出的不透明墙面，不管内、外都呈现出相同的表情。

即使视野受到阻碍，但仍以内外相同的表情顺利连接起内与外。

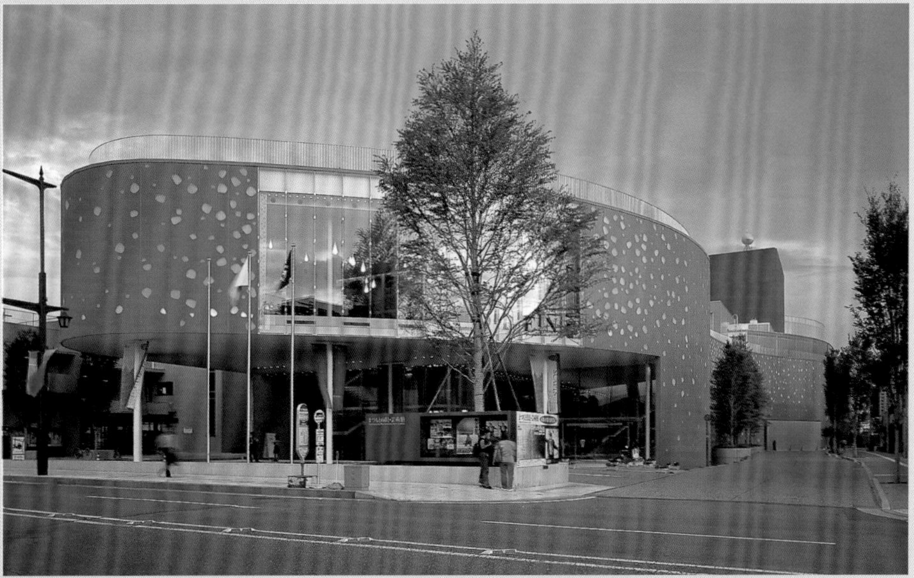

北侧正面外观。GRC板所描绘的弯曲墙面上，不管内、外都是在相同位置上镶入玻璃片。

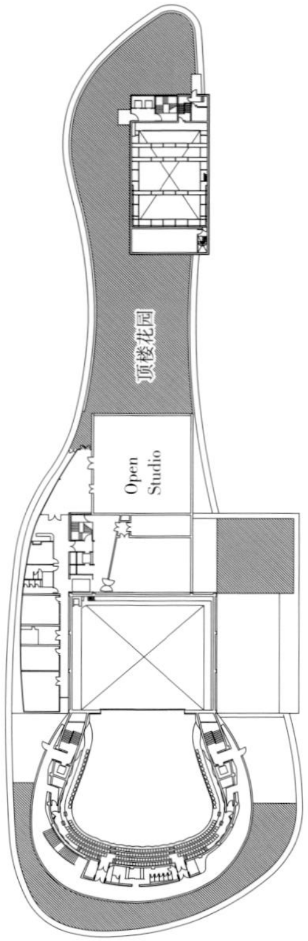

五层平面图 1/2000

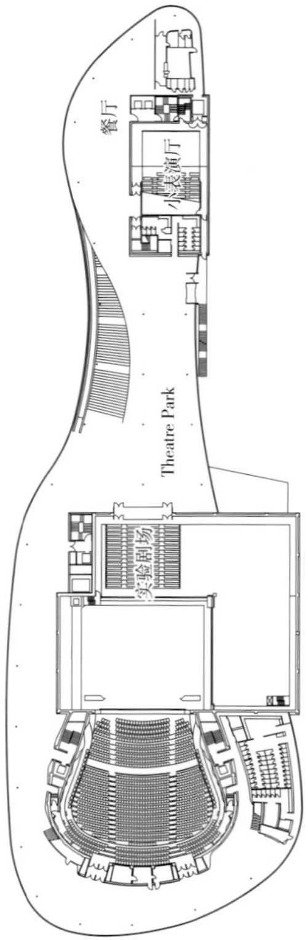

三层平面图 1/2000

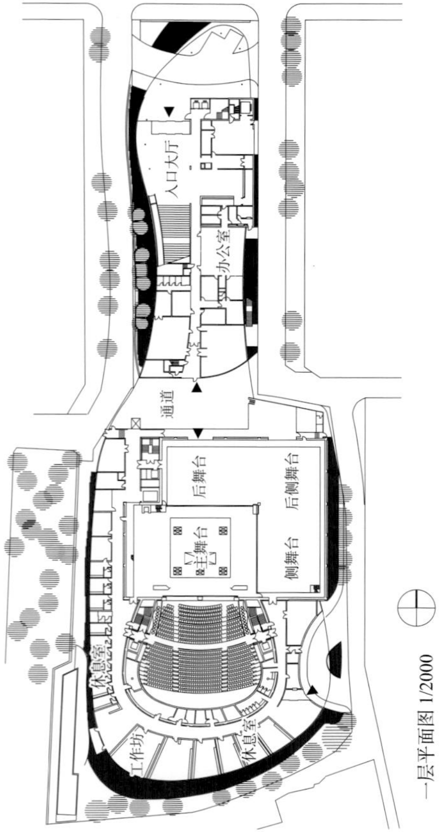

一层平面图 1/2000

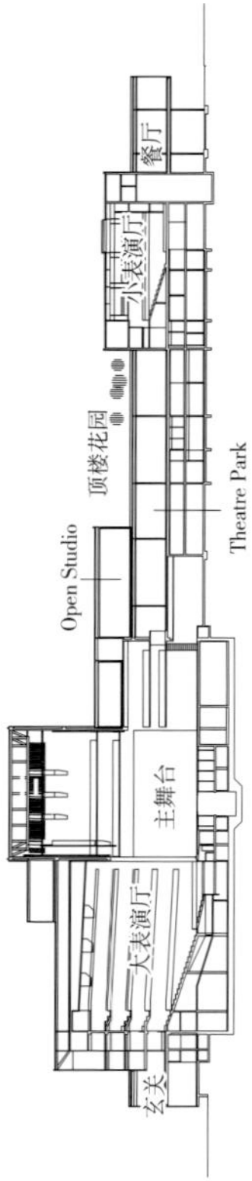

断面图 1/2000

建筑项目数据

所在地——长野县松本市深志3-10-1
主要用途——剧场
所在区域——邻近商业、市街化区域、准防火地域；建蔽率77.44%（允许范围90%）、容积率209.84%（允许范围300%）
占地面积——9142.50平方米
建筑面积——7080.02平方米
总楼地板面积——1万9184.38平方米
结构、层数——钢骨钢筋混凝土结构·一部分钢骨结构·钢筋混凝土结构、地下二层·地上七层·塔室一层
委托方——松本市
监理——伊东丰雄建筑设计事务所、松本市建筑部住宅科
设计协助——结构：佐佐木睦朗构造计划研究所；设备：环境Engineering；音响：永田音响设计；照明设计：Light Design；防灾计划：明野设备研究所；外墙：石川千子+东京Landscape；题字·CI设计：建筑·都市Wrokshop（合作）、Matsumoto Office；牛若丸；织品制作：布
施工方——建筑：竹中工务店、户田建设、松本土建共同承揽
设计期——2000年11月—2001年10月
施工期——2001年11月—2004年3月
总工程费——123亿1671万日元（不含外墙、备品家具）

2004年

建筑作品 19

TOD'S表参道大楼

东京都涩谷区

刊载于NA（2005年1月24日）

"倾斜结构"实现了榉木造型的创意

西侧外观。共有约270个开口，每一个的形状都不一样，以特别定制的玻璃板（部分铝板）打造出和躯体呈现同一平面的外观。黏着材料使用的是比硅利康更不显脏的聚异丁烯橡胶（PIB）。（摄影：坂口裕康）

面向表参道的北侧外观夜景。由混凝土及玻璃所构成的外墙象征了表参道上的榉木。一、二、三层为展示楼层，四、五层为办公室，六层为活动室。

二〇〇四年十二月十日，TOD'S表参道大楼举行了开幕酒会。TOD'S为意大利知名的皮革制品公司，自诩为该品牌忠实用户的松任谷由实和长野县知事田中康夫也出席了这场酒会。

出席的贵宾进入一层大门后，走上可眺望表参道的楼梯直达三层，便可搭乘电梯到达六层的活动室。意大利总公总裁兼CEO雅哥·迪拉·维利在致辞中表示，对于TOD'S在日本的第一家专卖店抱有很大的期待。

以树枝造型的柱子覆盖大楼

这栋大楼之所以令人印象深刻，来自于以表参道上的榉木为造型的外观。一株株相当于『树木』的混凝土框架，一层为『树干』，『树枝』则向较高楼层延伸出去。『树干』和『树枝』之间共镶有二百七十片玻璃片（部分为铝片）。盖满整个L形地基的建筑物共六面外墙上都是这样的装饰。

从东北方眺望表参道上的外观。建筑地基呈现L形，四周被既有的商业大楼所包围，与临街仅有10米之隔。厕所及电梯等部分都集中于面向东侧道路这一侧。

『我想做出既不透明、又不完全是混凝土的箱状建筑。』设计者伊东丰雄为了达成这样的构思，与负责结构设计的Oak构造设计一起想出来的办法就是『外围用柱体围起来，里面再加入平面楼板的结构』（伊东丰雄建筑设计事务所平田晃久）。解决的方法就是以三百毫米厚的墙面来支撑五百毫米厚的中空楼板。

本来伊东丰雄是打算将从最高处延伸到地面的『树干』和斜向的『树枝』都做成圆弧状的柱体，但最后由所有树干和树枝都作为柱体的『斜体结构』通过了建筑相关法令的规定。

躯体和玻璃片的接合平整

除了结构之外，另外一个问题就是开口部分的玻璃片。开口部分共有约二百处（另有约七十处铝片），每一个形状都不一样，且由于工期较短，只有约十三个月（实际耗费了十六个月），因此建筑物躯体和玻璃的制作必须同时进行。也就是说，不能等到躯体完成后，再依据实际开口的尺寸制作玻璃片。竹中工务店东京本店作业所长冈崎俊树表示：『前提就是确保躯体工程的精密度。』

另外玻璃片的固定方式也经过了多次讨论。对『希望玻璃安装后和躯体是在同一平面上』的伊东丰雄来说，是不允许窗框突出于外墙之上的，更希望做到无接缝。本来希望填充材料的宽度可以在三毫米以内，但竹中工务店却表示『若考虑到安全性，最少需要十五毫米。』最终决定的宽度为面向道路这一侧为八毫米，其他部分则有些为十一毫米。这都要归功于躯体工程的精密度和防震结构。

另外为了实现独特的设计，在工法上也下了许多工夫。这些都必须在工程进行的同时，以实物大模型来进行验证。最后终于在开幕前一个月的十一月十五日完工。

1

2

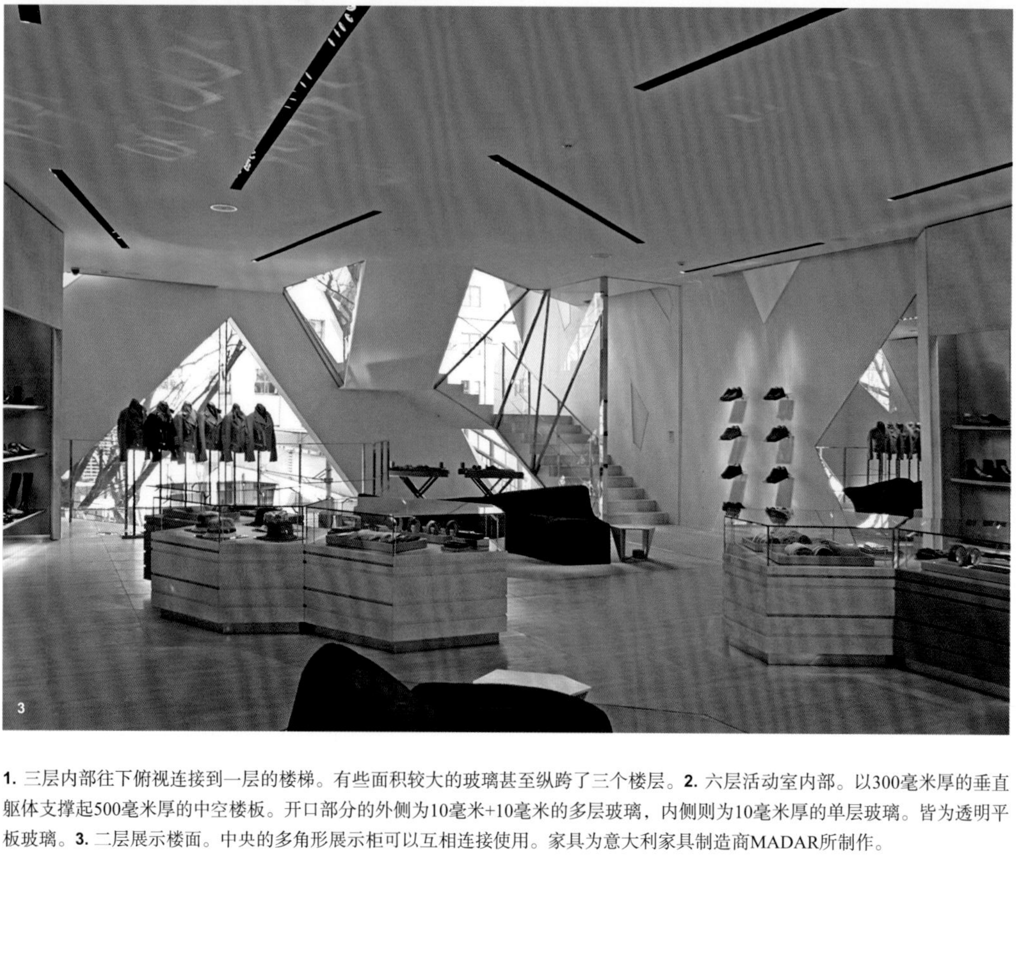
3

1. 三层内部往下俯视连接到一层的楼梯。有些面积较大的玻璃甚至纵跨了三个楼层。**2.** 六层活动室内部。以300毫米厚的垂直躯体支撑起500毫米厚的中空楼板。开口部分的外侧为10毫米+10毫米的多层玻璃，内侧则为10毫米厚的单层玻璃。皆为透明平板玻璃。**3.** 二层展示楼面。中央的多角形展示柜可以互相连接使用。家具为意大利家具制造商MADAR所制作。

"实现榉木图样的施工方法"

为了在TOD'S表参道大楼做出最具特征的外观，"以一般的施工方式是无法办到的。"（竹中工务店东京本店课长代理阿部一博）

像混凝土的灌浆，因为每个开口部的形状都不一样，所以灌模时外侧的模板是整片无接缝的板子，再装上在工厂制作的积木状木条。虽然模板已经在工厂里就画上线了，但到了工地现场之后还是需要测量、确认线的位置。大开口的部分则需要分割后才能进入工地，然后在工地进行组装。

通常的作法都是先放入主筋，再捆绑箍筋，但这个案子因为模板已经先组好了，为了维持良好的施工性，于是采取相反的程序，捆绑好箍筋之后才将柱体的主筋放入。在容易发生裂缝的开口部分的锐角处，则加入了各种补强筋。而为了防止裂缝的产生，混凝土里也加入了抗收缩剂。

—

玻璃从内侧固定在窗框上

—

形状较为复杂的开口周围如果灌浆不完全，会有膨空的危险性。"因此外墙使用的是55毫米的高流度混凝土。"

玻璃和外墙在同一平面上，从外侧看不出窗框，还可以防止漏雨、玻璃掉落。因此将窗框装在内侧，用螺丝钉固定在躯体之上，再将窗框和玻璃固定。

黏着材料使用的则是聚异乙烯，这是为了避免使用硅利康所产生的黑色垂流，且透湿性也很低。同时也针对多种材质并用的黏着材料进行验证，因为组合方式不同，颜色也会不一样。

另外由于作业方式较为特殊，因此也尽可能安排同一批配筋工人，以增加作业的熟练度。

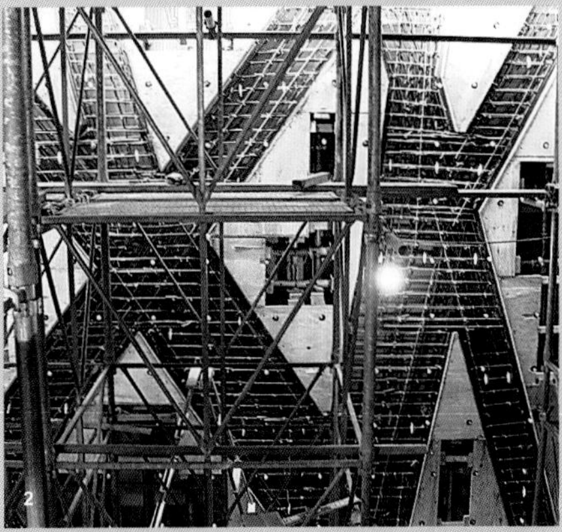

1. 因为每一个开口的形状都不一样，因此不同于一般的作业，外墙使用的是无接缝的平整模板。（摄影：竹中工务店）**2.** 配合开口的大小制作模型，再将钢筋斜着绑在里面。由于配筋非常复杂，必须在施工图上做非常多的注解。还在工地为配筋工人上课。（摄影：伊东丰雄建筑设计事务所）**3.** 每一片玻璃都是特别定制（制作：旭硝子）。搬运时必须将每一片玻璃分别装箱，并使用吸盘和起重机进行组装。

建筑项目数据

所在地——东京都涩谷区神宫前5-1-15

所在区域——商业地域、防火地域、第二种文教地区；建蔽率77.79%（允许范围100%）、容积率493.74%（允许范围500%）

前方道路——北36.24米

占地面积——516.23平方米

建筑面积——401.55平方米

总楼地板面积——2548.84平方米

结构、层数——钢筋混凝土・一部分钢骨结构、地下一层・地上七层

委托方——TOD'S

监理——伊东丰雄建筑设计事务所

设计协助——结构：Oak构造设计；设备：ES ASSOCIATES

施工方——建筑：竹中工务店；空调・卫生：新菱冷热工业；电力：关电工

设计期——2002年4月—2003年5月

施工期——2003年6月—2004年11月

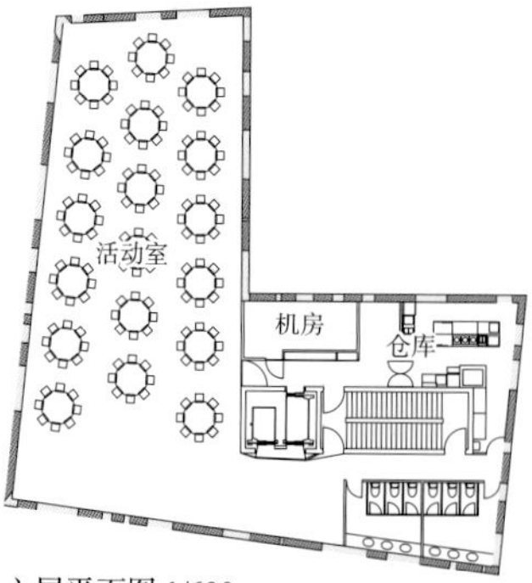

六层平面图 1/600

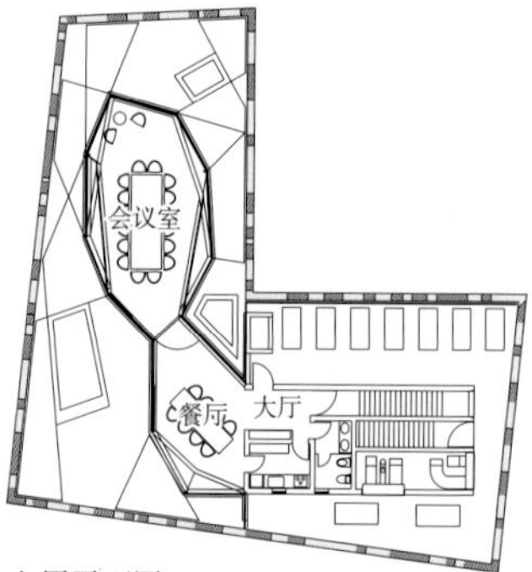

七层平面图 1/600

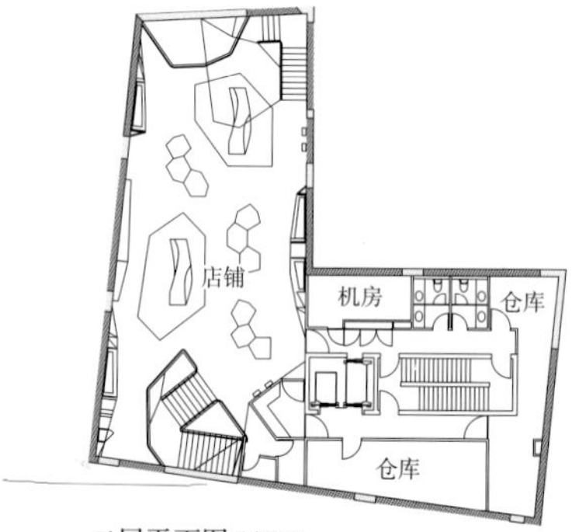

二层平面图 1/600

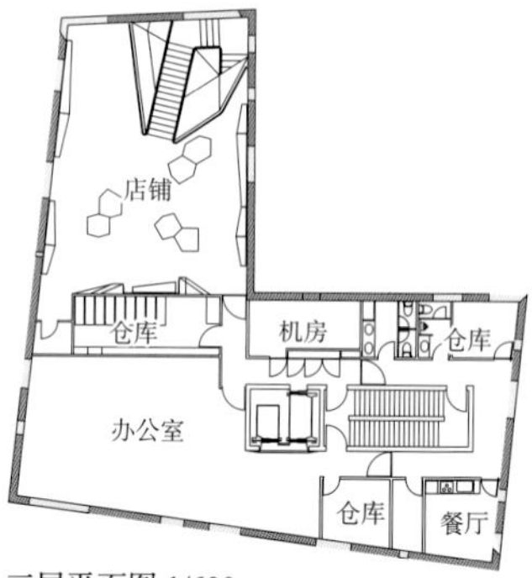

三层平面图 1/600

地下一层平面图 1/600

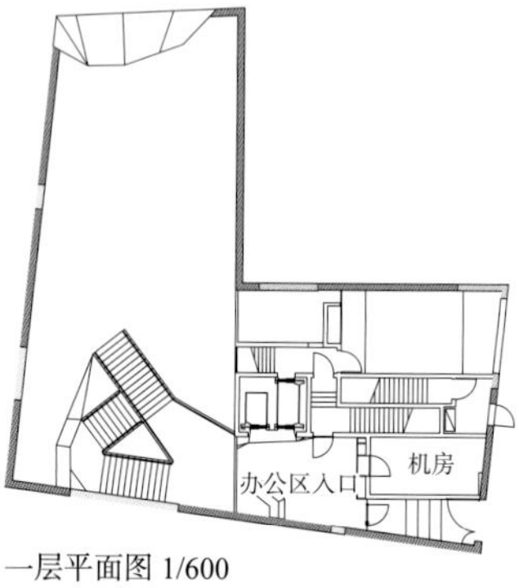

一层平面图 1/600

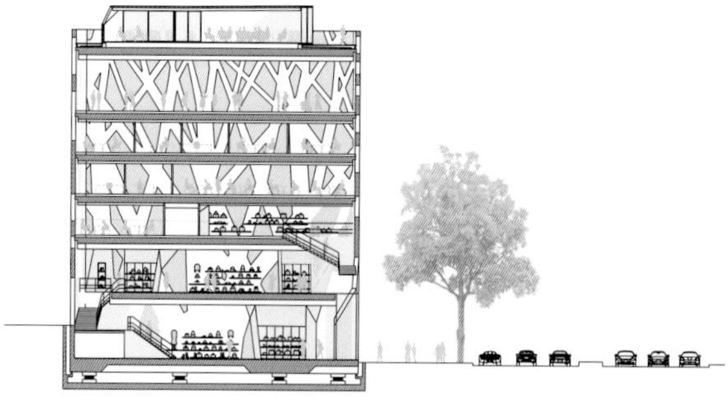
断面图 1/800

2005年

建筑作品
20

福冈Island City
中央公园核心设施

福冈市东区

刊载于NA（2005年10月17日）

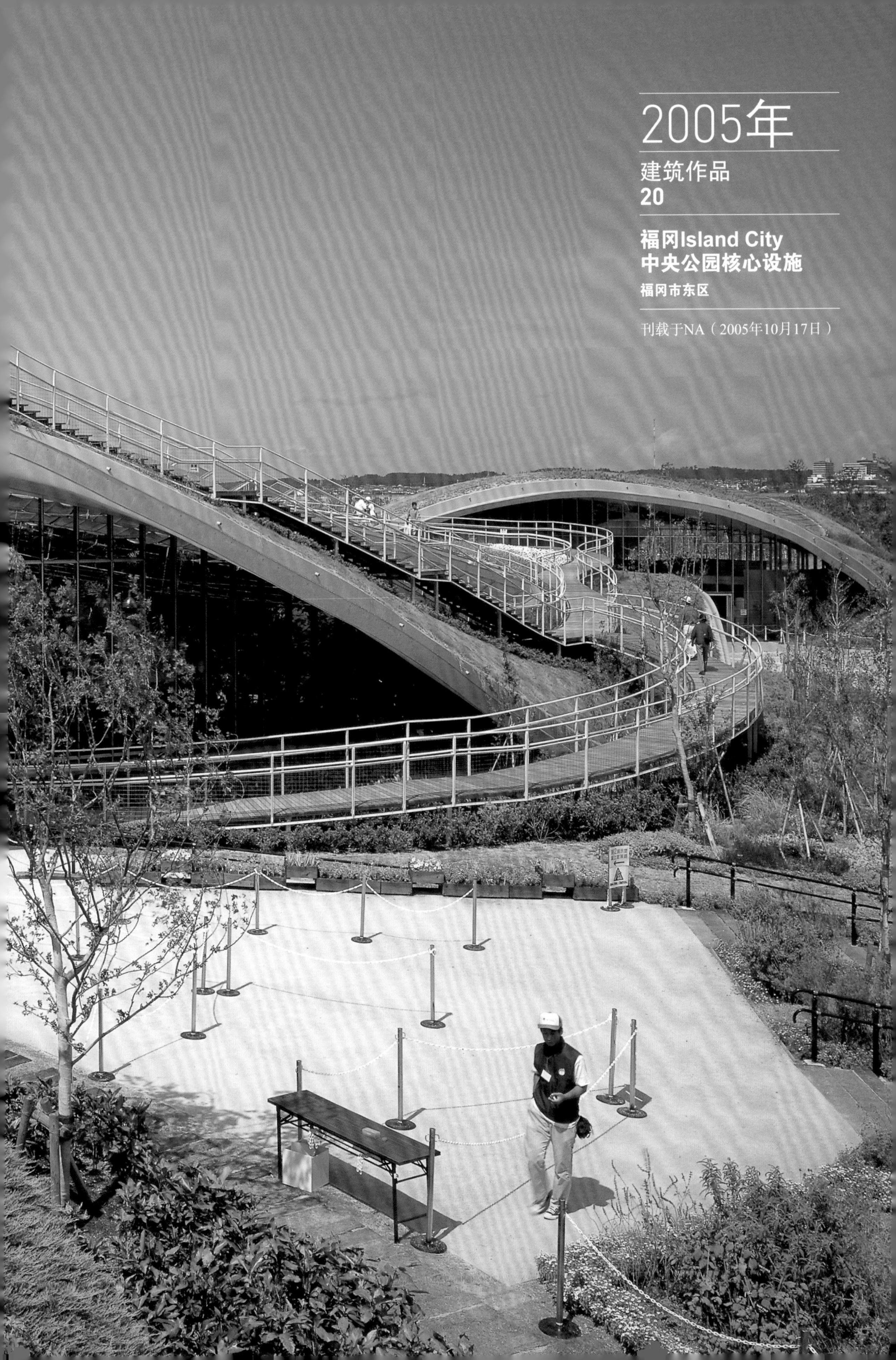

完全融于地形的自由曲面造型

设计者希望创造出一个“大家可以自由走动、有如山丘般的屋顶”。步道一直从地上延伸到经过绿化处理的曲面屋顶。（摄影：吉田诚）

越过旁边的池塘，这个设施看起来既像是一座山丘，也像是经过绿化处理的巨蛋球场。福冈市博多湾东部的人工岛上建设了Island City中央公园，内部的核心设施『Green Green』采用的是自由曲面的造型结构，作为二〇〇五年九月开幕的第二十二届全国都市绿化展的主会场。

长一百八十九米、总楼地板面积五千零三十三平方米。一体化的屋顶和墙面由厚四十厘米的钢筋混凝土板构成，中间有两处弯曲反转，衍生了北、中央、南共三处的内部空间。这三个空间并没有被切断，而是从内部延伸至外部，再延伸回到内部的连续空间。

福冈市府于二〇〇〇年秋天举行竞标，伊东丰雄建筑设计事务所也提出了设计方案。设计方案中提出了由地面延伸到屋顶的绿化处理，且形成一条可供散步的通道。『主题是大自然。我们想呈现的不是一个独立的建筑物，而是和周围的景观融为一体的风景。』负责此案的古林丰彦说。

『像旋涡或是海螺、螺旋状结构的DNA等，我们是根据自然界里最基本的形状为原型来进行设计的。』（藤崎弘之）不管从哪个位置纵切，都不会有重复相同的曲线。在设计时，花了很多时间和负责结构设计的佐佐木睦朗构造计划研究所进行共同作业，反复研究怎么样的曲面才能同时兼顾到结构上的需求，寻找创意设计与结构的接点。

创意设计使用的是三次元CAD，将短边方向的断面图做成一米间隔，再将长边一百八十九米以螺旋状构成。结构设计时则再置换为长宽两米的格状，修正成为符合力学的形状，以塑造出同时符合自由曲面而又合理的结构形态。

追求与植物的共生

由于这个设施的主题为花卉与绿地，因此北侧设计成绿意盎

然的free space，中央则为展示亚热带植物的温室。北侧的free space主要作为学习及工作坊的空间，两个空间里都设置了大面积的玻璃顶窗，以便进行植物的展示与种植。而这个顶窗的位置和大小也同时是创意和结构两方面的重点所在。『考虑到植物的生长，所以设计时也考虑到清晨阳光照射进来的太阳角度。』

经过绿化处理的屋顶减轻了空调的负担，天花板设置的水雾喷射装置也提高了冷却效果。另外更导入自然换气系统，夏季热气可以从玻璃顶窗排出，达到自然排气的效果。办公室和会议室则使用独立式空调，以达到与植物共生的目的。

1

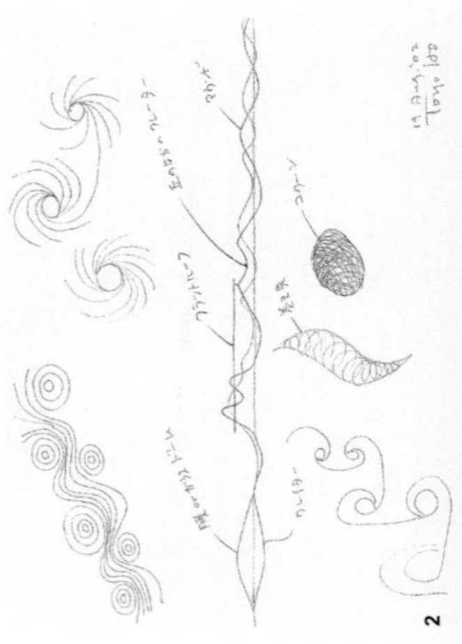

2

3

1. 越过紧邻东侧的池塘遥望设施。右起分别为北区、中央区、南区。这三个空间是由混凝土板弯曲、反转形成交错所构成。**2.** 设计者伊东丰雄于初期所绘制的草图。可以看出当时的灵感来自于旋涡和海螺等造型。（摄影：伊东丰雄建筑设计事务所）**3.** 可供散步的屋顶。

1

1. 玻璃窗共有四处，使用12毫米厚的强化玻璃。考虑到植物的生长，因此紫外线可以穿透玻璃的防碎贴纸。**2.** 玻璃顶窗看起来是不规则的，是因为考虑到清晨阳光照射进来的角度。展览期间会使用遮光布幕来控制光线。**3.** 内部喷上20毫米厚的水泥系发泡隔热材料，接着再喷上一层陶砂骨材涂料。

细节 | Detail

因安全考虑而产生的PC材质开口

目前的活动结束后，“Green Green”将作为展示温室和学习设施使用。进入中央区及南区的屋顶是需要付费的，但北区预计开放成为免费区域。因此安全管理将成为一大重点。

公园里的公厕，使用玻璃的话就会经常发生损毁的现象，因此这里各区出入口的帷幕墙都使用PC板。

“原本我们也想过使用帐幕那种柔软的材质来做隔间，但担心容易拉破，所以后来选择强度比玻璃更高的PC板。”

PC板厚8毫米，将其弯曲加工为“コ”字形，接合部分使用镀锌钢条来增加强度，以因应地震的摇晃和风压。另外因为透明性佳，也达到了“柔性隔间”的目的。

使用PC板作为帷幕墙。纵向的线条是为了加固钢条。

1. 墙面和屋顶合为一体的建筑，施工时以斜面角度30°作为墙面和屋顶的区隔。
2. 屋顶部分经过绿化处理，墙面则安装网面，以爬藤植物达到墙面绿化的效果。
3. 扭曲的混凝土板下方的各区域空间作为通道使用。
4. 散步通道的扶手为无障碍空间，将坡度控制在1/12以下。

建筑项目数据

所在地——福冈市东区香椎照叶4丁目
所在区域——第二种居住地域；建蔽率4.15%（允许范围10%）、容积率4.15%（允许范围10%）
前方道路——35米
占地面积——12万9170.00平方米
建筑面积——5162.07平方米
总楼地板面积——5033.47平方米
结构、层数——钢筋混凝土结构・一部分钢骨结构、地上一层
委托方——福冈市
设计协助——构造：佐佐木睦朗构造计划研究所；设备：环境ENGINEERING；照明："Lighting PLanners Associates"；造园：综合设计研究所
施工方——竹中工务店、高松组共同承揽
施工协助——空调：宫房冷机；卫生：福进设备；电力：三交电气工事
设计期——2002年10月—2003年11月
施工期——2004年3月—2005年4月
总工程费——14亿3864万5000日元（含税、不含植栽造园工程）

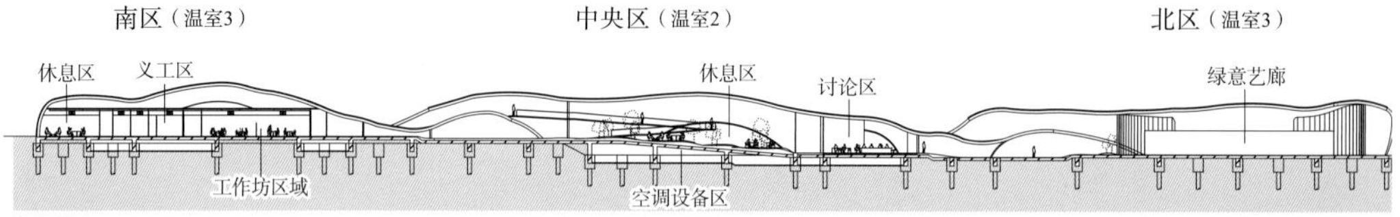

断面图 1/1500

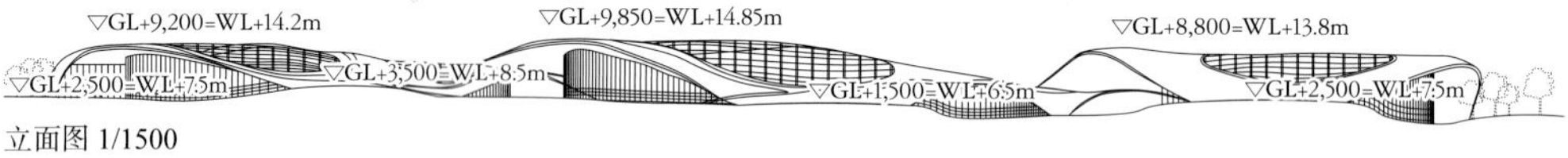

立面图 1/1500

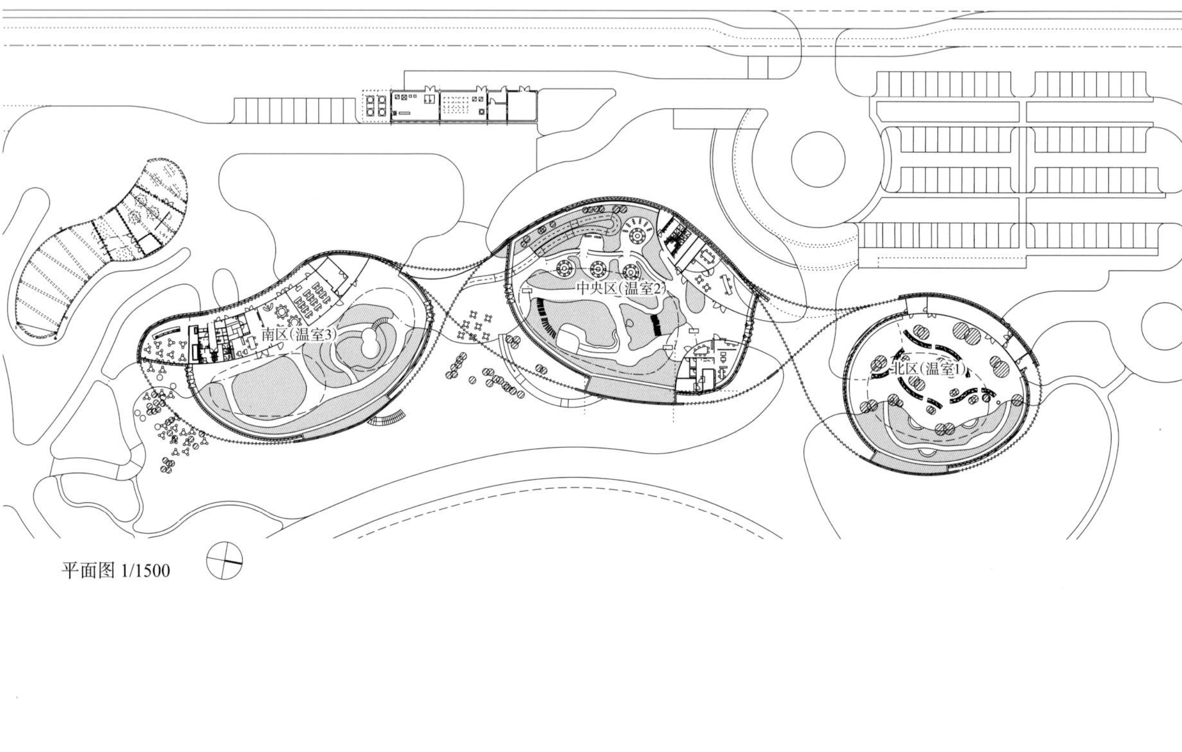

平面图 1/1500

『我想做出一栋屋顶和墙面之间没有分隔、浑然一体的建筑』

——从追求轻盈骤变为追求动感

刊载于NA别册·美丽的屋顶
2006

以「银色小屋」的轻快屋顶为代表，自二十世纪八十年代中期以来，持续追求浮游感的伊东丰雄，如今却转变为开始摸索如何在设计中「表现出动感」。在「Green Green」一案里，更挑战使用混凝土做成自由曲面造型的屋顶。伊东丰雄说：「我想设计出一个屋顶和墙面之间没有分隔、浑然一体的建筑。」

——岐阜县各务原市的『冥想之森市营殡葬场』（左页下方照片）中，钢筋混凝土所制成的自由曲面造型的屋顶令人印象十分深刻。请问这个曲面的形状是如何决定的呢？

—这个殡葬馆的地基里有一个蓄水池，四周被群山包围，因此我们一开始就想，要如何表现出与周边环境的关系？既可以沉稳地呼应背后的山，又要看起来像是水面的波纹。一开始我们思考的并不只局限于屋顶，而是想创作出一个让人联想到大自然的建筑。

像这种三次元的连续屋顶，我们在福冈的『Green Green』已经有过一次经验，而且在比利时的根特市广场竞标中也曾经提案过。这次可以说是这些设计的延伸，希望做到与景观的融合。

——您之前的建筑有许多都是以透明性、浮游感这些关键词所设计而成的，但似乎从『Green Green』开始，就开始散发出物质感和重量感的味道。关于这一点，您对于设计的意识是否有了什么变化呢？

—这个变化是从仙台媒体中心之后产生的。在竞标的投稿阶段，本来我们是想做成没有物质感的光束，并在工地里进行了数量庞大的钢管组装作业。后来发现或许直接表现出钢铁的强度和物质的动感会比较好。

在封闭的箱子里开孔

——仙台媒体中心的墙面是以玻璃构成，具有透明性。但是『Green Green』的混凝土板却让人感觉到强烈的存在感。

—虽然仙台媒体中心是透明的，

但因为是个『箱子』，所以基本上内外分得很清楚。但是『Green Green』的时候，我们想做的是内外合为一体的感觉。

这个地基是填土而成的，地势非常平坦，地面上有隆起的小丘，我们就把它直接当成屋顶。之所以想做出和景观同化的建筑，构想就是从这里而来。但因为这个曲面经过扭转后有两个反转处，所以就会变成沿着内部一直走会走到屋顶上方，走在屋顶上却会通到建筑物内部的情况。我们就是想做出这种扭转内外关系的建筑。

—

——建筑史学家藤森照信曾经提出『在仙台媒体中心里，内和外既不对立，也不和谐，而是一种反转、相互贯通的状态。』的说法。您在设计『Green Green』的时候，是否强烈地意识到这一点呢？

—

关于这一点，之前我做了几件

（摄影：铃木爱子）

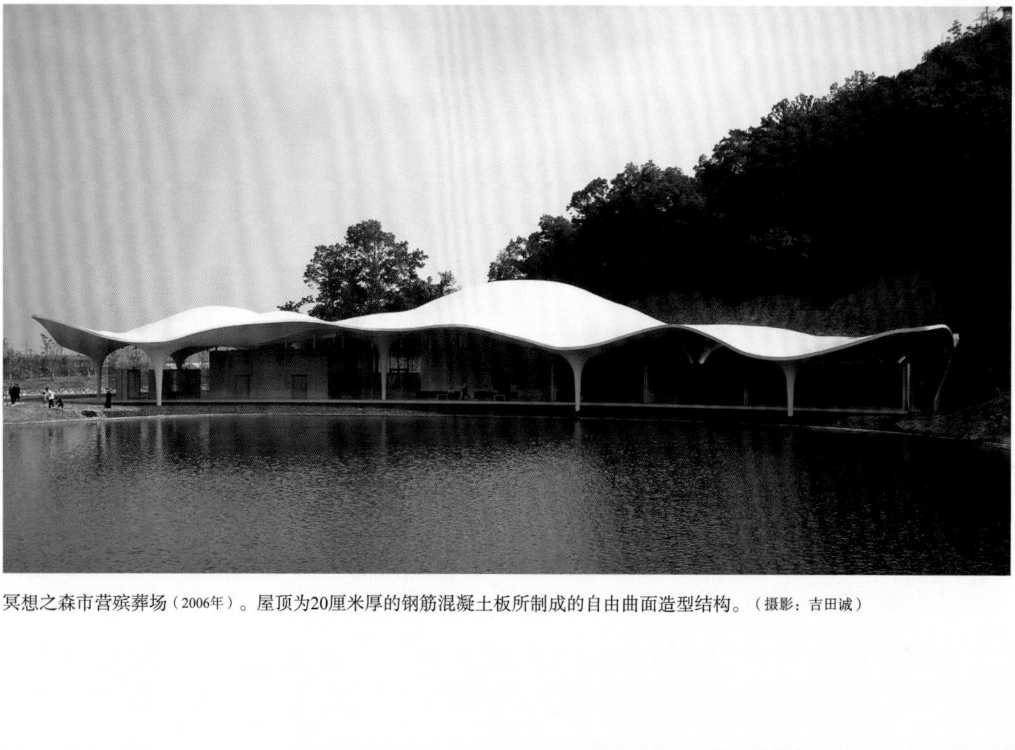

冥想之森市营殡葬场（2006年）。屋顶为20厘米厚的钢筋混凝土板所制成的自由曲面造型结构。（摄影：吉田诚）

“Green Green”里设置有散步通道，可以沿着绿化处理的屋顶走到地面。结构设计为佐佐木睦朗构造计划研究所。（摄影：吉田诚）

透明感很强烈的作品，但其实越是透明，在我的意识里却把内外区分得更清楚。虽然我想做得暧昧一点，事实上却分得很清楚，我一直感觉到这种矛盾。而最近我开始有了和过去完全不同的想法，说不定在墙壁上开孔才是可以将内和外一体化的方法。

其实这个开孔的作法是在仙台时想到的。像那样的箱型建筑，里面有纵向的管贯穿其中，仔细想想和外部环境还是协调的。这些管不但可以将光线从上方引导到内部，也可以引进新鲜空气。在思考这些事的时候，突然想到如果在封闭的箱状物上开孔的话，一定很有趣。

将这个想法延伸、实现的就是松本市民艺术馆的外墙。这个案子里开孔的不是结构体，而是由GRC板（玻璃纤维强化预制混凝土板）组成的墙面，然后在孔里镶上玻璃片。我想这个作法是可行的，所以后来才又设计了TOD'S表参道大楼和MIKIMOTO Ginza 2。

屋顶和墙壁完全同质化

——**说到墙面，基本上您似乎一般不会将墙面、屋顶等部分切割开来分别进行设计？**

我尽量不这么做。不过大部分的情况屋顶和墙面还是会分得很清楚，而且大多都在处理完建筑的事之后才发现这一点。像『Green Green』，现在我会刻意做出既是屋顶，也是墙壁，又是地板这类区分不太出来的东西。现在回想起来，会觉得如果把各务原的市营殡葬场入口做得像这种风格就好了。虽然『Green Green』很多地方都挖了很多土，但在建筑想法上的表现还是比殡葬场好。

——**不管是『Green Green』或是殡葬场，都像横躺在广大地基里的建筑。相比之下，TOD'S表参道大楼或MIKIMOTO Ginza 2就**

是在市区里较小的建筑。对于屋顶的诉求完全不同吧。

—

只要是盖在市区里，不管由谁来做，屋顶的存在感应该都会很薄弱。像我也是，总是不自觉地分成以墙壁切入、以屋顶或地板切入这两种不同的作法。但事实上把这些区别完全消除才是最有趣的。像蛇型艺廊的临时建筑就是屋顶和墙壁完全同质化的例子。

—

——最近网络上的谷歌地图搜寻服务，只要把地图扩大，就可以轻松地从上空看到建筑物的形状，而且连构造也看得很清楚。借助这个地图，可以看到许多都市里平常没办法看到的屋顶，应该逐渐会有很多人开始意识到屋顶这个存在吧。如果这样的话，屋顶的设计还能维持原样吗？

—

您说的一点都没错。像MIKIMOTO Ginza 2，即使把屋顶上部往下折，也会很有趣。而且因为开了很多洞来代替窗户，所以不只是墙壁，就算屋顶开洞也无所谓。

有如日本民宅一般的感觉

各务原的殡葬场也是，我自己最喜欢的，就是走在它的屋顶上。

当天的致辞中，我也提到这栋建筑物最有趣的地方就是屋顶上方。那天，工作人员忘记将通向屋顶的通道关闭，于是只要一有人到场，我们就一起走到屋顶上去。大家都说，今天就破例一下好了，最后大概有一百个人都上到了屋顶，我个人实在非常开心。

—

——最近几年也有很多人在提倡屋顶绿化，不过对你们来说，应该是从以前就意识到屋顶并不只是遮风避雨，而是应该有更积极的使用方式。除了绿化的普及之外，大家也考虑到降低温室效应的环保面，使绿化不只是绿化，也逐渐出现可以走在上面散步的屋顶。您是否意识到这股潮流呢？

—

我在创作的时候并没有特别意识到屋顶绿化这件事。因为围垦地的地面非常平坦，很单调，但只要从稍微隆起的地方往下俯视，风景就会完全不一样。进行各务原的案子时，我们实际上到七八米高的地方，看到的景色真的不一样。

至于绿化的技术，当然我们也运用了很多。不过隔热材质会把内外的环境完全区隔开来，使内部使用的能源减少。但我最想做的并非如此，而是希望打造出像过去日本民宅或传统建筑那种内外一体化的环境。我的论点是如果没有这种思想，就无法做到真正的环保。

但是外面非常炎热的时候，如果隔了一层门，习惯于在内部尽情享受冷气的环境，就很难创造内外同化的环境了。这一点是很难突然分割开来的。

不过我们也发现，当我们费尽一番工夫让风可以吹进室内之后，即使后来没有风了，还是会感觉很舒服。人类是具有这种能力的。如果认真思考的话应该可以达到真正意义上的节能环保。那样的作法反而会更接近人类与大自然的和谐。

我认为应该要将屋顶、墙壁、窗户和门这些元素从建筑的等级制度里抽离出来，再接着理解建筑会比较好。

——您在盖『银色小屋』的时候曾经说过：『最容易居住的建筑应该是没有一点勉强、自然的建筑。我想最终大家还是会创作出建筑最原始的状态。』刚才又听到那番话，发现您对建筑的想法基本上都没有改变呢。

我还是喜欢原始的东西。说到传统，大部分的日本人都会联想到江户的传统、江户时代的文化，比较喜欢茶屋、茶室这一类比较洗练、优雅的东西。但是如果要回溯到过去，我认为应该回到更早以前，所以我才会对在树上盖茶屋的藤森照信的建筑这么有共鸣。

我觉得越是可以放松的地方，人类越能发挥原本的生命力。相反地，在比较洗练的空间里，反而会丧失这股力量。制作『银色小屋』时，我一边盖，一边想着，如果要在都市里盖一座从前的农家小院的话，应该就是这种感觉吧。

——当时您经常使用『风的建筑』这样的词汇。

现在会觉得“重一点也没关系”

最近则是和水有关的表现变多了。但不管哪一种，其实我想表达的就是某种流动的东西。仙台媒体中心也是以在水中摇摆的柱子为原型创作出来的。

人类非常喜欢属于自然的部分。大家都说人类从近代之后就从大自然中自立，成为了独立的存在，但其实以前的人类是不能离开河川生活的。人类从河川中汲水，喝进体内后又再排出，就好像河川的支流一样。

人类真的是自然的一部分。我想借助建筑来重新表达这样的想法。

——如果以现代主义的想法，大多会把建筑盖得很坚固。相比之下，过去您的作品都很轻盈，感觉是想对建筑的主流设计进行反击。

以前的确这么说过，但现在却变成了『重一点也没关系』。不过现在对于『像建筑的建筑』『建筑应有的秩序』这类说法同样感到抗拒。因为建筑的秩序、社会的秩序这些说法都让人联想到保守的事物，我想尽可能努力改变这些事情，这应该是我从事建筑最大的原动力吧。

接下来我应该会时常改变看事物的方式，材料部分就算一直变化应该也没关系。

——一九九三年完工的下诹访町立诹访湖博物馆·赤彦纪念馆的造型就像把整艘船反扣过来一样。这个建筑的设计似乎和浮游感有一些不同。

那个应该称为流动感吧。建筑物的背面有一堵墙，前方是四分之一的圆弧体，因为圆弧部分贴上拱状的铝片，所以几乎没有屋顶和墙壁的区别。

——这些想法也延续到了现在吧？

在我的心里一直有两个想法来来去去，一个是想制作成透明的箱状，非常轻盈的建筑，另一个则是希望地基在大自然环境里，表现出流动感。而仙台媒体中心是第一次把这两个想法融合在一起，之后就有了很大的变化。

两三年前我经常说，自己从事设计约二十五年来所想的，反而不如仙台媒体中心完成之后的三四年想得多。这个案子带给我的影响就是这么大。

——除了仙台媒体中心之外，最近也有很多结构上很复杂的建筑物出现。

在仙台的时候，一边看着这个庞大的钢骨结构体，一边想着这样的强度对这栋建筑而言果然是必需的，也因此开始对新的结构产生了兴趣。

其中一个原因是，近十年来我们已经有能力分析非常复杂的结构，可以自由创作各种曲面。每个结构家都说，更早之前的计算机根本没有办法分析太过复杂的结构。后来计算机分析能力的提升对设计有很大的帮助，结构家的想法也因此有了很大的变化，

1.『银色小屋』。因为想做出『风的建筑』，因此想出了这个有如在街上搭起一个金属蚊帐般的设计。（摄影：大桥富夫）2. 下诹访町立诹访湖博物馆・赤彦纪念馆。结构设计为木村俊彦构造设计事务所以及松本构造设计室。（摄影：三岛叡）3. MIKIMOTO Ginza 2。钢筋混凝土的墙面上有许多不规则的开孔。（摄影：吉田诚）

1. Vivo City。背后是山丘，因位置面对海边而获得灵感，产生了有机曲线如海浪般律动的外观。（摄影：Nacasa & Partners）**2.** 台中歌剧院的图纸。（CG：伊东丰雄建筑设计事务所）

变得更柔软了。

一直到十年前，每次我提案时，总会听到『这样没办法做啊』的回答，然后我再回对方：『你看看，应该可以做啊。』就这样一直重复。但是现在，说句极端一点的话，应该什么都做得出来了吧。目前我们的作法就是先进行模拟，将不合理的地方降到最低。

——实际施工时出现的问题是如何解决的呢？

关于这一点，不管是在各务原或是福冈，我都很惊讶大家为我们做了这么多。工程本身应该是非常困难的，但工程人员对于我们拜托的事情却都轻轻松松地就做到了。一想到日本存在着这么多有潜力的人，我就很惊讶。

工程人员轻轻松松地完成了困难的工程

——很多人都说，现在已经没有具有工匠气质的工程人员了，气质不一样了。这样看来，日本还是有很多令人难以舍弃的地方吧。

另一个问题在于态度。现在还是有很多工程人员在遇到越困难的问题时反而越能激发解决的欲望，而且也具有研究的能力。他们的研究已经超越了过去建筑的概念，让我深深感觉到不管是屋顶绿化或是混凝土，他们都有着极高的水平。

——可以举几个完成后屋顶很有特色的建筑吗？

二〇〇六年秋天会启用的新加坡购物广场『Vivo City』虽然不属于三次元，但使用了很多曲面屋顶。另外中国台湾的台中歌剧院则是分不出墙壁、屋顶和地板的曲面连续体设计。

第六章

伊东丰雄的理念及组织论

伊东丰雄建筑设计事务所凭借许多成功的设计而广为人知。
这似乎是因为设计进行的方式并非采用top-down（由上至下）的方式，
而是bottom-up（由下至上）的方式。
为什么会演变成为这种扁平组织呢？
让我们一起来回顾一下伊东丰雄设计手法的变迁。

初出茅庐时代的故事

——悠闲度日的时光成为日后的肥料

刊载于NA（1996年3月25日）

历经菊竹清训建筑设计事务所，伊东丰雄于一九七一年设立URBOT（一九七九年变更为伊东丰雄建筑设计事务所）。原本计划成立一家使用计算机软件的先进事务所，却因为伙伴无法加入而未能实现，从而度过了十年以上的单打独斗的时代。与筱原一男的对话，还有与其他建筑家的往来都是当时的精神食粮。

—

一九七二年春天，当时就读广岛工业大学四年级的石田敏明（现任职于石田敏明建筑设计事务所）从东京车站前往URBOT办公室。之所以想在毕业前拜访伊东丰雄的事务所，是由于感受到就业的环境比较不利，所以想要早一点决定毕业后的工作。

伊东丰雄独立后的第一件作品铝之家（左页）是一件极具震撼力的作品。石田敏明在杂志上看到相关报道后，非常有共鸣。当时居住在广岛，只有从建筑杂志上才能得知建筑家的动向，对石田敏明来说，伊东丰雄有如云顶般的存在。『我记得直到见到他本人之前，还非常紧张。』但是一走进事务所，原本不安的情绪就立刻一扫而空。温和、谦逊——这是石田敏明对伊东丰雄的第一印象。这样的印象到现在都没有改变，而且更发现了伊东丰雄令人意外的一面。

『我以为他喜欢的音乐类型会是古典音乐，结果居然是演歌。以为他会去酒吧喝酒，没想到他都去新宿高架桥下的烤鸡串店。他和外表给人的印象不同，是个很坦率的人。』当时事务所里播放的正是演歌。

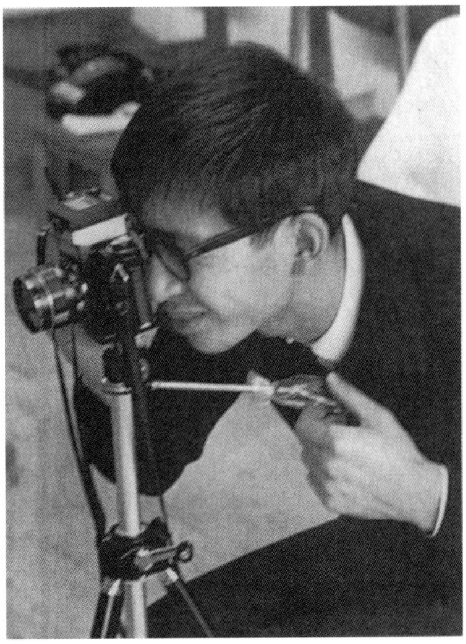

摄影中的伊东丰雄。

现在的伊东丰雄非常沉稳，不过独立初期却经常对所员发脾气，总是花很多时间和数名所员一起构思少得可怜的案子。

伊东丰雄本人说起当时的小故事，『后

来我才听说，有一天晚上我们大家一起去喝酒，其中一个所员还因为被我骂了之后很不甘心，在店里哭了起来。』

身为所员之一的石田敏明也目睹了伊东丰雄对设计的严谨。伊东丰雄是个不会直接指示员工应该怎么做的老板。石田敏明刚开始就以竞标形式实际参与设计。『正因为处于对等关系，所以显得更加严格。当时我甚至无法理解大家的语言，好不容易才跟上大家。』

伊东丰雄的想法经常过了一个晚上之后，就完全改变了方向。虽然有时会让人乱了手脚，但是石田敏明却因为『自己根本没想到这么深』而深刻体会到自己的想法过于天真。

1. 独立后的第一件作品『铝之家』的外观。（摄影：铃木悠）
2、3. 『铝之家』的模型照片。当初原本的设计是四支筒状。一九七一年完成于神奈川县藤泽市。外墙以铝片铺设而成，空间中有采光用的两支筒状。

—有如泡沫般消失的先锐事务所—

伊东丰雄于一九七一年三月成立URBOT，但是开始并不是很顺利。原本他计划和大学时期的同学月尾嘉男（采访时为东京大学教授，目前为东京大学名誉教授）一起成立事务所，但是这个计划被迫中止，理由是月尾嘉男所属的事务所不同意与之合作。

原本的计划是由伊东丰雄负责建筑设计，月尾嘉男从事程序软件制作。公司的名称URBAN ROBOT（URBOT）正蕴含了在技术上超越未来的期望。

如果依照原定计划进行，伊东丰雄之后的创作方向或许也会有所不同。『一直到现在，我们的公司章程中，还有制作计算机软件这个项目。』伊东丰雄笑着说。

成立事务所的地方，位于和『铝之家』同时期设计的、东京南青山的办公大楼。两个案子的业主都是伊东丰雄的姐夫。

伊东丰雄希望能够倾全力设计他的第一件作品，因此向身为业主的姐夫提出了一个交换条件。『办公大楼这边我会完全照你的要求去做，希望可以支付我设计费。但住宅那边我不拿设计费，请让我自由发挥。』

即使立下了这样的约定，但事情却无法顺利地进行。『总之就是每天吵个不停。对

方总是想说什么就说什么，而我是不管对方说什么从来就听不进去。』

『即使如此，还是有很多自由的空间。』这栋住宅在一九七一年完工。设计上深受菊竹清训的影响。

“中野本町之家”的外观。（摄影：大桥富夫）

不把设计当作维持生活的手段

之后伊东丰雄陆续完成了『黑之回归』『中野本町之家』等作品性极高的案子，但是工作量却非常少。而且几乎没有商业设施的案子，几乎都是透过关系介绍的住宅案。『因为成立事务所并没有特定的目的，所以每天悠闲度日。』伊东丰雄说。

话虽如此，还是要接些工作来维持生计，如都市计划的设计图或是整理报告等。也有段时间是每画一张透视图，就可以获得数十万日元的报酬。只有接到住宅案时，才会认真进行设计，其他工作则是为了生计而迅速结案。为了支付所员的薪资，有时还会把自己的薪资再支付给所员。

二十世纪八十年代中期所员人数不多，目前（一九九六年）已增加到二十人。但是伊东丰雄并不会为了维持生活而在设计上有所让步。『我们花费很多心力去创作一个建筑，因为所员们也都愿意领取微薄的薪水一起努力，所以我们并不是只是为了赚钱而设计。』

跑业务的成果只是一栋住宅

大家都说作家型的事务所与跑业务无缘，伊东丰雄事务所也不例外。『铝之家』的业主是姐夫，『中野本町之家』是姐姐的住家。不仅如此，住宅以外的案子几乎都是友人介绍的。『并没有很多人介绍案子给我，我们是靠着少数的介绍缩衣节食地度日。』伊东丰雄说。

名古屋PM大楼（一九七八年）的案子也是如此。只要通过介绍拿到大规模案子，就能维持一年的生计，大家都非常高兴。『我们那个时代的建筑家都是这样，脑子里没有拉业务的概念。也没有什么业务的压力……』

话虽如此，不过伊东丰雄却记得二十世纪八十年代时曾经做过一次拉业务的事。那是向一般杂志推销都市型住宅的原型『居住System』，借以从读者之中找到业主。

这个住宅以勒·柯布西耶的多米诺系统为

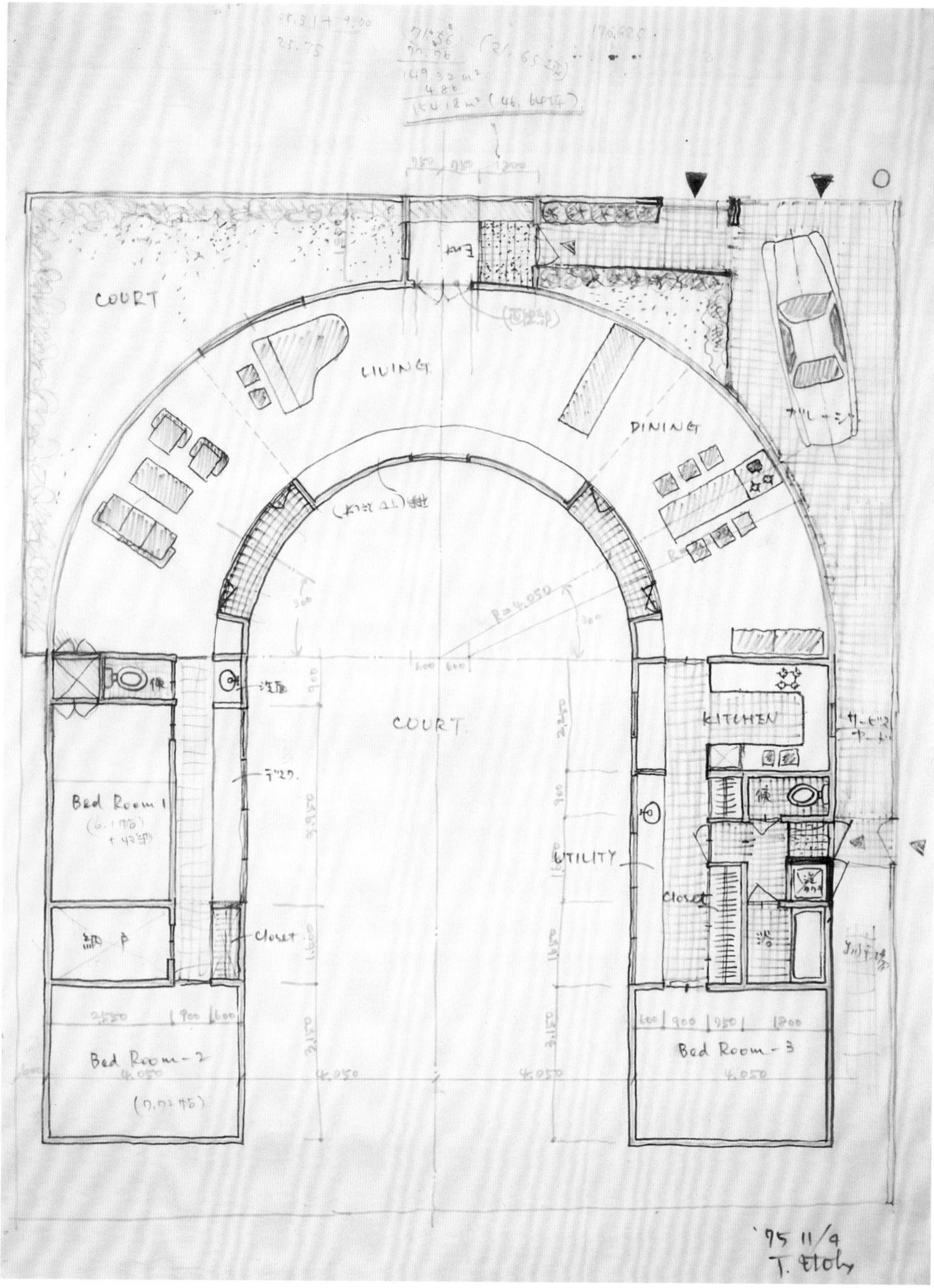

“中野本町之家”的设计图。建筑所在地紧贴着“银色小屋”（1984年）的背面。
以钢筋混凝土壁面覆盖马蹄形空间，光线从顶端的隙缝照进白色的室内。这是受筱原一男影响最大的作品。

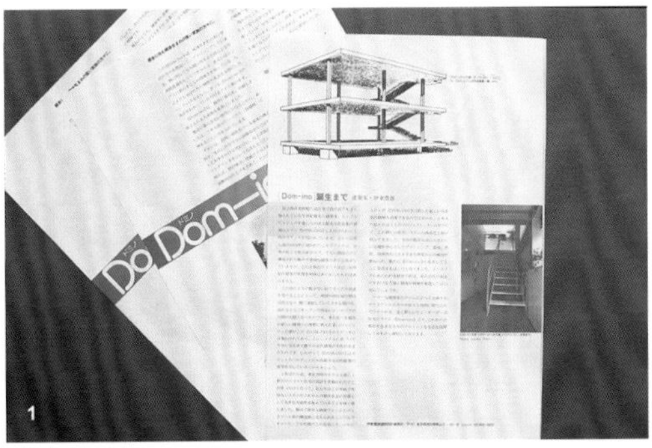

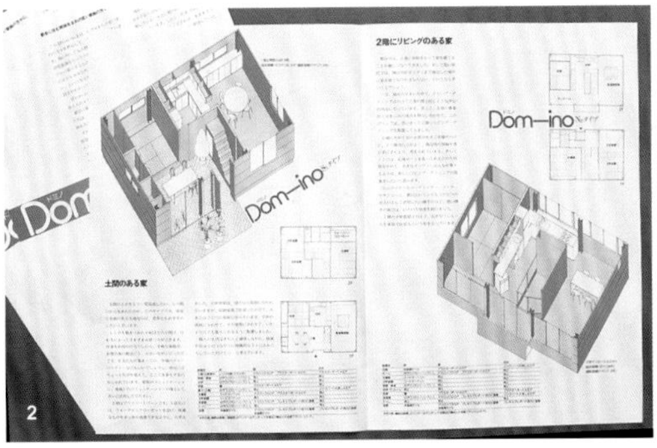

1、2. 女性杂志《Croissant》里的“多米诺住宅”。（资料：伊东丰雄建筑设计事务所）**3.**“梅丘之家”（1982年）。经由《Croissant》报道后，获得萩原朔美的委托设计。（摄影：安井进）

基础，是钢骨及PC板组合而成的箱型架构，成本较为低廉。通过朋友的介绍，得以在当时畅销的女性杂志《Croissant》里有了发表的机会。伊东丰雄事务所称得上拉业务行为的就只有这么一次。但结果只完成了散文作家萩原朔美的住宅『梅丘之家』这么一件作品。

与建筑家的交流成为心灵支柱

菊竹清训、筱原一男、矶崎新、村野藤吾（殁）等多位建筑家都曾给伊东丰雄的设计带来很大的影响。独立之初，是伊东丰雄对筱原一男的兴趣最为深厚的时期。而作品之中最能窥视筱原一男风格影响的，就是『中野本町之家』。

不过，伊东丰雄得以一窥筱原一男设计的住宅，却是意外的迟，是在完成『中野本町之家』的一九七六年。由于要在某建筑杂志上发表一篇关于筱原一男的文章，因此去实地参观作品，参观了即将完工的上原通之家（设计：筱原一男）。这次的参观活动，使他第一次与『筱原School』的成员碰面。

之后伊东丰雄便有机会经常到筱原一男的研究室拜访。经常和坂本一成（采访当时任

与矶崎新、安藤忠雄一起出席一九八二年于美国弗吉尼亚大学举办的P3 Conference。前排右三为伊东丰雄。同席的还有麦可・葛瑞夫（前排右二）、汉斯・豪莱（前排右四）、雷姆・库哈斯（后排右四）、西萨・佩里（前排左一）、法兰克・欧文・盖瑞（前排左三）等知名建筑家。借由此次会议，伊东丰雄的人脉更为广泛。

东京工业大学教授，目前为东京工业大学名誉教授）、多木浩二等人彻夜畅谈。谈话的内容多半为探讨我们要做出什么样的设计才能超越筱原一男。

另外，『一九七四年左右，我和伊东丰雄开始经常一起去喝酒。』大学时代的同学松永安光（现任职于近代建筑研究所）是这样回忆当时的时光的。当时松永安光刚从美国留学归国，『伊东丰雄认识很多建筑家，介绍了坂本一成等多位建筑家给我。』松永的话验证了伊东丰雄的交友广泛。

当时的伊东丰雄没有什么工作，也没有竞标案，只有用不完的时间。『因为每次见面光是喝酒也不是办法，所以就做些翻译的工作，于是花了两三年的时间和伊东丰雄一起翻译书籍。』完成的作品就是『风范主义与现代建筑』。而与建筑家朋友的谈话、杂志投稿等也都成为了『日后的肥料』（伊东丰雄）。

从所员的构想来解读时代趋势

伊东丰雄的设计方法，从二十世纪八十年代开始转变为不同的风格。就是为每个案子设定主要负责人，不过本质上和刚成立时并没有太大的不同。每位所员都可以针对设计提出个人的想法，再决定整体方针。当然伊东丰雄也会以对等的立场来提出构想。

这样的作法明白地表现出伊东丰雄『建筑的过程中会和各种不同的人有所关联』这样的理论。前文中的石田敏明说：『他的作品里充分表现出想要创造新事物的想法。或许他就是借助不局限于既定观念之中、听取年轻人的意见来解读时代趋势的吧。』

石田敏明认为伊东丰雄是借助整理建筑杂志的文章，来发现下一个主题。也就是说，将自己的想法进行整理，在书写文章的同时，探索新的方向。

另外，除了案头工作之外，重视与外部的联系也是伊东丰雄在设计建筑时不可或缺的条件。『他借助与他人的交流，来缩短与社会之间的距离。』（石田敏明）

松永安光表示：『他有一段时间很着迷于中泽新一，还有吉本芭娜娜，最近则是迷铃木一朗。伊东丰雄最令人敬佩的，就是能与时代产生共鸣，把自己完全当作主角沉浸于其中。』永远走在时代前端的伊东丰雄，成功的秘诀或许就藏在这些地方。

伊东丰雄建筑设计事务所

——全员讨论，事务所负责人也是其中一员

伊东丰雄建筑设计事务所里的所员多为三十岁左右的年轻人，每个所员都可以提案，再与伊东丰雄的案子进行比较。至于要留下哪一个提案，则以伊东丰雄为主进行最后的判断。会议乍看没有效率，看似抓不到重点，但是这样的风格却充分反映在伊东丰雄的作品之上。

—

『进行创作的过程中，最早的构想都只是开端而已。实际上要完成一件建筑作品，需要和各式各样的人碰面，面临各种不同的突发状况，所以和当初的构想不同也是无可避免的，但我觉得这样很有意思。如果依照自己当初画出来的东西来完成作品，这样一点意思也没有。』

伊东丰雄讲述着设计过程的意义。在和所员统一整理设计稿的过程中，也蕴含了许多这样的『偶然性』。

伊东丰雄的事务所里负责每个案子的团队是由伊东丰雄本人以及主要负责的所员组成。负责的所员人数则依据案子的规模从一人到五人不等。

设计初期，伊东丰雄是绝不会先用草图来表达他的想法的。而是由主要负责的所员各自提出方案，伊东丰雄也以对等的立场来总结所有的提案。对每一个提案进行比较、探讨，该丢的部分丢，留下来的东西再进一步检视。

『尽可能不要有先入为主的观念，从有限的条件中挑选出适合的表现方式才是可行的。规模

某日会议的情景。左二为伊东丰雄，左一为主要负责人东建男。

刊载于NA（1993年1月18日）

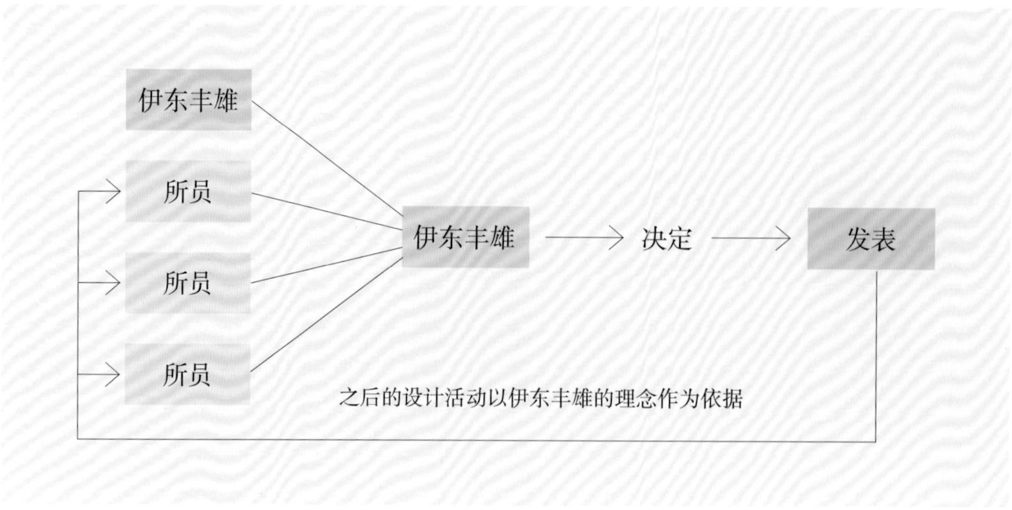

每一个所员分别提案，事务所代表伊东丰雄也会参与讨论。针对每个提案进行比较、探讨，再由伊东丰雄最终决定。所员可以借助杂志上的作品、文章重新了解伊东丰雄的设计理念。而这也会成为下一个设计的线索。

越大、越复杂，越会采用这样的方法。』

和自己的设计案保持距离

伊东丰雄的角色主要着重于选择提案，而不是制作提案。由于开会期间，伊东丰雄经常不在事务所里，经常无法在中途看到提案内容。『这样比较能客观评判……』

担任主要负责人的东建男以『距离感』来形容伊东丰雄在设计过程中的能力。也就是说，以设计案和自己之间保持某段距离的状态下进行检视。这样可以将自己的提案和所员的提案摆在一起，可以用客观的角度来审视每个提案。

当然完成的建筑是以伊东丰雄的名义发表的，就结果来看作品和伊东丰雄之间是没有距离的，不过伊东丰雄都会想尽办法把这段可以保持距离看待作品的时间拉到最长。事实上，设计案最核心的概念有时也是在紧要关头时才决定的。

借助发表在杂志上的文章来共同分享理念

目前伊东丰雄在设计上最觉得有趣、最常使用的概念是『重叠』。将各自不同的风格重叠在一起，即使是团队以外的人难以理解的概念，也可以借此互相理解。开会的时候也经常会一边讨论提案内容，一边商量『如何将重叠融入提案之中』。

但是关于这一点，伊东丰雄并不采用自己制作了某样东西再教给所员的『教育方式』，而是在讨论具体的案子时，自然而然产生的。关于这些概念，由于伊东丰雄在发表作品时通常会书写文章投稿到杂志，所员就是借助杂志将这些想法反映到下一件作品上。不断的循环就是这样产生的。

『将每个人的想法释放出来』

这样的作法会不会导致所员们的提案都在模仿伊东丰雄的风格呢？伊东丰雄用自己最擅长的KTV为例，否认了这样的说法。

『就像唱歌一样，不管再怎么会唱，还是有无法超越自己时代的部分。就像年轻人

唱演歌，怎么唱都唱不好，让我唱流行歌也是不像样。设计也一样，对我来说永远有无法超越的部分。』

如果所员们用自己全新的感觉做出了什么，也会让伊东丰雄发现『我怎么都没想这个，原来还可以这样啊。』伊东丰雄还说：『就算用我说过的话，用一样的思考模式，每个人的想法也会变化成不同的东西。如果可以顺利融入作品中，就可以做出很有新意的建筑。』

设计这项工作，有很多是无法用言语说清楚的。关于这个部分，每一个所员都能尽全力发挥自己的个性，也因此伊东丰雄的风格才不会受到限制，一直会有新的变化。

『有时候反而是经验较浅的人带来了很好的想法。目前我的事务所里以三十岁上下的员工为核心，刚好是累积到一定程度的经验，却又不会沦于固定风格的时候，是很好的状态。』

过去也曾模仿菊竹清训风格

从东大建筑系毕业后，伊东丰雄在菊竹清训的事务所工作了四年。在这个事务所学习到的建筑知识非常多，一个月所学到的东西，就可以媲美大学四年，不过关于设计的方式，菊竹清训的作法和伊东丰雄的作法有很大的不同。

『菊竹清训总是靠直觉绘制草图，然后所员们再绘制成图纸，进行确认的时候再慢慢改。仿佛不一直改的话就无法完成设计一般。』

包含URBOT时代，伊东丰雄的事务所将近有二十年历史了，但并不是从一开始就是现在的风格。『大概是从「银色小屋」开始改变的吧。』伊东丰雄回忆道。

『虽然现在都是好几个案子同时进行，但以前只有一两个案子，所以每次只会想着眼前那个案子。而且也因为员工较少，所以采取由我主导的方式进行。所以当时的作法或许是和菊竹清训比较相似的。』

目前的设计作业流程刚确立的时候，是以妹岛和世和饭村和道为执行的主力。目前这两位都已经独立，在业界里非常活跃。除此之外，还有很多出身伊东丰雄建筑设计事务所且活跃于业界之中的建筑家，如石田敏明等。

『可以这么说，不是因为她曾经就职于我们事务所，但妹岛和世进我们事务所之后真的成长非常多。她很清楚自己喜欢的是什么，开会的时候也最会表达意见。她似乎已经掌握了自己应该思考什么的方法。』

像这种能力，没有所谓教或被教的问题，而是在大家一起进行设计的过程中，学得会的人自然就学会了。

根据大家的提案进行讨论

这次我们很幸运的得以参与到『巴黎大学附属图书馆』竞标设计会议之中，亲身感受一下会议的气氛。虽然议题进展得并不明确，让我们有点不知所措的感觉。

一九九二年十月十四日下午三点。巴黎大学附属图书馆竞标会议召开，伊东丰雄、东建男以及四位竞标负责人，还有为了这次竞标特别找来当工读生的法国留学生，大家围着会议桌，桌上放有地基模型。

首先由法国留学生用英文报告法令相关的信息，之后再开始讨论配置计划。

除了留学生之外，所有人开始把自己的构想画在描图纸上，很多都是用麦克笔着色的草图。接着再由每个人说明自己的提案，完全没有任何架子，气氛非常轻松。

所有所员的说明结束之后，最后由伊东丰雄说明自己的提案。立场是和其他员工对等的。

最后再根据所有人的提案进行讨论。讨论内容有提案的方式、工作量的分配方式、如何与周遭既有建筑相融合等问题点。

虽然大致上还是以伊东丰雄的提案为会议的重点，不过讨论的内容并不仅限于此。关于一些设计的方法，伊东丰雄就称赞某位员工的提案非常好。

虽然讨论的重心大多在伊东丰雄身上，但所员也都能坦率地发言。由于并没有会议主持人，所以讨论过程经常偏离主题。以旁观者角度听取会议的内容，会觉得讨论没有什么进展，方向也不是很清楚，甚至连现在的问题在哪里也搞不太清楚。

不知不觉中就下了『决定』

在我们这种局外人摸不清楚状况的情况下，就到了下午五点预定结束的时间了。确定下一次的开会时间后，会议就结束了。伊东丰雄说，『今天开会大家都比平常客气多了。』

隔了一阵子再次拜访伊东丰雄，向伊东丰雄请教上一次会议的事情。结果意外得知那天的会议居然已经决定了许多和竞标案相关的重要事项，例如『不采用一层架空的作法』『朝低楼层方向』『用重叠的方式去盖』等。真是太令人讶异了。

虽然这个会议或许不是很好的例子，但也让我们感觉到了『原来是这样』的认同感。也就是说，伊东丰雄这种独特的不特定轮廓的暧昧形态的建筑，诞生于这种暧昧的讨论之中，或许是再自然不过的了。设计的结果和完成的建筑能够表里如一的绝佳例子，应该就是像伊东丰雄这样的吧。

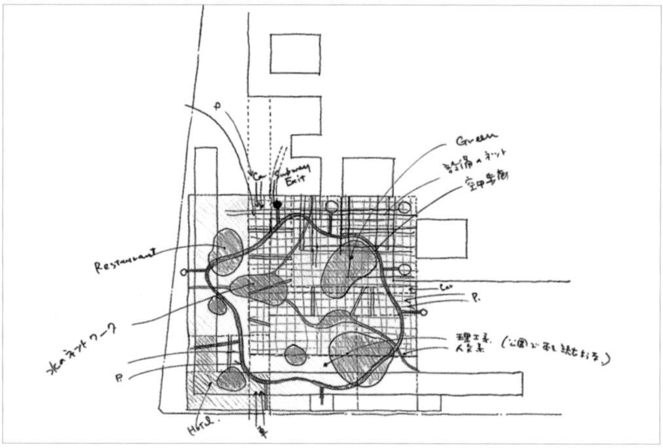

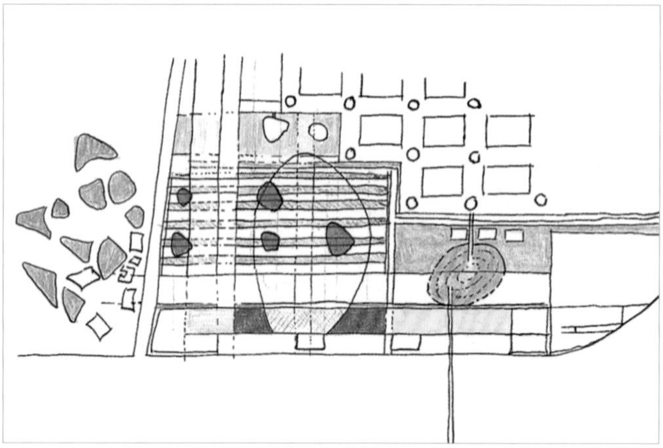

为了『巴黎大学附属图书馆』竞标所画的草稿。上图为十月十四日会议时绘制的草图，使用马克笔于描图纸上着色。下图为进行讨论后所绘制。这次的竞标除了伊东丰雄之外，主办单位还指名努维尔和雷姆·库哈斯参加。

『细节和尺寸是表现概念的手段』

——绘制图纸时最重要的是有一个『传达的对象』

实际测量过许多建筑的原菊竹清训建筑设计事务所所员远藤胜劝，通过与熟识的建筑家伊东丰雄之间的对话，让我们更明白他对细节、尺寸、图纸的想法。

—

伊东：大学毕业之后我就进入菊竹清训的事务所，因为当时隔年有一家叫白木屋的百货公司要举行大型展览会，所以我大概有一年的时间都在进行准备工作。当时大家都公认东大生只会口出狂言却不肯动手，我自己也属于那个类别，但那段时间可以说是我这辈子最认真工作的时期了（笑）。

远藤：他都是右手画累了换左手，永远看起来很悠然自得的样子，让我实在很羡慕。

伊东：不，我那时可是很拼命的。从进入事务所的第一天起，我就觉得『啊，原来建筑这么有趣』，第一次知道有一种建筑是和在大学里思考的建筑完全不同的。当时事务所里被称为三巨头的远藤胜劝、内井昭藏、小川惇，总是用尽全身的力量去探索各种可能，然后拿出成果。

在那以前我以为建筑就是要用理论来思考的，但进入事务所之后才深刻体会到用理论思考是撑不了两三天的，在那里我学会要用身体来思考，不能只停留在细节或材质上，而是要从创作建筑本身这样的层级来看，这可以说是我思考建筑时最大的精神食粮。

远藤：对当时的菊竹清训来说，那也是他工作量非常大的时期。

伊东：我常想，在那个如此惨烈的环境

背景为伊东丰雄所设计、将于2009年5月启用的“座・高円寺”。访谈是在工程进入最后阶段的2008年12月，于剧场工地进行。（摄影：细谷阳二郎）

刊载于NA（2009年2月9日）

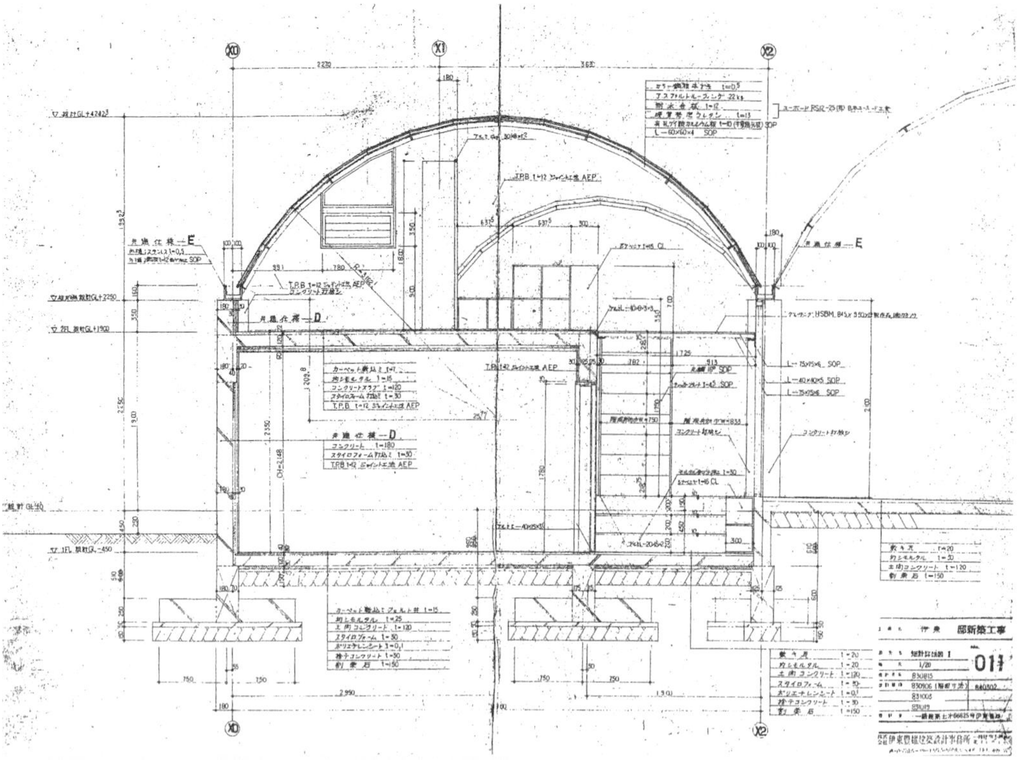

“银色小屋”（1984年）的建筑剖面图和全景照片。想要明快地表现出建筑概念的话，要如何进行细节施工？对于思考这个问题的伊东丰雄来说，可以说是完成度最高的案子。（摄影：伊东丰雄建筑设计事务所）

里，到底要怎么思考才好。当时我并不知道要用大脑思考才行，而是在那之后才慢慢感觉到的。当我自己开始思考建筑这件事时，才终于恍然大悟：『原来是这么一回事啊。』

远藤：菊竹清训的建筑看似有很多复杂的细节，但若一项一项看来，会发现似乎也不是这么一回事。

伊东：对。我觉得这一点在菊竹清训身上学到非常多。一般说的设计细节，也就是细节施工，我不是很感兴趣。我唯一感兴趣的，只有更明快地表现出建筑的概念。

如果说到这一点，我自己觉得最有趣的案子是『银色小屋』。当时工程进行的时候，就有人来看过后说：『这个房子里没有细节设计。』因为我个人是希望尽量以客观、原始的角度来进行创作的，所以每个建筑家对细节的想法是真的有很大的差别。

远藤：我进行实际测量，也不是为了细节，而是为了知道尺寸。就像人家称我们为『菊竹Proportion』一样，重要的是尺寸。但是菊竹也并不会因为这样就很严格地检查我们的图纸。

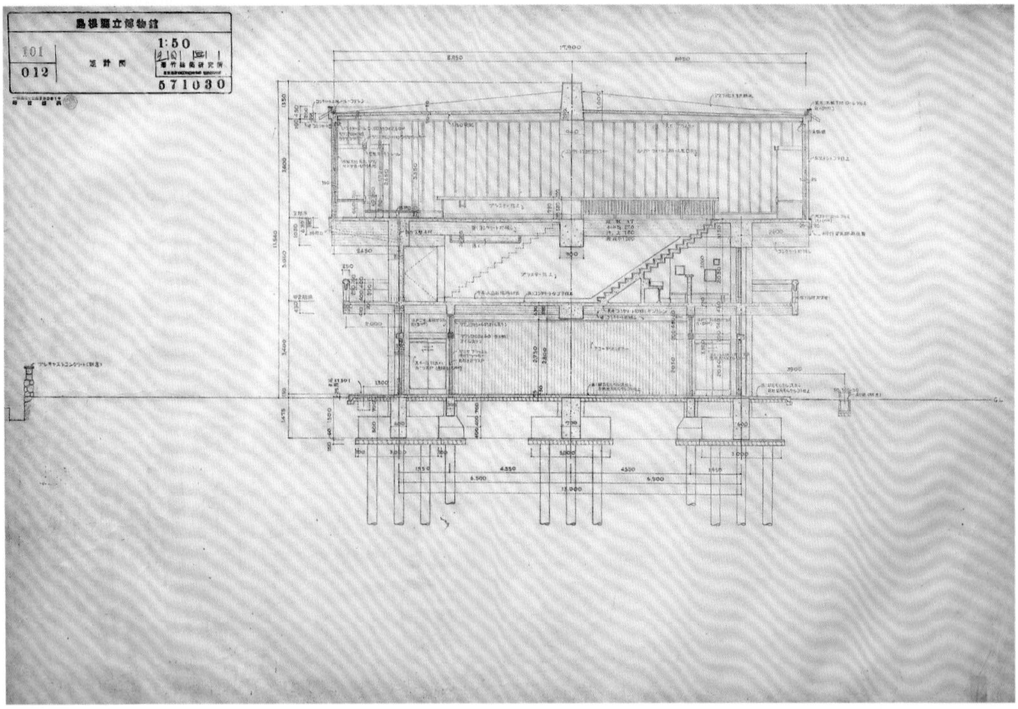

菊竹清训建筑设计事务所时代由远藤胜劝负责的“岛根县立博物馆”（1958年）的剖面图。只以一条GL线就决定整体的设计，非常清楚地表现出他想传递的语言。（图纸：菊竹清训建筑设计事务所）

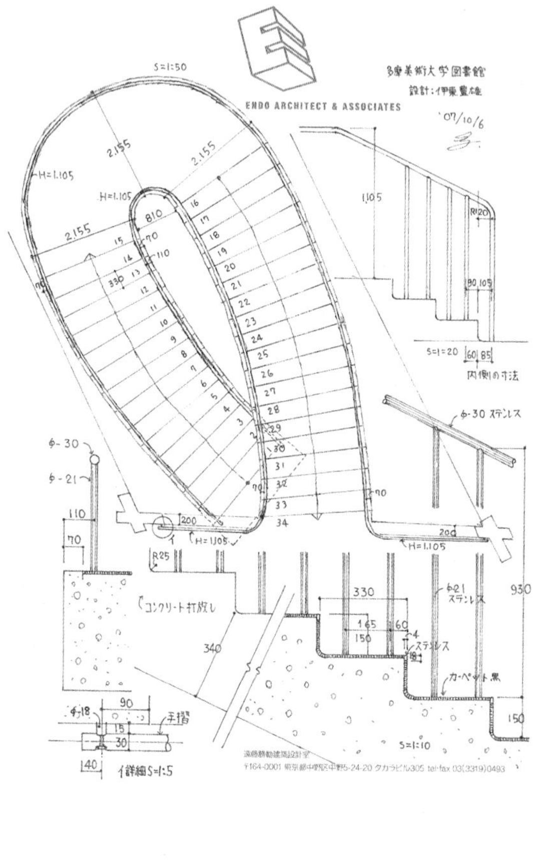

伊东丰雄所设计的“多摩美术大学八王子校区图书馆”（2007年）的楼梯，由远藤胜劝实际测量后绘制的草图和现场照片。远藤用2米的卷尺测量了几个重要地方的尺寸，整理在一张A4纸上。（草图：远藤胜劝。摄影：柳生贵也）

伊东：当时你和其他的前辈画的图纸真的非常精细。我记得当初有A0那么大张的断面图，画图纸的时候如果没有仔细评估要怎么配置，是画不出来的。但他们画起来却不费吹灰之力，我们却怎么画都画不好。虽然很想重画，但重画是不被允许的。

因为刚开始我们接受的教育就是，画线的时候不管擦掉几次，都可以继续在图纸上重画，结果图纸就越来越黑。但是远藤胜劝画的图纸真的非常干净。那完全不是手的问题，应该是远藤胜劝在画的时候，脑子里一直有建筑物整体的图像吧。现在应该没有人画得出这样的图了。

远藤：最重要的是画建筑剖面图时最初的GL线（地板面线）。要把这条线画在纸上的哪个位置，也会决定建筑的高度。如果地下室很重要，就要考虑把线往上画一点。画完之后，上半部的『空白』也很重要。最早要画这条GL线的时候都会非常紧张。只要听到菊竹清训说隔天要开始这种设计，说得夸张一点，前一天真的很想到瀑布下面去净身一下。

伊东：其实现在我们事务所每个月都会有一次机会让大家来想想『建筑图纸到底是什么？』这个基本的问题。因为大家的图纸画得太糟了。与其说是太糟，不如说是根本不会画，还有人连尺寸线都不会画。就像远藤胜劝所说的，GL线画在什么地方决定了整张图纸的好坏，因为毕竟建筑是从地面往上盖的。

绘制图纸时最重要的是有一个“传达的对象”（伊东）

如果不以制作为前提，是无法思考建筑的，所以图纸是绝对必要的。我觉得最重要的是必须有一个要传达的对象。

至于为什么现在的人画出来的图都很奇怪，那是因为没有意识到必须传达给别人这件事。只是凭自己的心情在画，甚至不能称得上是草图。完全感觉不到想传达出去的情绪，也可以说是完全没有服务精神。这一点非常不好。

远藤：我参与横滨大栈桥国际客船码头（二〇〇二年）一案时，虽然也有用计算机画图，但到现场的时候还是给工程人员看自己徒手绘制的原图。这么说可能有点极端，不过因为设计者会顾虑到如果把图纸档案交给施工者和工程人员，大家就全部能做出来了，所以也不让我们做模型。但这样的话工地根本没办法动起来，只有看到手绘的原图，工程人员才会知道『原来是这样的啊』。

这样一来，以后就算只有计算机

远藤胜劝（SYOUKAN ENDO）
一九三四年出生于东京，一九五四年毕业于早稻田大学工业高等学校。一九五五—一九九四年任职于菊竹清训建筑设计事务所，担任副所长。于事务所内负责「Bar蚁」「东光园」「西武大津购物中心」「福冈市厅舍议会厅」「久留米市厅舍」等多个建筑。一九九六年成立远藤胜劝建筑设计事务所。目前担任工程监工及指导顾问。

图纸也可以做。所以和年轻人共事的时候，我都会要求他们手绘画出和计算机图纸相同的图纸。例如厂商无法理解我们的想法时，我就会叫他们拿出手绘图。通常这么做之后，事情就会很顺利，会得到意想不到的结果。人的心里就是有如此不可思议的地方。

伊东：当我在思考一些概念的东西时，因为比较抽象，所以这个抽象的形象和实际上盖起来的建筑之间多多少少都会有一些落差。要怎么减少这个落差，是很难的问题。一直到前段时间，我都还希望能把抽象的东西直接变成实际的建筑。

一进入伊东丰雄所设计的建筑就感到兴奋（远藤）

所以使用铝片的时候，就会想消除铝片的素材感，希望让人顶多感觉到一堵光泽较模糊的墙。但是最近开始觉得，就算不花那么多力气做这些事，物体本身不就是一个全新的抽象的事物吗？虽然还不到装饰的程度，不过松本市民艺术馆的玻璃镶嵌处理就是这样。感觉最近比较有精力，可以想到这些事情。

远藤：每次进入伊东丰雄所设计的建筑，就会让我兴奋不已。让我重新体会到可以激励人心的其实是喜悦，而并非寂寞。

伊东：我现在认为，当建筑越靠近自然界事物的存在方式，就越能让人显得生气勃勃。『Green Green』和台中歌剧院就是从这个想法诞生出来的。这样一来就不会有水平、垂直这样的线条，曲面会变得比较多。曲面越多，模块就会越少，就越需要规则。不可能要求别人做出和徒手绘图完全一样的东西。必须先置换为数字数据，再把里面的几何学组合起来。

有了几次经验之后，深刻体会到这样的规则是绝对必要的，所以现在都是用这个方法在做。

远藤：今天我们参观了工程进行中的『座·高円寺』工地，这里的天花板感觉好像看久了会被吸进去一样。我一直希望自己诚实地面对建筑，所以一直学习到现在，这一点以后也不会变。我想伊东丰雄也是这样。这一点透过建筑就看得出来，今天之前我们好像都没有像这样面对面讨论有关建筑的事情呢。

伊东：今天是第一次，应该也是最后一次。

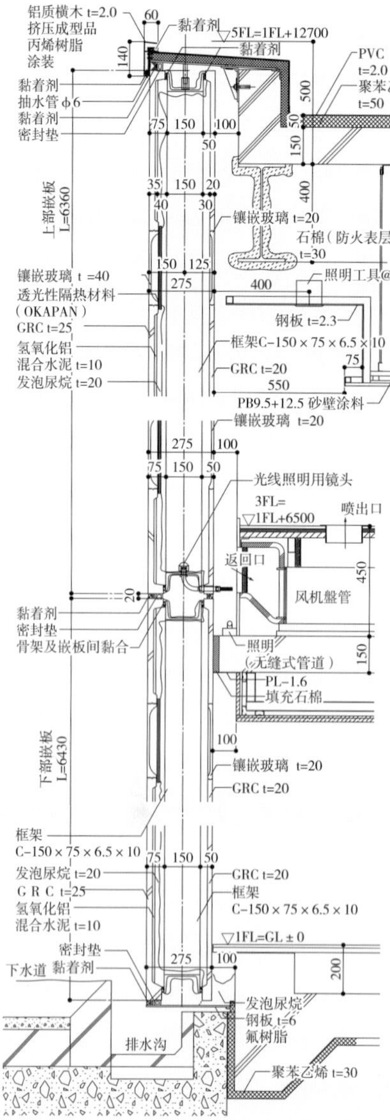

GRC外墙
断面图 1/30

『即使保留物体的存在感，也有方法表现出抽象的想法。』身处于新环境、面临转换期的伊东丰雄所设计出的，就是『松本市民艺术馆』（二〇〇四年）。GRC板内镶嵌玻璃片的墙面令人印象深刻。远藤胜劝说：『这种建筑更让人感觉到轴线的重要。』（摄影：吉田诚）

伊东丰雄建筑设计事务所

——完全平等地看待新人，充分吸收新人的想法

不断推出领先时代潮流的新设计，培育优秀人才——伊东丰雄建筑设计事务所可说是建筑界『最强』的设计团队之一。这里为大家详细地介绍事务所的组织结构及设计手法，找出其强大的秘密。

这个铁盒子真的没问题吗？担任座·高円寺竞标审查委员的佐藤信，回想起当时说：『其实当时我不是很积极地支持伊东丰雄建筑设计事务所的提案。』

这个提案中呈现的是一个四方体，其躯体里有上下两个交叠的表演厅。要如何做到隔音？动线如何规划？佐藤信将他的几十个疑问写

伊东丰雄
建筑设计事务所

代表：伊东丰雄（1941年生）

成立于1971年
（以URBOT之名成立，1979年改为现在的名称）

所员人数：48人

平均年龄：35岁

目前进行中的案子：约40件

最近的得奖经历：

松本市民艺术馆
（2006年度建筑业协会奖）

冥想之森市营殡葬场
（2008年度建筑业协会奖）

多摩美术大学八王子校区图书馆
（2009年度建筑业协会奖）

（摄影：泽田圣司）

刊载于NA（2010年2月22日）

在六七张A4纸上，带着这些疑问参加了第一次和伊东丰雄的讨论会议。

但是在与伊东丰雄交谈的过程中，佐藤信开始觉得『这个项目应该交给伊东丰雄做』。

『首先是因为我了解到他们真的很重视中世风格幔幕所包围的舞台的概念，而不只是着重于形式。伊东丰雄让我充分感受到他是用心在倾听我的意见，展现出充分的柔软性，也让我感受到制作新剧场的可能性。』佐藤信回想着说。

经过彻底思考后所提出的理念，充分考虑周边环境的姿态，还有『希望改变建筑』的气魄。这时佐藤信所感受到的，正是伊东丰雄被许多建筑相关人士赞许的『强项』。

自一九七一年成立以来，伊东丰雄建筑设计事务所不局限于同一种风格，先后创造出『银色小屋』『仙台媒体中心』等全新的建筑形态。同时也培育了妹岛和世、横沟

泉洋子（上图、1978年入所）主要负责与委托方签约等所内的管理工作。东建男（中图、1985年入所）和古林丰彦（下图、1990年入所）则以主要负责人的角色统筹各案。

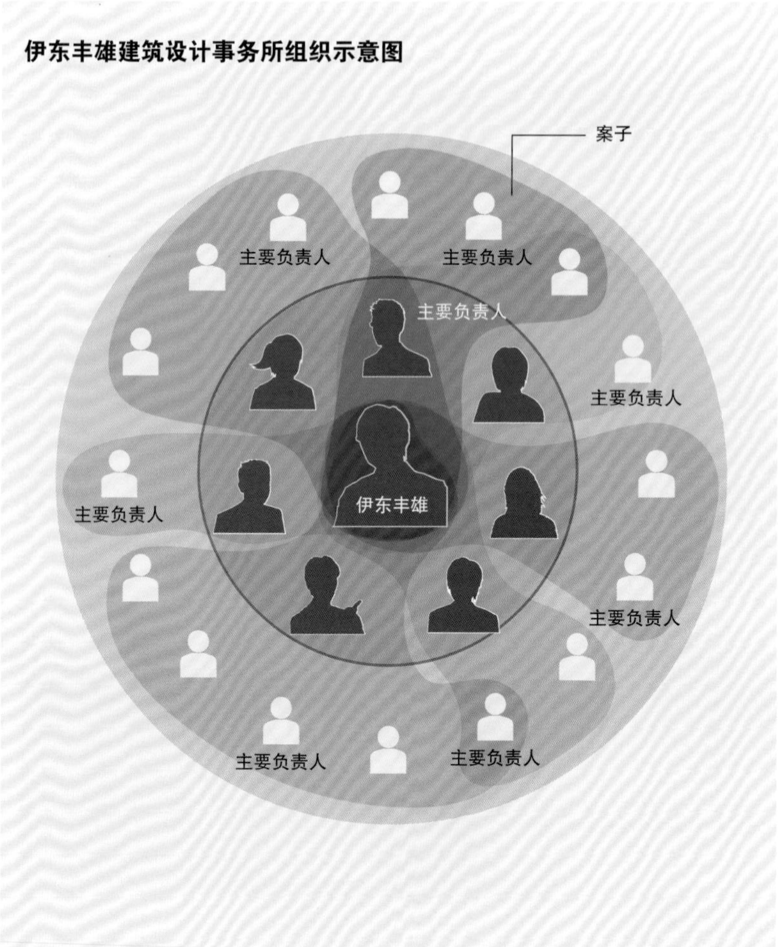

接到建筑案之后，通常由泉洋子、东建男和古林等人开会决定负责人选和其他组员。组员有可能只负责一个案子，也有可能同时负责几个不同的案子。

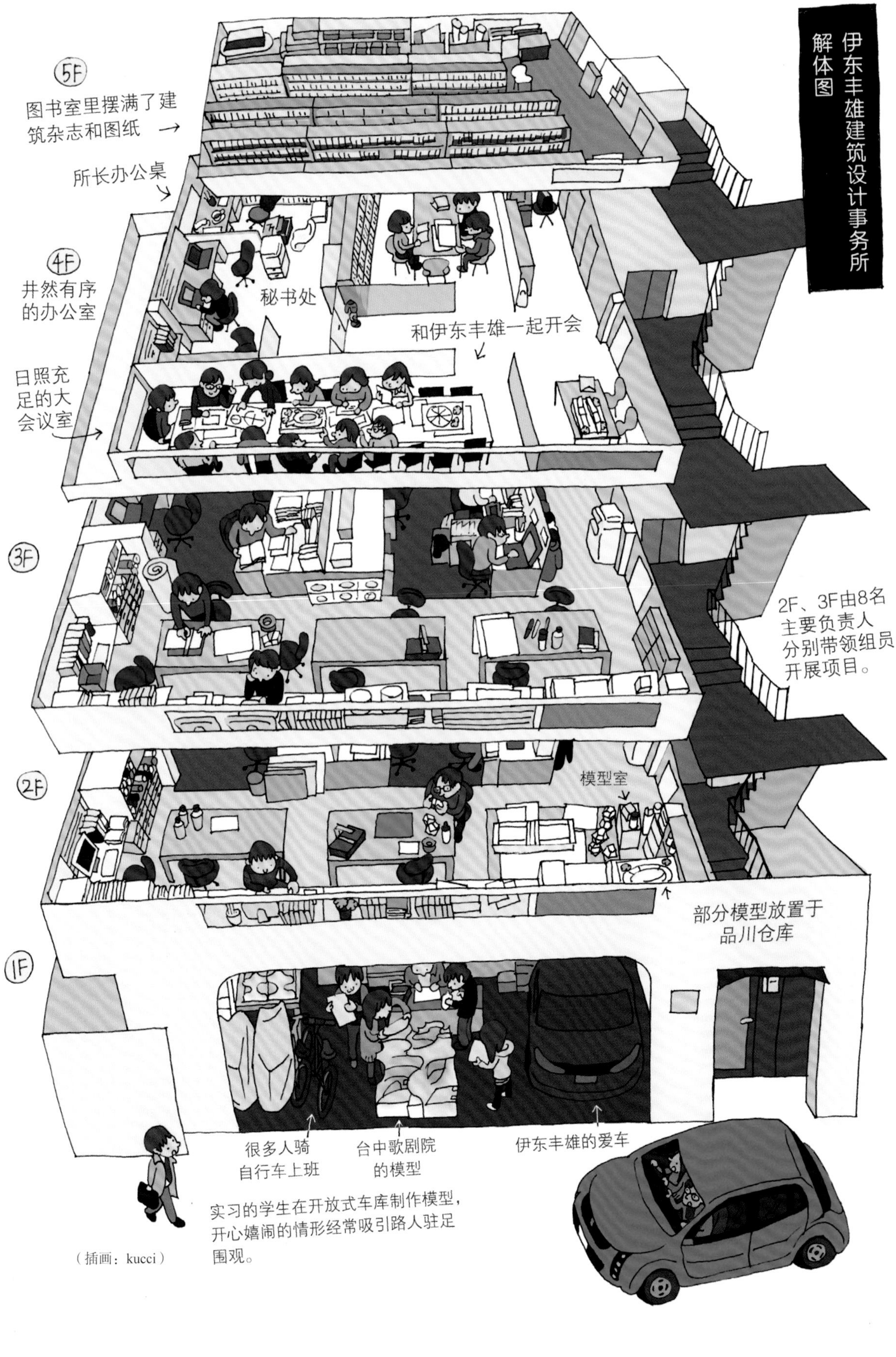
伊东丰雄建筑设计事务所解体图
5F
图书室里摆满了建筑杂志和图纸
所长办公桌
4F
井然有序的办公室
秘书处
和伊东丰雄一起开会
日照充足的大会议室
3F
2F、3F由8名主要负责人分别带领组员开展项目。
2F
模型室
部分模型放置于品川仓库
1F
很多人骑自行车上班
台中歌剧院的模型
伊东丰雄的爱车
实习的学生在开放式车库制作模型，开心嬉闹的情形经常吸引路人驻足围观。
（插画：kucci）

事务所OB的回忆

平田晃久

伊东丰雄事务所的风格很像雷姆·库哈斯的“癫狂的纽约”的现实版。一层的车库是当时制作仙台媒体中心模型的地方，很多海外来的参观者觉得很有趣，拍了好多照片。二层和三层是设计室，如果说二层是东建男等狂热男性的空间，那么泉洋子所在的三层就是让人不得不回到现实的楼层了。在三层可以倒茶、传真、学习身为社会人士应该具备的常识。从事建筑时，也需要使用一般人的语言进行说明。四层是伊东丰雄和秘书的楼层，也有会议室。我在这里上班时，五层就像屋顶阁楼一般，只有3个人可以进去（现在是仓库）。当时的同事年纪都差不多，在一起工作非常开心。

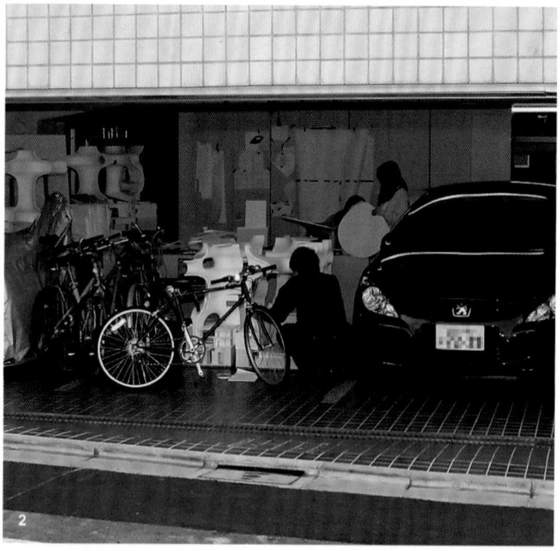

1. 二层和三层是设计室。这一天刚好大家都去开会或出差了，没什么人。**2.** 这天车库里有实习学生在制作模型。

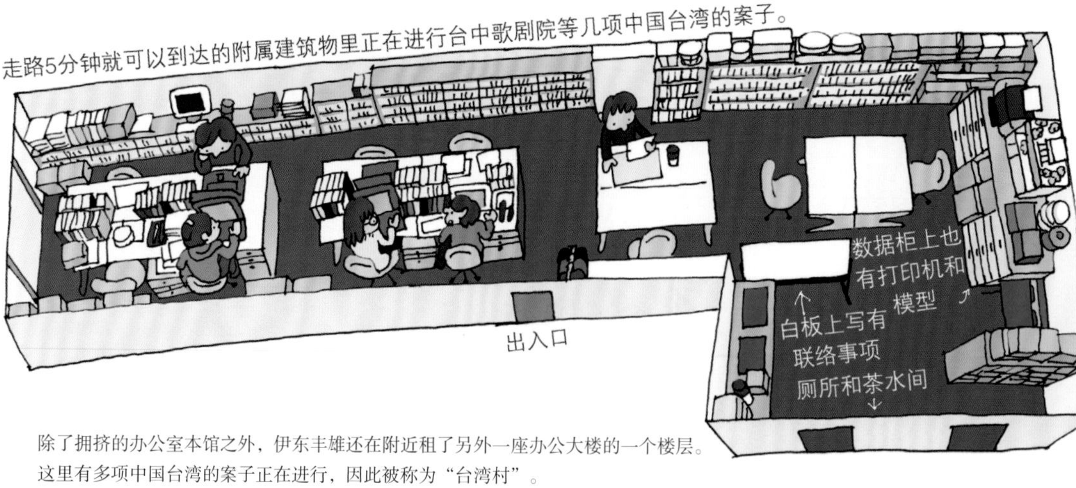

走路5分钟就可以到达的附属建筑物里正在进行台中歌剧院等几项中国台湾的案子。
数据柜上也有打印机和模型
白板上写有联络事项
厕所和茶水间
出入口

除了拥挤的办公室本馆之外，伊东丰雄还在附近租了另外一座办公大楼的一个楼层。这里有多项中国台湾的案子正在进行，因此被称为“台湾村”。

诚等多位备受瞩目的人才。

一九八六年的所员人数为十人，而在事务所成立约四十年之后的今天，已经扩编至四十八人。目前有来自世界各地的案子约四十件正在进行中。『以地板面积来看，海外的案子约占了九成。』事务所强调的是平行组织，所有所员的意见都可能被采纳，这一点是不会变的。

—不具体指示—

一旦决定参加竞标，就由东建男和古林丰彦等七八位所员开会决定该案负责人，组成项目团队。伊东丰雄几乎很少提出构想。设计初期由每个团队成员提出各自的构想。『将整个团队和每个成员的构想融合在一起，来进行设计。这一点一直都没变过。』

东建男表示：『希望持续做到平行组织。』这里没有副所长和部长、室长这种阶级制度，也没有上传下达这回事，伊东丰雄希望营造出即使是刚进事务所的年轻所员也能自由说出自己想法的环境。

平行组织也会提高年轻所员的士气。『刚进事务所就像被丢进最棒的拳击场中，

2010年1月20日，伊东丰雄建筑设计事务所四层会议室。这一天做了一个实验，开会时同时讨论4个案子。后排右三为事务所代表伊东丰雄。右二为担任主要负责人的东建男。左一是同为主要负责人的古林丰彦（摄影：古田明弘）

在一股脑儿胡乱出拳当中就学会了工作的程序。就是那样的地方。』二〇〇〇年进入事务所后负责『多摩美术大学八王子校区图书馆』的中山英之回忆说。『回过头来才发现前辈们和结构设计师等人都默默地协助着我，让我的提案更加完整。这让我非常惊讶，也更有斗志。』

我们从多位所员及事务所OB的口中听到『开会时伊东丰雄几乎不做直接的指示』这句话。现任MIKAN GUMI负责人的曾我部昌史回忆说：『伊东丰雄会让每个所员思考。』

不管是肯定或否定的意见都会被接受，每个所员都有足够的自由空间，大家都在一来一往中努力解读着伊东丰雄的意图，花很多时间不停地思考，把案子做起来。『应该就是这种「训练」让所员得以成长。』有许多事务所OB这么说。

分享造就了伊东丰雄建筑设计事务所的特色

乡野正广也说：『平行组织既恐怖又严厉。伊东丰雄不会倒退，年轻的所员都要努力追上他的脚步。当然就得努力学习。平行组织让人充满激情，但也会很忙。』乡野正广是竹中工务店设计部出身，对于这种组织形态的优缺点都了解得非常透彻，也因此可以冷静地看待组织的不同。

除了没有阶级制度，这里也没有明确的团体。泉洋子说：『每个团队都不是封闭的，有些成员还横跨好几个不同的团队。』每位所员都异口同声地比喻『所员就像细胞一样，组合成伊东丰雄建筑设计事务所这个生命体。』

虽然身处自由且开放的空间，但所员并不会因此而没有向心力。难道就没有每个人的想法四处飞散，无法统一到同一个方向的时候吗？『所以分享非常重要。』伊东丰雄强调说：『根据之前完成的案子的经验，继续向新的东西挑战。失败的案子也可以作为踏板，在下一个案子里成为解决问题的方案。』

例如『仙台媒体中心』里最有特色的管，也不是突然出现的造型，而是在『中野本町之家』和『下诹访町立诹访湖博物馆・赤彦纪念馆』里使用过的。『因为有这样的脉络，所以可以采纳很多人的案子，这也是事务所成功的原因之一。』东建男分析着说。

但是东建男和古林丰彦都曾经产生过『这两三年来在共享理念和经验传承上越来越困难』的危机感。主要的原因在于，促成共享理念的『平行组织』越来越难以维持。『我们和年轻所员之间存在年龄差异和经历上的落差，为了消弭落差并维持平行组织的现况，一路以来一直在尝试。』东建男表示。

『理念』和『保证』是强项所在

事务所进行的案子中，就算是设计大幅改变也不是稀奇的事。竹中工务店出身的乡野正广刚开始非常惊讶。『有时候看了所员带来的模型，觉得这个方向也不错，接着整个方向就跟着改了。』乡野正广说。

例如由乡野正广负责的『台中歌剧院』，当初本来设计在五层的小音乐厅，后来改到了地下室。『小音乐厅外侧设置了地下庭院的凹地，形成一个新的景观。视觉上也像是一个具有新形态的剧场。』

当然大幅改变设计需要投入更多的劳动和成本。乡野正广表示：『但是我们的理念就是要使整个案子更新、更美，更容易使用。』

『每个人都在寻找这个一定OK的瞬间。』伊东丰雄说。例如在设计仙台媒体中

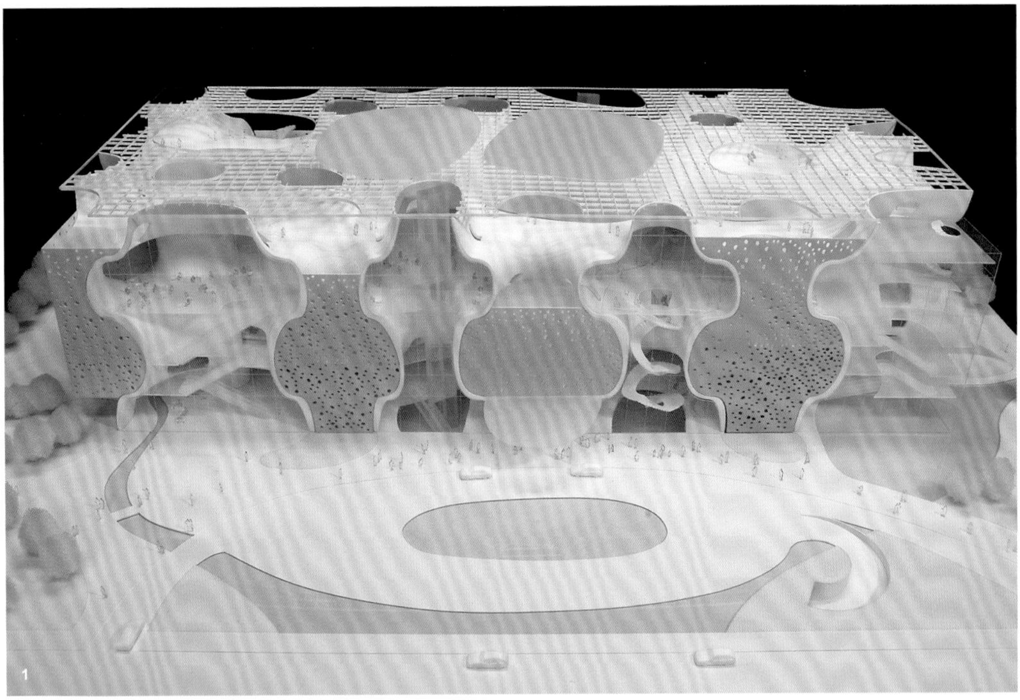

1. “台中歌剧院”（预计于2013年完工）竞标时的模型。目前在中国台湾有5个案子正在进行中。（摄影：伊东丰雄建筑设计事务所）

2. facade renovation suites avenue apartment（西班牙，2009年完工）。将综合大厦改建为每户拥有独立产权的公寓。伊东丰雄建筑设计事务所负责建筑外观设计。西班牙当地设立有办公室，约有10名所员。目前有5个案子在进行中。

心时，提出了使用结构效率较高的三明治铁板来制作楼板这个想法。『承包商的现场监工和工程人员都举手说『我们想做这个』。能不能发现让周围的人感到兴奋的东西，就是决定胜负关键的所在。』

和环境相关的设计

决定事务所的发展方向也是伊东丰雄重要的工作，最近伊东丰雄提出的方向是『与环境息息相关的设计将开创时代』。事务所将这个想法称为『生物建筑（Bio Architecture）』。关键点是设计初期与设备设计师的合作。

虽然目前尚未有具体的案子，但是每一个所员在构思或开会时都随时意识到伊东丰雄提出的这个想法，以塑造出『事务所的风格』。这是一个诉求。『不能只执着于功能，我们希望做出回归大自然的二十一世纪建筑形态。』伊东丰雄气势十足地说。同时他表示今后也将继续寻找『这个一定OK的瞬间』。

伊东丰雄语录　希望达到共享提案的目标

“被称为‘大师’是最糟糕的了”

当对方问到“你觉得如何？”时，没办法马上轻松回答出来的话，会让对方无法说出好不容易才想出来的好点子。所以不要让对方感觉我是“大师”，这一点很重要。

“向研究室目标迈进”

希望事务所能成为进行调查后，创作出个新事物的研究室。就像以前的SONY或HONDA那样，四处充满了独特的想法，借助向集团进行提案，来展现积极的企业形象。

“想做出事务所的工作手册”

不管是图纸的画法、模型的作法或思考细节的方法，都希望能保存下来，一定要让新人也能共享这样的信息。所以正着手制作工作手册。

“不是很介意图纸画得好不好”

“图纸画得好不好看”和“是不是一个有趣的建筑家”完全是两回事。录取所员时所重视的特质是“有朝气”“坦率”和“良好的社会性”。

2010年

访谈 09

『目标是成为SONY或HONDA那样的研究机构』

——二十一世纪的设计事务所应有的姿态

成立至今已将近四十年，伊东丰雄建筑设计事务所一直在变化着。除了维持共享信息资源及平行组织之外，更期望能转变成为受到社会信赖，如研究机构（Laboratory）一般的设计集团。

——目前国外的工作好像越来越多了，现在的国内外工作比例大概是多少？

以案子数量来说的话，大约是国外、国内八比二，以面积来说，可能是九比一吧。这几年国外的订单越来越多。但就算国外的工作变多，组织结构和设计的方式也不会有大幅改变。因为我一直想维持目前的组织规模，所以即使有些工作很想挑战看看，还是会回绝掉。

——您认为最理想的所员人数是多少？

大概五十个人吧。再多的话，就记不住每一个所员的姓名了。如果规模演变到一百人，或许就必须改变事务所的既有风格了。目前还没有扩编到这么大的打算。

——事务所的既有风格是什么？

我们会依据案子的内容来决定主要负责人，考虑到工作的规模和属性，在会议上进行讨论，再组织团队。以年轻所员各自调查、研究的内容为基础，在某个阶段之前都是由每个所员平等地提出自己的想法来进行设计。这样的风格从创立以来几乎都没变过，竞标或企划案也是用同样的方式进行。

即使是年轻所员的提案，只要够有趣，我们也会试着从这个想法出发。同时也会加入其他所员的想法或是由我直接提出建议。在这样的过程中，就消除了提议中的弊端，而演变成很多成员的想法融合在一起。

这个时候『共同分享』就很重要。我自己也经常会提供主题或关键词。只要分享这些主题或关键词，团队的方向或思考模式就不会四分五裂了。所谓的分享，就是融合在一起的状态。这也是事务所的特色之一。

——设计过程中，您会将重点放在哪一个部分呢？

所谓的建筑，有八成左右都是在基本设计时就决定了。基本设计时会提出很多不同

的想法，不停尝试各种可能性。

真正花时间的是实施设计以后，必须绘制数以千计张精致的图纸。施工现场也需要有很多人投入庞大的能量。设计者最大的喜悦在于即将完工的时候让大家充满期待，建筑被大家所认同。这和无法被认同可以说是天壤之别。所以为了不要事后后悔，要花很多时间在基本构想和基本设计的阶段。

特别重要的是可以让任何人感觉到『这样做一定OK』的激动瞬间。只要在集体构思的时候，有一瞬间可以感觉『这么做这次绝对妥当』的话，大概就会很顺利了。例如『仙台媒体中心』在构图阶段就感觉大概没有问题了。

——为了让大家提出好的构想，您是否特别注意到什么事？

我努力维持平行组织。提出构想的时候所有人都是平等的，让这件事渗透到整个事务所里。但是，最近很难维持平行状态也是事实。因为我和资深所员与年轻所员之间的年龄差距已经越来越大了，这也是不得已的事。

不过我还是努力不要和大家有距离。被人称为『大师』是最糟糕的了。我认为最理想的距离就是所员会来跟我说：『一起去喝酒吧。』因为如果不能营造出年轻所员被问到『关于这个想法你怎么看？』，无法轻松地说出心里想法的环境，就无法激发出好的构想了。

被人称为“大师”是最糟糕的了

——为了和年轻所员『分享』，您思考过什么对策吗？

二〇〇九年我开始制作事务所的工作手册。每个月举行一次读书会，由主要负责人担任讲师，年轻所员发问。把读书会里所讲解的图纸绘制方法、模型的制作方法、细节的思考方式等整理出来制作成手册，希望把这个作为共享的方法之一。虽然这里面包含了一些很原始的内容，不过这些信息的累积，可以营造出刚进公司的新人也可以马上进入状况的团队。

——选择所员时，您会录用什么样的人？

其实并没有特定的准则，很多都是到事务所来实习或是打工的学

录用时最重视的是社会性

生，毕业后直接录用。录用笔试时会请他们依据题目内容徒手绘制草图，然后说明这么画的原因。这么做，是因为最近作品集越来越不能信了。现在大家都很会使用CAD或CG把图纸或透视图画得很漂亮。但是图纸或透视图画得好不好看，和作为建筑师时能不能想出有趣的东西，完全是两回事。

录用时最重视的是有没有朝气、个性是不是坦率、社会性好不好。至于图画得好不好，其实我不是那么在意。

——事务所成立至今，有没有经历过巨大的转变呢？

—仙台媒体中心就是一次。从那次的经验中，我们开始意识到建筑是不能一成不变的。

虽然在这之前我们挑战过很多事，但总是一直局限于『建筑』的框架之中。即使自诩已经做出了符合时代需求的建筑，受到世界的认同，但是却无法做出具有生命力的建筑。用人来比喻的话，就好像是做出了各种不同的体型，让他们穿上各种时尚的衣服，但是却无法达到赋予他们充沛的生命力的地步。

对地球环境更友善，可以恢复与大自然之间的关系。我认为这应该就是二十一世纪的建筑该有的姿态，我想把这一点理论化。这和专注于功能的二十世纪建筑是不同的。因此我才会认为『与环境紧紧相扣的设计将开创时代』。

——实现这种建筑的关键是什么？

—应该是设备吧。以前，进入设计的初期才会把结构设计者一起纳入团队之中，今年开始，我还想试试看从一开始就和设备设计者一起着手进行设计。这么做不只是对环境的考虑，应该也是一个可以创造出高独创性建筑的方法。或许没办法立刻看到效果，不过我想挑战看看，追求进一步的变化和进步。

——有没有什么关于事务所本身的改革？

—最近我在重新思考设计事务所应该是怎样的。基本上『事务所』这个说法就很老派，我想或许我们应该转变为调查、制作出新事物的研究机构。

所谓的设计事务所，指的是希望成为建筑家的人所聚集的一个集团。与其和其他人组成团队来创造建筑，希望能自己提出构想并在团

队中取得主导权这样的欲望应该会比较强。

但是正确的作法应该是从每一位具有建筑师资格的所员分别提出个人的提案开始，接着大家一起讨论，慢慢做一些修正，逐渐转变成一个匿名的提案。不是伊东丰雄，也不是任何一个所员。以团体的力量共同创作一样东西，提高建筑的质量。就像过去的SONY或HONDA那样，即使个人有满腔独创的创意，最后却是以集团的名义向社会进行各项提案的企业形象。

另外我也意识到某种合理化。我常跟所员说，应该可以用现在的七成时间来完成工作。不过相对地，工作的强度必须是现在的两倍，薪水也会提升到两倍。我经常告诉大家希望可以成为这样的设计集团。但这么做并不是希望在『风险小而高性能』的层面上创造一个合理的设计建筑体制。我真正想做的，是最先进的建筑。

高于“社会信赖”之上的全新表现

——您怎么看待事务所在社会上的地位？

——我希望成为一般民众也能信赖的存在。

即使在业界中因为可以创作出最先进的建筑而获得赞赏，但如果在一般民众的眼中看来问题重重，那样也不行。尤其是日本的地方乡镇，经常看到建筑师创作出一些稀奇古怪的建筑，但是问题也很多。因此，我们确实非常希望获得社会上的信赖。

我们事务所做事非常谨慎，某种程度上也认为自己确实受到社会的信赖。但是不可以安于现状。正因为获得了这样的信赖，从事在完整的架构上进行建筑的工作，希望能累积各种新颖的表现形式。我想，不只是我们，今后的建筑家也都必须意识到这一点才行。

五十人谈伊东丰雄的核心（后篇）

伊东丰雄出身于曾培育众多人才、被称为『菊竹School』的菊竹清训建筑设计事务所。如今自己的事务所也被称为『伊东丰雄School』，陆续培养出多位离职后崭露头角的建筑家。接下来由建筑界内外的朋友、事务所OB、现任所员共四十人来谈谈『伊东丰雄的故事』。

11 西泽大良

西泽大良建筑设计事务所

Taira Nishizawa：一九六四年出生，一九八六年入选由伊东丰雄担任审查的学生竞标『街道上的厕所』。二〇〇八年于SUMIKA Project中与伊东丰雄共事。

终极的『老幺建筑家』

伊东丰雄的身边陆续培养出许多优秀的所员，合作的事务所也常可以发挥出不俗的实力，也经常得到世界各地业主或地方政府充满关爱的呼唤。感觉在他身边的每个人都非常乐意为他努力付出，为什么会这样呢？我认为就像我在十年前开始提出的想法，伊东丰雄是个非常终极的『老幺建筑家』。

— 受到所有人疼爱的小王子 —

男性建筑家分成老幺型和长子型两种类型，伊东丰雄就是前者的终极表现（完全只针对性格）。所谓的老幺建筑家，密斯凡德罗也是如此，他持续获得全球资本家及政治家的庇护，就像王子般的存在，所以工作的数量与单价也会增加。

相反地，长子建筑家就像勒·柯布西耶那样，像个孩子王一样到处找全世界的同行和评论家吵架，麻烦事比工作更多（现代建筑家以库哈斯为典型例子）。

伊东丰雄是女系家庭的老幺，从小就被当成王子一样对待，而这股王子般的光芒到现在仍然闪闪发光。即使是巴黎冷酷的官僚，看到伊东丰雄就马上笑脸迎上前来。就算是纽约的毒舌评论家，一遇到伊东丰雄，也立刻展开笑容。大家都微笑着、异口同声地问他：『你想做些什么呢？我可以为你做些什么？』

小王子那么可爱，身边的人都没办法扔下他不管。伊东丰雄所散发的王子般的光芒紧紧地抓住全世界人的心。

12 大井清嗣

原日本设计常务

Seizi Oi：一九四二年出生。东大建筑系时与伊东丰雄同届。历经山下设计、日本设计常务等职，目前为建筑支持代表。

大学四年的『转型期』

大学三年级的冬天，伊东丰雄因为坐骨神经痛而申请休学。进入四年级后，我问他毕业论文的组别要选什么，他说：『我要做钢骨结构。』因为我以为他会走规划路线，所以听到他说要走结构路线让我非常意外。因为他休学了一段时间，所以我想，他可能有某些想法吧。过了两三天，他告诉我说：『我回去想了一下，还是决定走规划路线。』于是向吉武（泰水）研究室提出申请。现在回想起来，那时候应该就是伊东丰雄一个很大的转折点吧。如果当时他没有改变想法，或许就会成为一位伟大的结构家了。之后他也有许多机会和结构专家合作，这也对他的建筑产生了一定影响。

13 松永安光

近代建筑研究所

Yasumitsu Matsunaga：一九四一年出生。东京建筑系时与伊东丰雄同班。一起翻译柯林·罗的作品（一九八一年出版），经常一起饮酒作乐。

在酒吧辩论到深夜

学生时期我和伊东丰雄并不怎么亲近，反而是毕业之后两人才开始有了更多的接触。他在涩谷川畔创立事务所的时候，我也和他的所员很要好。从美国留学回来之后，我们经常和杂志编辑一起在新宿一家名为『鼎』的店里讨论各种问题直到深夜。我们两人在店里寄存了一瓶叫做North Land的威士忌，还曾经找不会喝酒的坂本一成来聊天。肯尼斯·弗兰姆普敦来日本的时候，我到名古屋担任口译，因此促成了IAUS出版筱原一男的作品集。

14 山本理显

山本理显设计工场

Riken Yamamoto：1945年出生于北京。曾设计有北京建外SOHO住宅区。

伊东丰雄是个坚持理念的人

伊东丰雄来到了小田原。因为我的提案在竞标中获选，但后来又单方面被取消，他就是为了出席这个讨论会（二〇一〇年二月十八日）而来的。建筑家怀抱着热情，因为信任小田原市而倾全力参加竞标。新市长却以民意为由，希望重新评估竞标的内容。信赖关系和民意，到底哪一项比较重要呢？这是一场山本理显与市长的对决。『因为我在选举中获胜了，所以不管我作出什么决定，民意都会站在我这一边。』得知市长这样的态度之后，伊东丰雄甚至比我更生气。他一直鼓励我说：『你的发言很棒，我们再做一次。』即使像这种不赚反赔的场合，伊东丰雄也会参加。他是个有理念的人。一直以来我在他的身边看到了这一点。

15 冢本由晴

Atelier Bow-Wow

Yoshiharu Tsukamoto：学生时期曾在伊东丰雄建筑设计事务所打工。『接触到伊东丰雄的作品及言论，使我的问题意识逐渐成形了。』

对建筑的『社会性』的期待与希望

我时常问，人类自古以来是生活在怎样的条件之下？往后又将生活在怎样的条件之下？因此常批评那些在过去的条件下的建筑，并且热衷于那些可以开创全新生活条件的建筑。正因为在这个整体之中，构思建筑时不偏向任何一方，才能对借助建筑自然产生下形成的建筑的社会性抱有非常大的期待与希望。我这样的想法或许与伊东丰雄的核心理念是重叠的。

16 贝岛桃代

Atelier Bow-Wow

Momoyo Kizima：一九六九年出生于东京。就读日本女子大学家政学部居住环境系时，在设计课题中向伊东丰雄学习建筑。

因为某个人而存在的建筑

大学三年级时，我第一次去听伊东丰雄的演讲。让我有种自己遇见了真正的『建筑家』的感觉，而且改变了自己一直以来对建筑的看法。

之后去参观『中野本町之家』时，有机会遇见业主，也就是伊东丰雄的姐姐，这栋房子是专属于她的，这种房子与主人的关系，让人感觉十分震撼。

我喜欢伊东丰雄这种为某个人所设计的建筑，看着这些作品，似乎更能感受到伊东丰雄的想法。

17 西泽立卫

西泽立卫建筑设计事务所

Ryue Nishizawa：一九六六年出生。学生时期于一九八八—一九八九年在伊东丰雄建筑设计事务所打工。『现在在熊本艺术城邦的案子中，各方面都受到他的照顾。』

不同于所有人的透视图

我认为伊东丰雄的观点在某些地方是超越当代的，具有一种不同于所有人的透视图。曾经有一次，伊东丰雄轻描淡写地谈着要重振东京铁塔之类的话题。一般来说，谈这个话题的人多少都会带着怀旧的语气，但伊东丰雄在描述这件事情的时候，却仿佛要塑造一个前所未见的未来都市一般，让我听完之后心情变得非常激动。我觉得他看待事物的方法非常特别。不过，即使如此，只要听过一次他的想法，几乎都会逐渐被他说服。即使每次都讶异于他的看法，但听完之后却又会让我有种事情本来就应该是这样的感觉。

18 藤本壮介

藤本壮介建筑设计事务所

Sousuke Huzimoto：一九七一年出生。『在青森县立美术馆的竞标中，被伊东丰雄选为第二名，让我真正成为了建筑家。』

启发建筑梦想的魔幻构图

有一次伊东丰雄在白纸上画了圆桌、几张椅子、细长的长方形、像钢琴般的形状。那是『中野本町之家』的家具，同时也是伊东丰雄所憧憬的建筑空间。空间之中只有家具、光线和场景飘浮于其中。伊东丰雄一边描绘外墙的轮廓，一边说：『像这样加上了外形之后，他们也会在一瞬间就消失了。』这时我看见眼前的某样东西的确就消失了。这张草图在那个瞬间短暂地出现在伊东丰雄和我之间，启发我的建筑梦想后随即消失，可以说是一张魔幻的构图。这个没有外形、仿佛飘浮在空中的终极建筑形象，非常鲜明地存在于我的记忆之中。

19 佐佐木睦朗

佐佐木睦朗构造计划研究所

Mutsurou Sasaki：一九四六年出生于爱知县。于仙台媒体中心等多项建筑作品中协助伊东丰雄进行结构设计。

有时也会散发着大哥的风范

伊东丰雄虽然不是常说的很会照顾人的那种类型，不过却散发着昔日大哥的风范。我第一次亲身感受到这一点，是在仙台媒体中心的竞标审查中。当时古林丰彦还是新员工，在我们刚通过第一次评审后就眉飞色舞的，伊东丰雄认为这样有违建筑家的志向，于是把他训了一顿。古林丰彦觉得很羞愧，于是剃了个大光头来向伊东丰雄赔罪。结果这个事件成为迎战最终审查的体制重整的契机，后来顺利赢得了那次竞标。虽然已经是十五年前的事了，现在大家仍然可以很自然地一起工作，我认为这正是伊东丰雄个性中的迷人之处。

20 新谷真人

Oak结构设计

Masato Araya：一九四三年出生于东京。通过木村俊彦老师的介绍，与伊东丰雄第一次共事是四国的『松山ITM大楼』。

细节施工是实现概念的手段

优秀的人才都是这样的，就像伊东丰雄一样一直不停地进步。不过本书的访谈『细节施工是实现概念的手段』的这个想法，仍然是伊东丰雄建筑原点的思考方式。在我们第一次共事做的案子里，我便强烈地感受到这个思考方式。细节施工是实现概念的手段——这个思考方式后来花了很多时间逐渐渗透到我的内心，成为我作为构造设计家的精神支柱。之后看到事务所所员制作的意象丰富的模型、描绘细节的草图、精确的缩尺图纸，让我深刻感受到他们传达心中想法的强烈意志，以及这个根本的思考方式深处所代表的优秀才能。

21 — 塞西尔·贝尔蒙德

结构专家、Ove Arup集团副总裁

Cecil Balmond：一九四三年出生于斯里兰卡。在伦敦蛇型艺廊临时建筑、台中歌剧院等案中与伊东丰雄共事。

A surround of thought（环绕的思维）

关于伊东丰雄的核心，只有我知道并无此物，以硬件的意义来说，这是一种高度的川流交会和本质间的交互关系。形式，即凝固和解除凝固，构造的趋向源自轮廓，但两者之间的紧绷要设法平衡，外形下的光线与其细微处及其连续强度，构成了这种创作样式。伊东丰雄的秘密，其实是全无秘密，从事建造设计，其实就是建立在外形的想象之上，对照出物质的强烈力量和易变的精神。他的核心就是始终在调整这种不稳定，以精确、平衡的观念与现实相关联，只有我知道，他对我传达了短暂而具体的信息。展现美的引人注目者，不断创造新的思想来拥抱我们，伊东丰雄的建筑，最终是一种环绕的思维。

22 — 小野田泰明

建筑设计师

Yasuaki Onoda：一九六三年出生。一九八九年—一九九〇年负责东北大伊东丰雄工作室，一九九五年—二〇〇一年参加仙台媒体中心项目。

不挥鞭就能驾驭马匹

在仙台媒体中心的计划里，我们把媒体中心比喻为月亮。因为月亮的存在虽然明确，但是想要靠近它却是需要花费非常多的作业流程。伊东丰雄说，认真的建筑师理所当然要接受这个挑战。于是便温柔而明确地提出了目标，但是却几乎没有给我们很强势的指示，而是一直否定我们的提案。不过正因为每个成员在这之中都有太多想要解开的疑惑，所以没有人能半途而废。结果为这个案子带来了不可思议的共振效果，完全不须挥鞭，马儿们就奋力向未知的目标全速奔驰。伊东丰雄这个人真可以说是少见的好骑师。

23 — 安东阳子

织品设计师

Yoko Ando：一九六八年出生。进入NUNO公司后，负责樱上水K宅邸、仙台媒体中心、松本市民艺术馆等案的织品设计。（摄影：中道淳）

名为自由的信赖感

我在几项伊东丰雄的建筑作品里负责提供一些织品，并参与了一些设计。伊东丰雄并不会具体地指示素材和颜色等要求，每次都只是说『请自由发挥』，但我却从这句话里深深地感受到他对身为织品布料专家的我的要求。一直以来，每一次和伊东丰雄合作，都深刻感受他要求我做的一切行为都必须符合作品意义，同时也是非常信赖我的。伊东丰雄具有某种不可思议的力量，能在一起思考的同时，引导出新的提案。总是带领我引导出超乎寻常的意念及自由的想法。

24 佐佐木君吉

佐佐木君吉

Kimiyoshi Sasaki：一九四九年出生于宫城县。任职于熊谷组时担任仙台媒体中心统括所长。现任Atelier海的负责人。

不催促我们立刻找出解决方法

仙台媒体中心是由被称为管的钢管所组合而成的柱子、铁板制成的薄蜂巢板地板所构成的，并用焊接来进行铁板的接合。那天已经进行精密度确认后才进行熔接工程的，但隔天却因为温度不平均而造成表面不平整。这个充满未知的工程遇到了一连串的困难。为了解决问题，大家不停地进行讨论，甚至还暂时中断作业。不过，伊东丰雄并不催促我们立刻找出解决方法，这是为了预防仓促之下找到错的答案。他反而温暖地在一旁守护着我们这些工程相关人员。这使得工程得以顺畅进行，没有对工期造成影响。即使遇到很多挫折，但他在工地里仍然对大家和颜悦色。他让我们在愉快的气氛下制作出未知的建筑。

25 村松映一

原竹中工务店副社长

Eiichi Muramatsu：一九三八年出生于东京。一九九四年于大馆树海巨蛋案时第一次与伊东丰雄共事。一九六三—二〇一〇年任职于竹中工务店。

铭记在心的自豪与自信

我之所以能参与风之塔、未来之森博物馆这两个案子，是因为大馆树海巨蛋竞标的合作。描绘出伊东丰雄想法的构图引发了每一个成员潜在的能力，让大家得以意志高昂地朝着目标前进，因而完成了这项秋田杉集层板和钢板、复合膜结构所形成的优雅作品。此外还有要求施工精密度极高的TOD'S表参道大楼、使用计算机科技达到铸模工匠水平的『Green Green』、由施工指导与台湾建筑家共同合作完成的高雄世界运动会主场馆等，这些作品给我留下深刻的印象。只要参与过这种永无止境的创造与追求，就能得到无可比拟的自豪与自信，让参与的年轻人永远铭记在心。

26 原义孝

大林组顾问

Yoshitaka Hara：一九四二年出生。就读东大建筑系时与伊东丰雄同届。在工学部棒球赛中，与伊东丰雄分别担任投手（伊东丰雄）与捕手（原义孝）。

棒球和唱歌都难不倒他

因为伊东丰雄说：『你当捕手的时候我投得比较好』所以我就当了捕手接他的球。因为他投变化球，而且后劲很强，所以接他的球很辛苦。去唱歌的时候，他唱起『百万朵玫瑰』也不费吹灰之力。他的第六感和音感实在是无人能及。而且他很以自家太太为荣，还说过『说不定我太太还比你豪迈呢』之类的话。求学时他很努力地钻研结构力学，所以我还以为他想成为像富勒那样的建筑家呢。伊东丰雄其实是理工出身的人，对最新的技术抱有强烈的好奇心，而这也反映在他的建筑造型与空间设计上面。

27 山田浩

原大成建设专务

Hiroshi Yamada：一九四二年出生。就读东大建筑系时与伊东丰雄同届。

设计中充满知性

伊东丰雄从学生时期起都没变过，如同凉爽微风一般的风采，优雅而害羞。总是留意不让身边的人感到不愉快。他的内心深处有着很好的教养。虽然我搞的是施工、他搞的是设计，不过在我们两人联手取得的『MIKIMOTO Ginza 2』案中，能够一起创造出设计与结构合为一体的全新形态建筑，对我来说是非常高兴的一件事。他以结构学为基础，持续创造出兼具全新调和平衡的设计，让我十分敬佩。那应该可以称为知性的设计吧。这和其他设计师完全不同。而且他的风格也不会停滞不前，总是不停地进化着。令人期待他的下一步会有什么新的尝试。

28 铃木明

编辑

Akira Suzuki：一九五三年出生。在『中野本町之家』案中担任实习摄影。在仙台媒体中心、元町中华街车站、多摩美术大学八王子校区图书馆案中，以编辑身份与伊东丰雄共事。

无言的压力

如果把伊东丰雄想象成轻盈、透明而时尚的建筑形象，或是休闲的流行与待人处事的态度，那么就错看他了。其实他是颇为顽固的，只要和建筑概念相关的事情他绝不妥协、不动摇。和他共事的人，不能只是试探他的信念，若没办法提出具震撼而有根源的idea的话，就会感觉到他无言的压力。不过伊东丰雄看起来不像是会收集变化迅速的现代建筑信息的人。那么，伊东丰雄为什么会这么有把握呢？秘密就在于他只要到国外出差，就一定会出去看看古今各地的建筑。或许是因为除了设计，他还同时着重沉思静默、集中书写原稿（论文）吧。

29 五十岚太郎

建筑史学家、建筑评论家

Taro Igashira：一九六七年出生。在东京大学攻读博士学位时，第一次访问伊东丰雄。二〇〇九年向出版社PHAIDON投稿，现任东北大学教授。

对『先生』这种称呼的坚持

我和伊东丰雄『先生』经常一起出席许多场合，像鹿特丹TOWARDS TOTALSCAPE展等展览、谈话性活动等。其中印象最深刻的是，二〇〇六年由KPO KIRIN PLAZA大阪所企划的新几何建筑展的座谈会。藤本壮介邀请伊东丰雄当来宾，他很爽快地就答应了（他虽然很忙，但却经常支持毕业设计展等年轻一辈的各项活动）。会前我们叫他伊东丰雄『大师』，他很坚持希望我们叫他『先生』就好了。像座谈会这样的场合，他舍弃让人感觉强烈的上下关系的『大师』，而选择接近平等关系的『先生』，让我感觉到他平和的个性。

30 泷口范子

新闻工作者

Noriko Takiguchi：现居美国硅谷。执笔二〇〇六年出版的《日本建筑家伊东丰雄观察记》时，多次采访伊东丰雄。

以『变化球』来应对变更的要求

在进行『日本建筑家伊东丰雄观察记』（TOTO出版）的采访工作时，有几件事让我特别印象深刻。如果只能举一个例子，那应该就是『对计划变更的反应』吧。虽然规模各有不同，不过经常会遇到案子的预算缩减或必须重做等各种不得已的状况。这个时候通常只要稍微修改一下之前的案子或削减一下，也就可以应付了。但是，伊东丰雄在这个时候通常就会想出很棒的主意。即使时间有限，还是会将一切归零、重新思考。就算预算变少，也不会做得简陋，就像投出让人意想不到的变化球一样。或许心里多少会对客户有些抱怨，但这并不是他们优先考虑的事情。对合作者来说，这一点实在令人赞赏。

31 寺田真理子

策展人

Mariko Terada：就读于日本女子大学时曾选修伊东丰雄的课程。接受伊东丰雄的建议而选择编辑、策展人之路。现任横滨国立大学大学院Y-GSA的艺廊经理。

身为教育者的一面

大学四年级时，我选修了伊东丰雄的课。下课之后，他常常带我们几个学生去喝酒。这个时候他会很放松，一边充满热情地和我们聊着建筑，让我们感受到他对建筑的敏锐和严苛的眼光。十几年后，我在福冈ISLAND CITY『伊东教室』担任咨询顾问，负责学生之间的沟通与协调。他总是借助实际的建筑案例来教育学生们成为未来的建筑家，让我看到了他身为教育者真挚的一面。我想，对伊东丰雄来说，与年轻人之间的沟通，让他看见了建筑的未来，同时也来自于建筑家对整个社会的使命感吧。

32 泉洋子

伊东丰雄建筑设计事务所专务

Yoko Izumi：在月尾嘉男的介绍下进入伊东丰雄建筑设计事务所。主要负责小金井之家、JAL票务柜台等案。

互相保持着关心

在我们的所员里，有人认为建筑是很特别的，觉得只要会设计就好了，是否以自己的工作为荣则另当别论。如果只是觉得『看图纸就懂了』，是无法把想法传达给一般民众的。如果只拿出这个东西就希望对方理解，我认为是很傲慢的。想要传达自己的想法时，语言的表现和说话的方式都很重要。打招呼和礼貌都是最基本的，更要观察对方的情绪，并且尊重对方。建筑不是单独的，而是存在于整个社会之中。伊东丰雄对于这一点非常自觉。在事务所里，大家都会对许多事情提出意见，因为我们希望大家不只是默默地看着别人做事，而希望借助对案子的意见，来表现对彼此的关心之意。

33 东建男

伊东丰雄建筑设计事务所主要负责人

Takeo Higashi：早稻田大学建设工学研究所毕业，一九八五年加入伊东丰雄建筑设计事务所。负责未来之森博物馆、仙台媒体中心、松本市民艺术馆等案。

将文案进行整理及整合

或许有人会觉得伊东丰雄建筑设计事务所设计的建筑突然开始重复，但事实上并非如此。在一脉相传的文案之中展开，以前也做过这样的尝试，那下次就吸取经验再做些不一样的东西吧，大概就是这样一边创作，一边思考而来的。就像吟唱和歌的诗人一样，有了第一句，就能一直往下念。就是这样的过程。并不需要每一个所员都掌握所有的文脉。因为这是一个开放的体系，所以也可以直接覆盖上去，最后再由伊东丰雄来进行整理、整合。在自由建筑这个巨大的概念之中，文案总是带给我们新的方向。

34 城户崎和佐

城户崎和佐建筑设计事务所

Nagisa Kidosaki：一九八五—一九九三年任职于伊东丰雄建筑设计事务所。负责马込泽之家、下诹访町立诹访湖博物馆・赤彦纪念馆等。目前为京都工艺纤维大学副教授。

图纸曾经被丢进垃圾桶

我常惹伊东丰雄生气。伊东丰雄平常个性很沉稳，脾气很好，但在建筑方面却非常严格。如果提交上去的案子连自己都不知道想做什么，他看到的那一瞬间就会非常生气。曾经有过一次还把我的图纸丢进垃圾桶。不过他一直都很公平，执行案子时也很尊重我们做的内容。现在当我烦恼的时候，还会想起他曾经对我说过：『思索新的东西时每个人都会感到不安，不花时间就做不出好东西。』从竞标阶段开始，我就负责下诹访町立诹访湖博物馆・赤彦纪念馆，当时曾被派驻到工地。接近完工的时候，结构家木村俊彦看着圆弧线条的建筑轮廓，评价说：『好像倒映在湖里的弦月。』那一瞬间让我有建筑唤起了全新价值观的感觉。

35 佐藤光彦

佐藤光彦建筑设计事务所

Mitsuhiko Satou：一九六二年出生。一九八六—一九九二年任职于伊东丰雄建筑设计事务所。负责横滨风之塔、札幌啤酒北海道工厂GUEST HOUSE等案。目前为日本大学理工学部副教授。

迈向前所未见的建筑

我任职于事务所期间，事务所设计的建筑正朝向各种不同用途变化，规模也变大了，是一段非常刺激的时期。刚进事务所时员工人数不到十人，包括伊东丰雄本人，大家都经常交谈（也会一起去喝酒），让我受到很好的磨炼。就像大家说的，伊东丰雄通常不会用具体的构图来告诉我们该怎么做。但是现在回想起来，觉得那些构图的线条其实很不可思议，因为虽然画的是某一个案子，但却像可以把我们带入到另一个不同的世界一般。最近他的构图比以前更接近完成后的建筑了，但我总觉得这些线条更能连接到我们前所未见的建筑上。

36 | 曾我部昌史

MIKAN GUMI

Masashi Sogabe：一九六二年出生。一九八八—一九九四年任职于伊东丰雄建筑设计事务所。MIKAN GUMI的负责人之一。目前为神奈川大学教授。

管理的重要性

我在伊东丰雄建筑设计事务所学习到设计的执行方式和思考方式。在有限的条件下，思考着设计的效果、在社会中的定位及意义等。在那里我学会了彻底的思考，对设计的研究，并体会到设计实现后的喜悦。即使是彻底研究，案子在进行的时候却有一条界线，一旦跨过界线，很多事情都不得不妥协。事务所教会我那条线的存在。独立之后，我体会到管理的重要性。而在伊东丰雄建筑设计事务所里，这个职务大多由泉洋子负责。在那里我学到了许多『社会常识』，比如如何用心对待重要业主，如何节省外出洽谈时的交通费用等。当时我并没有意识到这点，现在我了解了在经营一家公司时，像泉洋子这样的角色是不可或缺的。

37 | KDA

Klein Dytham Architecture

Astrid Klein（左）：一九六二年出生。Mark Dytham（右）：一九六四年出生。一九八八—一九九〇年任职于伊东丰雄建筑设计事务所。负责Amusement Complex H等案。

追求惊喜的猎人

我们受到的欧洲式教育是所谓金字塔结构，非常重视强烈的『概念』，『概念』就像引导整个案子的灯塔般的存在。而伊东丰雄事务所则是全体所员一起讨论所有的案子，这样的流程对我们来说非常新鲜。所有所员总是绞尽脑汁，一下讨论到这里，一下又讨论到那里，有时又回到原地。有时某些动作看似杂乱无章，但其实是为了得到过去不曾捕获的猎物。伊东丰雄从前就是一个不断追求新『猎物』的猎人。每次我们看到他捕获的猎物，总是会惊讶得合不拢嘴。

38 | 古林丰彦

伊东丰雄建筑设计事务所主要负责人

Toyohiko Kobayashi：一九六四年出生。京都大学研究所毕业后，于一九九〇年起任职于伊东丰雄建筑设计事务所。负责仙台媒体中心、『Green Green』等案。

刻意说得含蓄的用意

就算无法明确表明A或B的那种讨论，伊东丰雄发言时也会刻意不设限。像肯定或否定，要不要换个方向之类的，他总是讲得很含蓄。这样一来大家才会说出自己真正是怎么想的。因为他从不帮大家决定，所以很多时候我们不懂他在想什么。如果不绞尽脑汁地想，就跟不上他的脚步。必须一直站在对方的立场，思考他会怎么想。虽然这样的方法效率较低，但却可以产生许多意想不到的结果。不管是意想不到的可能性，或是自己其实不怎么喜欢的东西，整合后都会变成事务所设计的建筑。这一点让我佩服得不得了。

39 — 柳泽润

CONTEMPORARIES

Zyun Yanagisawa：一九六四年出生。一九九二年—二〇〇〇年就职于伊东丰雄建筑设计事务所。

优秀的制作人

伊东丰雄从来不会指示任何人去做某件事，只会说：『这边再多试一下看看。』但千万不能就照他字面上的意思去做，不能只多做一点点，而是要准备好几种不同的方案。伊东丰雄非常懂得如何叫人做事，不但是个优秀的设计师，同时也是个优秀的制作人。除了结构专家、设备设计师、施工者之外，他还会把工地周围的人都拉进案子里，共同完成一项建筑。当中的一条线是非常重要的，但是如果没有其他让周围动起来的整合力，是无法完成一个建筑的，这是我任职于伊东丰雄建筑设计事务所时最大的感想。现在我也受到这种以整体为思考重心的经验所影响。

40 — 松原弘典

北京松原弘典建筑设计公司

Hironori Matsubara：一九七〇年出生。一九九七年—二〇〇一年任职于伊东丰雄建筑设计事务所。二〇〇五年起担任北京松原弘典建筑设计公司负责人、庆应义塾大学副教授。

所谓的『拒绝』

曾经有一所国立大学邀请伊东丰雄任教，当时我被派驻到仙台媒体中心的工地，也帮忙整理过论文。论文的主题是『非限定空间之考察』，这充分展现出他的野心，但是形式上和对方期望的博士论文有一点落差。伊东丰雄虽然知道对方不是很满意，但却没有修改的意思，这件事情就这样无疾而终了，这件事令我印象非常深刻。伊东丰雄到北京的时候，大多时候也都和工作有关，我也经常有机会和他一起开会。对现在的我来说，在事业上很难达到他的高度。所以伊东丰雄的核心对我来说是个解不开的谜。

41 — 平田晃久

平田晃久建筑设计事务所

Akihiro Hirata：一九七一年出生。一九九七年—二〇〇五年任职于伊东丰雄建筑设计事务所。

有时『不可能』也可以变成可能

伊东丰雄经常会针对我们讨论了很久的结果，在一瞬间作出判断。我只看过一次他犹豫的样子。那一天我们在讨论TOD'S表参道大楼上树木的形状，本来他说：『就这样进行吧。』但到了下一次开会，他突然又改变想法了，说：『我对于太过具象的形状有点抗拒。』我觉得伊东丰雄是一个站在『好』和『坏』两种价值观界线之上的人。最后这个案子还是决定使用树木形状。因为他会帮大家踩刹车，我们才能继续踩着油门前进。让我学习到真正有困难的时候也要有决定放弃的判断力，虽然最后很少会完全放弃。很多时候乍看之下不可能的状况，也会有很多可能发生。

42 中山英之

中山英之建筑设计事务所

Hideyuki Nakayama：一九七二年出生。二〇〇〇年—二〇〇七年任职于伊东丰雄建筑设计事务所。

急着作决定是无意义的

我觉得急着作决定是一件没有意义。即使是刚开始就有具体意象的东西，也都会有令人怀疑的地方。所以就和结构设计事务所、厂商组成『团伙』，『不用那么快做决定也没关系』的空间越来越大，尽可能拖延时间来让更多的人继续思考。当然在建筑上有很多人急着想要得到结论，这一点要怎么妥善处理，也取决于案子所散发出的光芒的强弱。每个所员都像一个细胞一样，依照自己的意识不停舞动，也都会感受到一股『是我带动整个事务所运作』的充实感，但事实上是整体都在动。那里就是一个这么具有生命力的组织。

43 末光弘和

SUEP

Hirokazu Suemitsu：二〇〇一年—二〇〇六年任职于伊东丰雄建筑设计事务所。负责Vivo City等案。二〇〇七年起担任SUEP的共同负责人。

堆叠图纸的冲击力和自尊心

进入事务所的第二年，有一次大家开会讨论案子，每个人都提出了自己的构想。除了我之外，还有平田晃久、福岛加津也、东建男和伊东丰雄。首先由最年轻的我提出构想，我把图纸放在桌子上，接着平田晃久拿出完全不同的提案放在我的图纸上。看到自己的图纸被盖了过去，我心想『可恶啊……』，接着福岛加津也又把另一个提案盖到平田的图纸上，接着东建男在一旁也画了草图，又再叠上去。最后伊东丰雄很干脆地分别指出四个提案中最优秀的地方。大鱼吃小鱼，小鱼吃虾米——我在这样的关系之中感受到事务所的强大。

44 百田有希

伊东丰雄建筑设计事务所所员

Hyakuda Yuki：一九八二年出生，京都大学研究所毕业后，于二〇〇九年起任职于伊东丰雄建筑设计事务所。

物体所产生的语言

研究所一年级的时候我参加了福冈Island City制作凉亭的work shop（伊东教室）。当时我制作了一个概念模型是飘浮在地面的圆盘，上面挖了很多四方形的洞。伊东丰雄看了之后说：『说不定这就是飘浮在空中的洞窟。』因为有了这句话，本来很抽象的模型马上成为就像是从地面上冒出来的『飘浮洞窟』，脑子里也突然有了空间感。原来物体所产生的语言就是这个意思，这让我非常感动。进入事务所后，我学习到从对话之中获取灵感是很重要的一件事。伊东丰雄指示出一条没有人实现过的全新的建筑方向，而每一位所员都一起思考并且进行提案。这真是非常刺激。

45 小屋香里

专案统筹人

Kaori Koya：一九七一年出生。担任由Tokyo Gas主办、伊东丰雄制作的『Tokyo Gas SUMIKA Project』项目统筹人。

特别喜欢接触人群的建筑家

伊东丰雄曾经在我们公司所主办的建筑环境设计大赛中担任审查委员长，后来我们委托他执行SUMIKA项目。担任设计评审时伊东丰雄非常严格，积极地将自己的主张传达给参赛的年轻人，但负责项目时则完全不同，非常重视人与人的关系，是个充满了人情味的建筑家。在一旁观察三个不同时代、不同思想的建筑家（藤森照信、西泽大良、藤本壮介）淘气的样子实在很有趣，甚至会忘记自己业主的身份，不会去想这些天马星空的想法能不能真的实现。伊东丰雄到现场巡查时也总是笑着对我们说：『大家辛苦了，感觉还不错呢！』完全不会让人有高高在上的感觉。我想这就是他受到世界各国人们喜爱的原因吧。

46 井本惠英

前八代市建设部次长

Yoshihide Imoto：一九四八年出生。任职于市政府时，在未来之森博物馆一案中与伊东丰雄共事。之后担任八代市建设部次长，目前任职于熊本县建筑住宅中心。

博物馆改变了整个城市

伊东丰雄来八代市的时候，我们一起去喝酒、唱歌，真的非常开心。他对每个人都一视同仁。我们从熊本到东京参观他的事务所时，他也很热情地接待我们，给我们留下了许多愉快的回忆。未来之森博物馆吸引了全国各地许多民众前来参观。每次向民众介绍图书馆的时候，都还会奇怪『伊东丰雄这些想法到底是从哪里来的？』伊东丰雄到八代市之后，整个城市都不一样了，变得更活跃、更热闹。我们举办公车站牌的设计比赛时收到好多投稿，甚至还有来自国外和大学生的，当时我们都好惊讶。对八代市来说，真的是非常开心的一件事。

47 末田龙介

雕刻家

Ryusuke Sueda：一九二八年出生。一九九六年完成的小国S宅邸业主。『伊东丰雄如我所期望的，将我的雕刻解体，让它们转变为新的生命，持续地存在着。』

于转型期认识了伊东丰雄

在人生的重大阶段，我请了三个建筑家为我设计住家（林雅子）、美术馆（原广司）和工作室（伊东丰雄）。伊东丰雄开玩笑说：『我们的年龄和设计者的人选顺序是不是应该反过来？』但对于生活及工作内容随着建筑持续变化的我来说，这是最自然不过了。我在即将七十岁时认识了他，而他是个很能激励人进入全新的时期的人。他在有限的预算下，完成了极简单的建筑，完工后我已经在这里住了十四年。我在这栋房子里每天创作雕刻，一点一点地为房子添加新的生命，就像是和伊东丰雄一起朝着完成一栋无限可能的建筑目标前进。

48 奥山惠美子

仙台市市长

Emiko Okuyama：一九五一年出生。时任仙台市终身教育部门负责人时参与了仙台媒体中心的兴建。历经媒体中心馆长等职，二〇〇九年起担任现职。

在战场上也从容不迫

仙台媒体中心是仙台市兴建的一栋综合设施，一度停止施工，后来经过各方努力终于又重新通过。因此在一边沟通这个设施的用意的同时，一边就要开始进行施工。如果比照平时的行政想法和手续，很多事情根本不可能完成，因此所有参与的人都非常辛苦。施工中途有几次像战场一般的场面，但伊东丰雄都表现得非常从容，是个内心非常强韧的人。他把自己的建筑专业和不擅长的部分划分得很清楚，再向不同领域的专家来请教，终于得以顺利完成了这个艰巨的案子。他在建筑方面的敏感度实在令人慑服。

49 中泽新一

人类学家

Sinichi Nakazawa：一九五〇年出生。多摩美术大学美术学部艺术系教授、艺术人类学研究所所长。

第一个让我如此信任的建筑家

伊东丰雄是第一个让我如此信任的建筑家。我的工作必须把内心腾空，将感受到的东西用言语表现出来，工作的环境需要非常安静。对我们这样的人来说，建筑家把心里所见的事物带进现实生活中，看似轻松却又大规模地将其转化为实体，总觉得不太能够让人相信。但是在看过伊东丰雄的工作态度后，这样的想法改变了。他很清楚地知道建筑工作所蕴含的矛盾，而在内部空间与现实的领域之中不断寻找创作所需的『秘密战争』，这样的建筑家是非常罕见的。

50 茂木健一郎

脑科学专家

Kenichi Mogi：一九六二年出生。担任NHK『Professional』的主持人，曾在节目上访问过伊东丰雄（二〇〇九年四月七日播出）。

『素材』衍生的排列魔法

我认为关于伊东丰雄创作的『素材』秘密之中，最有趣的就是『排列』的问题了。他所画出来的图画，即使描绘的是数张相同形状的图像，每一张的形态也都会不一样。这源自于伊东丰雄对大自然的关心，他所描绘的图像，就像是落叶飘落或人们随兴地坐在草地上时才会显现出的排列方式。大家自己动手画画看就会知道，一般人都会在不自觉中展现出规则性，没办法画出那样的排列。我从伊东丰雄那里学到了『排列的魔法』。世界上有那么多不同物体的排列，是一种非常不可思议的恩赐。伊东丰雄所创造出来的『排列』具有不可思议的魅力。

1941—2010年

履历

伊东丰雄年谱

年谱下方的照片以内文中没有收录的照片为主。

年份	大事记
一九四一	—六月一日出生于京城（现在的首尔）
一九四二	
一九四三	—与母亲、姐姐一起移居至长野县诹访
一九四四	
一九四五	—父亲从京城返日，于下诹访兴建木材小屋
一九四六	
一九四七	
一九四八	—进入诹访的小学就读
一九四九	—父亲与巴纳德·利奇、柳宗悦等人开始有接触

与家人合影

年份	大事记
一九六〇	—毕业于日比谷高校 —报考东京大学落榜，重考一年。夏季转读理工科
一九六一	—进入东京大学理工科就读 —二十岁
一九六二	—选择专业时，因为电机系分数太高而放弃，最后选择建筑系
一九六三	
一九六四	—进入菊竹清训建筑设计事务所打工，认识了建筑的乐趣所在
一九六五	—毕业于东京大学工学院建筑系，获得毕业计划奖 —进入菊竹清训建筑设计事务所工作
一九六六	—二十五岁
一九六七	
一九六八	
一九六九	—从菊竹清训建筑设计事务所离职

事务所时代，探索多摩田园都市

一九五〇

一九五一
—父亲开始于诹访湖畔经营味噌工厂，盖了一间与工厂相连的住宅

一九五二
—在诹访湖过着每日抓蜻蜓、钓鱼、玩滑板的生活

一九五三
—父亲过世

一九五四
—进入诹访的中学就读

一九五五
—埋头于棒球之中

一九五六
—高中联考前转学至东京大森六中

一九五七
—进入日比谷高校就读
芦原义信设计的住宅完工

一九五八
—热衷于棒球

一九五九

高校时代。与家人合影于自家门口

大事记 | **作品** | □为未完成的作品

年份	大事记	作品
一九七〇	—过了两年闲晃的生活，一边设计『铝之家』 —第三次通过考试获得一级建筑师资格	□URBOT『无用胶囊之家』
一九七一	—三十岁、结婚 —成立AURBAN ROBOT『URBOT』	■铝之家（神奈川） □URBOT-002A
一九七二		
一九七三		
一九七四		■千泷的山庄（长野）
一九七五		■黑的回归（东京）
一九七六	—三十五岁 —日本航空柜台设计竞赛第一名	■中野本町之家（东京） ■上和田之家（爱知）
一九七七		■HOTEL D（长野）
一九七八	—担任东京造型大学造型学院兼职讲师（至一九八三年）	■名古屋PMT大楼（名古屋）
一九七九	—公司名称变更为伊东丰雄建筑设计事务所 —担任千叶大学工学院建筑系兼职讲师（至一九八二年）	■PMT大楼（福冈） ■PMT大楼（大阪） ■小金井之家（东京） ■中央林间之家（神奈川）

年份	大事记	作品
一九八〇		
一九八一	—四十岁 —出版《风范主义与现代建筑》 —担任东京工业大学工学院建筑系兼职讲师（至一九八三年）	■笠间之家（茨城） □Dom-ino project
一九八二	—受邀参加P3 Conference	■梅丘之家（东京） □P 3 project
一九八三	—担任东京大学教育学院教育系兼职讲师（至一九八五年）	■花小金井之家（东京） ■田园调布之家（东京）
一九八四	—第三届日本建筑家协会新人奖（笠间之家） —担任早稻田大学理工学院建筑系兼职讲师（至一九八七年）	■银色小屋（东京） ■日本航空千叶营业分店（千叶）（图1）
一九八五	—Tokyo in Tokyo展——冥想空间 十杉浦康平 （Laforet Museum）	■东京游牧少女之包（东京） □大鳄综合运动公园计划案

□为未完成的作品

1

1. 日本航空千叶营业分店。在竞标中获得第一名的日本航空营业分店改建案之一。透过冲孔处理的铝片天花板，可以看见里面的排气导管。（摄影：大桥富夫）

一九八六

—四十五岁
—昭和六十年日本建筑学会作品奖（银色小屋）
—伊东丰雄展『风之街的建筑群像』
—横滨车站西口塔设计竞赛一等奖（横滨风之塔）

■马込泽之家（千叶）
■横滨风之塔（神奈川）（图2）
■RESTAURANT BAR NOMADO（东京）
■Honda CLIO本田汽车经销商世田谷展示间（东京）
□西条之家计划案
□藤泽市湘南台文化中心设计竞标投标案

一九八七

—日本室内装潢设计协会奖

■神田M大楼（东京）

一九八八

—事务所迁移至不二屋大楼（现址）
—法兰克福歌剧院改建计划设计竞赛一等奖

■奈良丝路博览会·浮云区（奈良）（图3）

一九八九

—出版《风之变样体》（青土社）

■札幌啤酒北海道工厂 GUEST HOUSE（北海道）
■意大利餐厅『PASTINA』（东京）
■名古屋设计博览会·Meitec·中日新闻·CBC展馆（爱知）
■浅草桥大楼（东京）
■横滨博览会·海的入口周边设施（神奈川）
■东京游牧少女之包2（比利时）

2

3

2. 横滨风之塔。在既有的地下停车场排气塔外观覆盖椭圆形的冲孔金属片。（摄影：安川千秋）
3. 奈良丝路博览会·浮云区。于菊竹清训所企划的博览会中，负责部分会场设施的设计。此博览会中采用全面膜构造。（摄影：多比良诚）

年份	大事记	作品
一九九〇	—获得第三届野村藤吾奖（札幌啤酒北海道工厂GUEST HOUSE）	■中目黑T大楼（东京） □日法文化会馆竞标投标案（图4） □安特卫普市再开发计划Ⅰ
一九九一	—五十岁	■风之卵（东京） ■未来之森博物馆（熊本） ■八代Gallery 8（熊本） ■汤河原Gallery U（神奈川）（图5） ■南青山F大楼（东京） ■日本航空柜台（美国、法国等） ■法兰克福歌剧院照明设计 ■Visions of Japan展模拟之屋（英国）
一九九二	—每日艺术奖（未来之森博物馆） —出版《仿真城市的建筑》（INAX出版）	■HOTEL P（东京） ■Amusement Complex H（东京） □柏林Sports Hall投标案 □巴黎大学附属图书馆竞标投标案 □上海都市再开发计划案
一九九三		■松山ITM大楼（爱媛）（图6） ■下诹访町立诹访湖博物馆·赤彦纪念馆（长野） ■法兰克福幼儿园（德国） □安特卫普市再开发计划Ⅱ
一九九四	—一九九三年日本建筑学会北海道分会北海道建筑奖（HOTEL P）	■老人赡养机构八代市立养老院（熊本） ■筑波南停车场（茨城） □O Hall＋Museum Project

□为未完成的作品

5

4

6

4. 日法文化会馆竞标投标案。在总参赛件数453件中获得佳作（次选）。提出Mediaship的概念，作品中充分展现出追求“电力时代”的表现意图。5. 汤河原Gallery U。钢筋混凝土的方形盒与钢片铺设而成的弯曲屋顶，构造相当简单。（摄影：齐部功）6. 松山ITM大楼。位于四国松山的零食制造商“一六”与相关单位的建筑。追求“没有方向性的均质”。（摄影：松村芳治）

□札幌Community Dome Project

一九九五

■八代广域消防本部厅舍（熊本）（图7）
■蓼科S宅邸（长野）
□武藏野之森综合运动设施
□东京Frontier Project

7

一九九六

—五十五岁

■长冈Lyric Hall（新潟）（图8）
■小国S宅邸（熊本）
□浦安信息中心

一九九七

—第三届保加利亚索菲雅三年展
—一九九七年建筑业协会奖（BCS奖）（八代市广域消防本部厅舍）

■横滨市东永谷地区中心Care Plaza（神奈川）
■大馆树海巨蛋（秋田）
■东京大学物性研究所（千叶）
□赛萨罗尼奇海滨再开发案
□国际清算银行增建竞标投标案
□广岛幕张国际会议中心案

一九九八

—一九九七年艺术文部大臣奖（大馆树海巨蛋）
—出版《中野本町之家》

■大田区休养村（长野）
■野津原町厅舍（大分）
□JVC现代美术馆计划案

一九九九

—第五十五届日本艺术院奖（大馆树海巨蛋）
—一九九九年建筑业协会奖（BCS奖）（大馆树海巨蛋）

■佑天寺T宅邸（东京）
■大社文化会馆（岛根）
□罗马现代美术馆竞标投标案
□汉诺威丙烯酸树脂塔案

8

7. 八代广域消防本部厅舍。以细长的柱体支撑L型建筑物的结构。结构设计为木村俊彦。（摄影：冈本公二） 8. 长冈Lyric Hall。提案时提出绿色大屋顶设计，因业主的否决而无法执行，却承袭了提案中屋顶连接到地面的理念。（摄影：三岛叡）

年份	大事记	作品
二〇〇〇	—国际建筑学术机构（IAA）学术奖 —美国艺术文化学术机构阿诺德·布鲁纳奖 —出版《透层的建筑》（青土社）	■樱上水K宅邸（东京）/（图9） ■汉诺威2000国际博览会『健康馆』装置艺术（德国） □盛冈车站前综合设施竞标投标案
二〇〇一	—六十岁 —二〇〇一年度GOOD DESING大奖（仙台媒体中心）	■仙台媒体中心（宫城） ■大分农业文化公园中心设施（大分）（图10） ■『Cholon』舞台美术（东京） □新加坡 Buona Vista Master Plan竞标投标案 □Cordoba Congress Center竞标投标案
二〇〇二	—World Architecture Award 2 二〇〇二 Best Building in East Asia（仙台媒体中心） —二〇〇二年建筑业协会奖（BCS奖）（仙台媒体中心） —威尼斯建筑双年展金狮子奖	■布鲁日临时建筑（比利时） ■稻城W宅邸（东京） ■蛇型艺廊临时建筑（英国） □奥斯陆Vestbanen再开发案竞标投标案
二〇〇三	—二〇〇三年日本建筑学会作品奖（仙台媒体中心）	■东云Canal Court CODAN 2街区（东京）（图11） ■港未来线元町中华街车站（神奈川）（图12） ■Ripples（木制长椅） □N社校区研究楼计划案 □苏格兰S案 □孔布拉Santa Cruz公园修复计划案
二〇〇四	—Gold Compass（Compasso d'Oro ADI）（木制长椅）	■松本市民艺术馆（长野） ■铝质小屋（山梨） ■TOD'S表参道大楼（东京） ■Sendai □根特市文化会馆竞标投标案 □武藏境新公共设施设计竞标投标案 □亚眠FRAC现代美术馆设计投标案
二〇〇五	—『街道之家』（Index Communications Corporation）	■福冈Island City中央公园核心设施（福冈）

□为未完成计划完

9. 樱上水K宅邸。伊东丰雄第一件“铝质结构”的建筑物。使用经过耐蚀处理的挤出成型补强板作为壁板兼外装材质。（摄影：坂口裕康）10. 大分农业文化公园中心设施。数栋建筑物排成一列，以单坡顶形式屋顶打造出整体感。天窗由铝、FRP、木材3种材质组成。（摄影：吉田诚）11. 东云Canal Court CODAN 2街区。3米的格子构成立面，住户阳台呈阶梯状排列。（摄影：的野弘路）12. 港未来线元町中华街车站。这是2004年开业的横滨市营地下铁的一个新设车站。除了伊东丰雄之外，另有内藤广、早川邦彦负责设计。（摄影：寺尾丰）

■格罗宁根Aluminium Housing（荷兰）
■Office Mahler 4 Block 5（荷兰）
■费加洛的婚礼舞台装置（长野）（图13）
■SUS福岛工厂员工宿舍（福岛）
■MIKIMOTO Ginza 2（东京）（图14）
■kaeru咖啡杯组
■HORM Stand（2005年Milano Salone HOLME家具摊位设计）

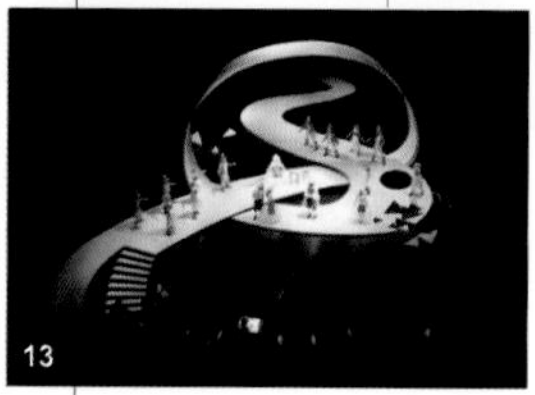

二〇〇六

—六十五岁
—英国皇家建筑家协会金牌奖
—第十届公共建设奖国土交通大臣表彰文化设施部门（仙台媒体中心）
—『伊东丰雄建筑展——新真实』（展览会）
—出版《建筑世界的十个冒险》（彰国社）

■Vivo City（新加坡）（图15）
■冥想之森市营殡葬场（岐阜）（图16）
■巴塞罗那国际展览会场Gran Via会场扩张计划（Central Axis）（西班牙）
■六本木榉木大道木制长椅（东京）
■KUZTZH同
■Kaze

二〇〇七

■Cognacq-Jay医院（法国）
■多摩美术大学八王子校区图书馆（东京）
■巴塞罗那国际展览会场Gran Via会场扩张计划（会场入口）（西班牙）
■MAYUHANA照明器具
■Bo美浓烧咖啡杯组
□Les Halles国际设计竞标投标案

二〇〇八

—二〇〇八年建筑业协会奖（BCS奖）（冥想之森市营殡葬场）
—Gold Compass（Compasso d'Oro ADI）（HOLME家具摊位设计）
—二〇〇八年第六届澳洲Frederick John Kiesler建筑艺术奖

■SUMIKA临时建筑（栃木）（图17）
■座・高円寺（东京）
■Pescara巨型玻璃杯（意大利）
■OLIVARI门把&窗把

二〇〇九

—马德里美术协会（CBA）金牌奖

■高雄世界运动会主场馆（中国台湾）
■facade renovation suites avenue apartment（西班牙）
□奥斯陆市Deichman中央图书馆竞标投标案

二〇一〇

—二〇〇九年朝日奖

■TORRES PORTA FIRA（西班牙）

13. 费加洛的婚礼舞台装置。2005年8月于松本市民艺术馆上演的歌剧舞台。（摄影：伊东丰雄建筑设计事务所）14. MIKIMOTO Ginza 2。钢板混凝土结构的壁面中有许多不规则的开孔，与大成建设共同设计。（摄影：吉田诚）15. Vivo City。新加坡的购物中心。2006年10月起，2个月内吸引了700万名顾客。（摄影：Nacasa & Partners）16. 冥想之森市营殡葬场。位于岐阜县各务原市墓地公园的火葬场。使用厚20厘米的自由曲面混凝土坂，完美融合于四周景观之中。（摄影：吉田诚）17. SUMIKA临时建筑。TOKYO GAS的咨询设施。使用集成材料架构，灵感来自地基内的樱花树。（摄影：松浦隆幸）

伊东丰雄建筑设计事务所员工名单

按入所时间排列／○表示现在所内工作人员

001—○伊东丰雄
002—祖父江义郎
003—柴田牧子
004—石田敏明
005—柴田泉
006—片仓保夫
007—○泉洋子
008—饭村和道
009—妹岛和世
010—小宫功
011—桑原立郎
012—○东建男
013—城户崎和佐
014—二瓶稔
015—佐佐木勉
016—佐藤光彦
017—小池広野
018—奥濑公子
019—曾我部昌史
020—手冢义明
021—德永照久
022—Astrid Klein
023—Mark Dytham
024—铃木优子
025—横沟真
026—筱崎健一
027—富永谦
028—伊藤文子
029—上条美枝
030—佐藤京子
031—○古林丰彦
032—石津麻里子
033—○伊藤淳
034—中村康造
035—Moongyu Choi
036—柳泽润
037—樱本真由美
038—掘达浩
039—竹内申一
040—田畑美穗
041—福岛加津也
042—安田光男
043—奥矢惠
044—濑尾拓广
045—高山正行
046—赤松纯子
047—井上雅宏
048—高桥直子
049—荒木研一
050—冢田修大
051—久保田显子

052 — 关口惠津
053 — ○藤江航
054 — 松原弘典
055 — 平田晃久
056 — 式地香织
057 — 横田历男
058 — ○大宫由纪子
059 — 西村麻利子
060 — ○泽村圭介
061 — 细谷浩美
062 — 中山英之
063 — 多罗尾希
064 — 高家章夫
065 — 金本智香子
066 — 赤崎光基
067 — 末光弘和
068 — 三好隆之
069 — 青岛琢治
070 — 横川雄一
071 — 中原英隆
072 — 白川在
073 — 筱崎弘之
074 — ○水沼靖昭
075 — 桥本朋子
076 — Christoph Cellarius
077 — Andrew Barrie

078 — 森畑孝幸
079 — ○锦织真也
080 — 平山高康
081 — 足立拓
082 — 木上理惠
083 — 秋山隆浩
084 — ○庵原义隆
085 — ○矢部伦太郎
086 — Florian Busch
087 — ○小针修一
088 — ○佐野健太
089 — ○大贺淳史
090 — ○御手洗龙
091 — ○鱼野美纪
092 — 渡边弹
093 — ○鹈饲惠三子
094 — ○冈野道子
095 — ○田边曜
096 — ○森山千春
097 — 前田健太郎
098 — ○福田诚
099 — ○樽谷敦
100 — ○星岛美完
101 — ○喜多裕
102 — ○Nils Becker
103 — ○南俊允

104 — ○近藤奈奈子
105 — ○伊东美也
106 — ○矶田和明
107 — ○大原央行
108 — Andre Guimond
109 — ○竹内启
110 — ○乡野正广
111 — ○木下荣理子
112 — ○池田耕三
113 — 高桥麻实
114 — ○山田有吾
115 — ○井上智香子
116 — ○福田阳之辅
117 — ○高池叶子
118 — ○方薇雅
119 — ○Julia Li Ka Yee
120 — ○百田有希
121 — ○玉木浩太
122 — ○中村裕太
123 — ○花冈德秋
124 — ○矢吹光代
125 — ○林俐廷
126 — ○林宜佩
127 — ○福西健太

1985—2008年

关系网

交友录

1

4

3

2

6

5

7

9

10

8

11

12

1. 1998年时的事务所员工，当时总人数为12人。**2.** 与已故的仓俣史朗合影。**3.** 于巴黎Pompidou Center与理查·罗杰斯合影。**4.** 于京都与矶崎新合影。**5.** 于菊竹清训生日会上与富永让合影。**6.** 于巴塞罗那与法兰克·欧文·盖瑞合影。**7.** 与阿尔瓦罗·西塞合影。**8.** 与石田敏明、妹岛和世、Astrid Klein、Mark Dytham等多名事务所的OB合影。**9.** 与古谷诚章讨论公共建设。**10.** 与远藤胜劝讨论细节。**11.** 于SUMIKA Project会场与藤森照信、西泽大良、藤本壮介等人合影。**12.** 展览会所举办的work shop“制作‘柔软的家’”中与参加的儿童合影。

后记

自从在青山设立小小的工作室，至今已经三十九年了，而我自己也已经六十九岁。明年创立四十周年时，我即将满七十岁。

这段时间以来，我都抱着不想回顾过去的心情，从事着建筑这份工作。我一直想尝试新的主题，也不希望自己的风格被固定住。希望今后也一样可以和年轻人一起做些更年轻的事。

不过，在本书的校对过程中，读着『五十人谈伊东丰雄的核心』的内容，我不禁感慨万千。读着每个人对我的看法，以及这个人相遇时他对我说过的话，让我更加坚定了自己的想法和前进的方向，如果这个人没有对我这么说的话，那个建筑说不定就不会存在了，这样的想法就逐一浮现在眼前。让我深深觉得，我是得到这么多人的支持，才得以继续从事建筑的。学生时代的同学、以前的员工、客户、建筑家朋友、家人等，虽然每个人的时代和立场都不尽相同，但是我真的是得到许多人的帮助，才能走到今天这一步。除了这里的五十个人之外，还有数不尽的人，因为大家的支持，才造就了今天的我。

之所以会这么想，完全是因为自己是一个晚熟的人。大学时会选择建筑专业，也只是顺其自然，而且建筑系里还有许多比我更优秀的朋友。虽然我喜欢设计，但也还不到废寝忘食的程度。

能够在菊竹清训的手下工作，是很幸福的一件事。因为，当初的我还是个自以为概念必须合乎理论，只会满口理论却提不出具体的构想，让老板和前辈头疼的人物。如果现在我的事务所里有像过去的我这样的员工，一定会很没有人缘。菊竹清训对我的包

容，让我实在无法用语言来表达感谢之意。

而当我独自成立事务所之后，许多优秀的所员都愿意贡献他们的力量，因此许多建筑才得以实现。

『五十人谈伊东丰雄的核心』中，西泽大良说我是典型的老幺型建筑家，这个说法非常妙。一定是因为我老是露出疑惑的表情，所以让很多人忍不住想要照顾我吧。

虽然有时我也会觉得很不好意思，但人的性格不是那么轻易可以改变的，所以今后应该也会继续麻烦大家吧。

只有一点，是我自己非常希望可以取得主导权的。那就是希望能实现由我的双手培育出年轻建筑师这个愿望。即使不擅长画图，我还是希望培养出懂得思考建筑为何物的建筑家，这是我唯一的心愿。

不过，我究竟可以从事建筑到什么时候呢？我希望还有十年的时间可以继续探索新的建筑。只有这么做，才得以回报一直以来支持着我的人。

最后，在这里向为了出版此书而对我进行访问的记者、编辑等多位相关人士致上最深的谢意。

伊东丰雄

二〇一〇年三月二十二日

执笔者、新闻报道刊号

206页　布鲁日临时建筑（2002年）／宫泽洋／NA 2002年7月22日
208页　蛇型艺廊临时建筑（2002年）／宫泽洋／NA 2002年8月5日
210页　『近代建筑需要新装饰』——一改扁平派作风，开始尝试强烈的表现手法（2003年）／山本惠久／NA 2003年8月4日
214页　松本市民艺术馆（2004年）／松浦凌幸／NA 2004年10月4日
222页　TOD'S表参道大楼（2004年）／高市清治／NA 2005年1月24日
230页　福冈Island City中央公园核心设施（2005年）／加藤光男／NA 2005年10月17日
238页　『我想做出一栋屋顶和墙面之间没有分隔、浑然一体的建筑』——从追求轻盈骤变为追求动感（2006年）／宫永博行／NA别册・美丽的屋顶2006
246页　初出茅庐时代的故事——悠闲度日的时光成为日后的肥料（1970年）／森清／NA 1996年3月25日
252页　伊东丰雄建筑设计事务所——全员讨论，事务所负责人也是其中一员（1992年）／矶达雄／NA 1993年1月18日
256页　『细节和尺寸是表现概念的手段』——绘制图纸时最重要的是有一个『传达的对象』（2008年）／佐野由佳／2009年2月9日
262页　伊东丰雄建筑设计事务所——完全平等地看待新人，充分吸收新人的想法（2010年）／高市清治／NA 2010年2月22日
270页　『目标是成为SONY或HONDA那样的研究机构』——二十一世纪的设计事务所应有的姿态（2010年）／高市清治／全新撰文
274页　五十人谈伊东丰雄的核心（后篇）／大家健史／全新撰文
288页　伊东丰雄年谱（1941—2010年）／宫泽洋／全新撰文
300页　后记／伊东丰雄／全新撰文

各章首页的图片由伊东丰雄为本书特别绘制。

作品名笔画顺序索引

Originally published in Japan by Nikkei Business Publications, Inc.
Simplified Chinese translation rights arranged with Nikkei Business Publications, Inc. through BARDON-CHINESE MEDIA AGENCY.

图书在版编目（CIP）数据

NA建筑家系列. 2，伊东丰雄 / 日本日经BP社日经建筑编；龚婉如译. — 北京：北京美术摄影出版社，2013.12
ISBN 978-7-80501-574-3

Ⅰ. ①N… Ⅱ. ①日… ②龚… Ⅲ. ①建筑设计—作品集—日本—现代 Ⅳ. ①TU206

中国版本图书馆CIP数据核字(2013)第244976号

北京市版权局著作权合同登记号：01-2012-5349

责任编辑：钱　颖
助理编辑：孙晓萌
责任印制：彭军芳
装帧设计：仇高丰

NA建筑家系列　2
伊东丰雄
YIDONG FENGXIONG
日本日经BP社日经建筑　编　龚婉如　译
出　版　北京出版集团公司
　　　　北京美术摄影出版社
地　址　北京北三环中路6号
邮　编　100120
网　址　www.bph.com.cn
总发行　北京出版集团公司
发　行　京版北美（北京）文化艺术传媒有限公司
经　销　新华书店
印　刷　鸿博昊天科技有限公司
版印次　2013年12月第1版　2019年3月第2次印刷
开　本　787毫米×1092毫米　1/16
印　张　19
字　数　305千字
书　号　ISBN 978-7-80501-574-3
定　价　89.00元
质量监督电话　010-58572393